Springer-Lehrbuch

Springer

Berlin
Heidelberg
New York
Barcelona
Hongkong
London
Mailand
Paris
Tokio

Prof. Dr.-Ing. Dietmar Gross
studierte Angewandte Mechanik und promovierte an der Universität Rostock. Er habilitierte an der Universität Stuttgart und ist seit 1976 Professor für Mechanik an der TU Darmstadt. Seine Arbeitsgebiete sind unter anderen die Festkörper- und Strukturmechanik sowie die Bruchmechanik. Hierbei ist er auch mit der Modellierung mikromechanischer Prozesse befasst. Er ist Mitherausgeber mehrerer internationaler Fachzeitschriften sowie Autor zahlreicher Lehr- und Fachbücher.

Prof. Dr. Werner Hauger
studierte Angewandte Mathematik und Mechanik an der Universität Karlsruhe und promovierte an der Northwestern University in Evanston/Illinois. Er war mehrere Jahre in der Industrie tätig, hatte eine Professur an der Universität der Bundeswehr in Hamburg und wurde 1978 an die TU Darmstadt berufen. Sein Arbeitsgebiet ist die Festkörpermechanik mit den Schwerpunkten Stabilitätstheorie, Plastodynamik und Biomechanik. Er ist Autor von Lehrbüchern und Mitherausgeber internationaler Fachzeitschriften.

Dietmar Gross · Werner Hauger · Walter Schnell

Technische Mechanik

Band 1: Statik

7. Auflage

Mit 172 Abbildungen

Springer

Prof. Dr.-Ing. Dietmar Gross
Prof. Dr. Werner Hauger
Prof. Dr. rer. nat. Dr.-Ing. E.h. Walter Schnell †
Institut für Mechanik
Technische Universität Darmstadt
Hochschulstraße 1
64289 Darmstadt

Die 2. Auflage erschien 1988 in der Reihe
„Heidelberger Taschenbücher" als Band 215

ISBN 3-540-43850-5 Springer Verlag Berlin Heidelberg New York

Die Deutsche Bibliothek - CIP-Einheitsaufnahme
Technische Mechanik/D. Gross... - Berlin ; Heidelberg ; New York ; Barcelona ; Hongkong ; London ; Mailand ; Paris ; Tokio : Springer 2002
Bd. 1 bis 3 verf. von Dietmar Gross; Werner Hauger; Walter Schnell
Bd. 1 Statik. - 7., neubearb. Auflage. - 2003
(Springer Lehrbuch)
ISBN 3-540-43850-5

Springer-Verlag Berlin Heidelberg New York
ein Unternehmen der BertelsmannSpringer Science+Business Media GmbH

http://www.springer.de

Satzherstellung mit LaTeX: PTP-Berlin, Stefan Sossna e.K.
Umschlag: design & production GmbH, Heidelberg
Gedruckt auf säurefreiem Papier SPIN: 10774768 7/3020/hu - 5 4 3 2 1 0

Vorwort

Die *Statik* stellt den ersten Teil eines vierbändigen Lehrbuches der Technischen Mechanik dar. Sie wird gefolgt von der *Elastostatik*, der *Kinetik* und einem Band, der sich mit der Hydromechanik, Elementen der Höheren Mechanik und Numerischen Methoden befasst.

Ziel des Buches ist es, an das Verstehen der wesentlichen Grundgesetze und Methoden der Mechanik heranzuführen. Auch soll es zur Entwicklung der Fähigkeit beitragen, mit Hilfe der Mechanik Ingenieurprobleme zu formulieren und selbständig zu lösen.

Das Buch ist aus Lehrveranstaltungen hervorgegangen, die von den Verfassern für Ingenieur-Studenten aller Fachrichtungen gehalten wurden. Der dargestellte Stoff orientiert sich im Umfang an den Mechanik-Kursen deutschsprachiger Hochschulen. Bei Beschränkung auf das unumgänglich Notwendige wurde bewusst so manches wünschenswerte Detail einer ausführlicheren Darstellung des Grundlegenden geopfert. Ohne unpräzise zu sein, haben wir uns um einen möglichst einfachen Zugang zur Mechanik bemüht, der den unterschiedlichen Eingangskenntnissen der heutigen Studienanfänger gerecht wird. Uns kam es vor allem darauf an, ein tragfähiges Fundament zu legen, das in den Ingenieurfächern genutzt werden kann und das ein tieferes Eindringen in weitergehende Gebiete der Mechanik ermöglicht.

Die Mechanik ist nicht durch reine Lektüre erlernbar. Dieses Buch sollte deshalb als echtes Arbeitsmittel verwendet werden. Der Leser muss sich schon die Mühe machen, mit Bleistift und Papier die eine oder andere Herleitung nachzuvollziehen. Vor allem kann die Anwendung der scheinbar so leichten Gesetzmäßigkeiten nur durch selbständiges Lösen von Aufgaben gelernt werden. Diesem Zweck dienen auch die durchgerechneten Beispiele.

Herzlich gedankt sei an dieser Stelle Frau I. Melzer und Frau G. Otto, die geduldig die verschiedenen Manuskriptfassungen angefertigt haben. Dem Springer-Verlag danken wir für das Eingehen auf unsere Wünsche und für die ansprechende Ausstattung des Buches.

Die freundliche Aufnahme, welche dieses Buch gefunden hat, macht eine Neuauflage erforderlich. Wir haben sie genutzt, um eine Reihe von Verbesserungen und Ergänzungen vorzunehmen.

Darmstadt, im September 2002

D. Gross
W. Hauger

Inhaltsverzeichnis

Einführung 1

1 Grundbegriffe 4
1.1 Die Kraft 4
1.2 Eigenschaften und Darstellung der Kraft 5
1.3 Der starre Körper 7
1.4 Einteilung der Kräfte, Schnittprinzip 8
1.5 Wechselwirkungsgesetz 10
1.6 Dimensionen und Einheiten 11
1.7 Lösung statischer Probleme, Genauigkeit 12

2 Kräfte mit gemeinsamem Angriffspunkt 14
2.1 Zusammensetzung von Kräften in der Ebene 14
2.2 Zerlegung von Kräften in der Ebene, Komponentendarstellung 17
2.3 Gleichgewicht in der Ebene 21
2.4 Beispiele ebener zentraler Kräftegruppen 22
2.5 Zentrale Kräftegruppen im Raum 28

3 Allgemeine Kraftsysteme und Gleichgewicht des starren Körpers 33
3.1 Allgemeine Kräftegruppen in der Ebene 33
3.1.1 Kräftepaar und Moment des Kräftepaares 33
3.1.2 Moment einer Kraft 37
3.1.3 Die Resultierende ebener Kraftsysteme 39
3.1.4 Gleichgewichtsbedingungen 41
3.1.5 Grafische Zusammensetzung von Kräften: das Seileck 49
3.2 Allgemeine Kräftegruppen im Raum 53
3.2.1 Der Momentenvektor 53
3.2.2 Gleichgewichtsbedingungen 57

4 Schwerpunkt 63
4.1 Schwerpunkt einer Gruppe paralleler Kräfte 63
4.2 Schwerpunkt und Massenmittelpunkt eines Körpers . . . 66
4.3 Flächenschwerpunkt 67
4.4 Linienschwerpunkt 76

5 Lagerreaktionen 78
5.1 Ebene Tragwerke 78
5.1.1 Lager 78
5.1.2 Statische Bestimmtheit 81
5.1.3 Berechnung der Lagerreaktionen 83
5.2 Räumliche Tragwerke 85
5.3 Mehrteilige Tragwerke 88
5.3.1 Statische Bestimmtheit 88
5.3.2 Dreigelenkbogen 92
5.3.3 Gelenkbalken 95

6 Fachwerke 98
6.1 Statische Bestimmtheit 98
6.2 Aufbau eines Fachwerks 100
6.3 Ermittlung der Stabkräfte 102
6.3.1 Knotenpunktverfahren 102
6.3.2 Cremona-Plan 105
6.3.3 Rittersches Schnittverfahren 110
6.3.4 Hennebergsches Stabtauschverfahren 112

7 Balken, Rahmen, Bogen 116
7.1 Schnittgrößen 116
7.2 Schnittgrößen am geraden Balken 118
7.2.1 Balken unter Einzellasten 118
7.2.2 Zusammenhang zwischen Belastung und Schnittgrößen 124
7.2.3 Integration und Randbedingungen 126
7.2.4 Übergangsbedingungen bei mehreren Feldern . 129
7.2.5 Föppl-Symbol 135
7.2.6 Punktweise Ermittlung der Schnittgrößen 138
7.3 Schnittgrößen bei Rahmen und Bogen 142
7.4 Schnittgrößen bei räumlichen Tragwerken 146

8 Arbeit 150
8.1 Arbeitsbegriff und Potential 150
8.2 Der Arbeitssatz 155
8.3 Gleichgewichtslagen und Kräfte bei beweglichen Systemen 157
8.4 Ermittlung von Reaktions- und Schnittkräften 163
8.5 Stabilität einer Gleichgewichtslage 167

9 Haftung und Reibung 178
9.1 Grundlagen 178
9.2 Die Coulombschen Reibungsgesetze 180
9.3 Seilhaftung und Seilreibung 189

Anhang A: Einführung in die Vektorrechnung 194

Anhang B: Lineare Gleichungssysteme 201

Englische Fachausdrücke 205

Sachverzeichnis 213

Einführung

Die Mechanik ist der älteste und am weitesten entwickelte Teil der Physik. Als eine wichtige Grundlage der Technik nimmt ihre Bedeutung wegen der laufenden Erweiterung ihrer Anwendungsgebiete immer mehr zu.

Die Aufgabe der Mechanik ist die Beschreibung und Vorherbestimmung der Bewegungen von Körpern sowie der Kräfte, die mit diesen Bewegungen im Zusammenhang stehen. Technische Beispiele für solche Bewegungen sind das rollende Rad eines Fahrzeuges, die Strömung einer Flüssigkeit in einem Kanal, die Bahn eines Flugzeuges oder die eines Satelliten. „Bewegungen" im verallgemeinerten Sinn sind aber auch die Durchbiegung einer Brücke oder die Deformation eines Bauteiles unter der Wirkung von Lasten. Ein wichtiger Sonderfall der Bewegung ist der Zustand der Ruhe. Ein Gebäude, ein Damm oder ein Fernsehturm sollen schließlich so bemessen sein, dass sie sich gerade *nicht* bewegen oder einstürzen.

Die Mechanik gründet sich auf einige wenige Naturgesetze von *axiomatischem Charakter.* Darunter versteht man Aussagen, die vielfachen Beobachtungen entnommen sind und aus der Erfahrung heraus als richtig angesehen werden; auch ihre Folgerungen werden durch die Erfahrung bestätigt. In diesen Naturgesetzen und den daraus folgenden Sätzen werden über mechanische Größen, wie Geschwindigkeit, Masse, Kraft, Impuls, Energie, welche die mechanischen Eigenschaften eines Systems bzw. die Wirkungen auf dieses System beschreiben, Aussagen gemacht, oder diese Begriffe werden miteinander verknüpft.

Sowohl in den Naturgesetzen selbst als auch in deren Anwendungen werden nicht reale Körper oder reale technische Systeme mit ihren vielfältigen Eigenschaften betrachtet, sondern es werden Modelle untersucht, welche die wesentlichen mechanischen Merkmale der realen Körper oder Systeme besitzen. Beispiele hierfür sind Idealisierungen wie *starrer Körper* oder *Massenpunkt*. Ein realer Körper oder ein technisches Bauteil sind natürlich immer in gewissem Maße deformierbar. Man wird sie jedoch dann als nichtverformbar, d.h. als *starre Körper* auffassen können, wenn die Deformationen keine wesentliche Rolle bei der Beschreibung eines mechanischen Vorganges spielen. Sollen der Wurf eines Steines oder die Bewegung eines Planeten im Sonnensystem untersucht werden, so ist es meist hinreichend, diese Körper als *Massenpunkte* anzusehen, da ihre Abmessungen sehr klein im Vergleich zu den zurückgelegten Wegen sind.

Als exakter Sprache bedient sich die Mechanik der Mathematik. Erst sie ermöglicht präzise Formulierungen ohne Bindung an einen bestimmten Ort oder an eine bestimmte Zeit und versetzt uns in die Lage, mechanische Vorgänge zu beschreiben und zu erfassen. Will ein Ingenieur ein technisches Problem mit Hilfe der Mechanik lösen, so hat er das reale technische System zunächst auf ein Modell abzubilden, das dann unter Anwendung der mechanischen Grundgesetze mathematisch analysiert werden kann. Die mathematische Lösung ist schließlich wieder zurück zu übersetzen, d.h. mechanisch zu interpretieren und technisch auszuwerten.

Da es zunächst auf das Erlernen der Grundgesetze und ihrer richtigen Anwendung ankommt, werden wir die Frage der Modellbildung, die viel Können und Erfahrung voraussetzt, meist ausklammern. Die mechanische Analyse idealisierter Systeme, in denen der reale technische Ausgangspunkt manchmal nicht mehr erkennbar ist, ist jedoch nicht wirklichkeitsfremde Spielerei, sondern sie soll den angehenden Ingenieur in die Lage versetzen, später praktische Probleme mit Hilfe der Theorie selbständig zu lösen.

Eine Einteilung der Mechanik kann nach verschiedenen Gesichtspunkten erfolgen. So spricht man je nach dem Aggregatzustand der Körper von der *Mechanik fester Körper*, der *Mechanik flüssiger Körper* und der *Mechanik gasförmiger Körper*. Die festen Körper, mit denen wir uns hier ausschließlich beschäftigen, kann man wieder unterteilen in *starre Körper*, *elastische Körper* oder *plastische Körper*; bei den flüssigen Körpern unterscheidet man zum Beispiel *reibungsfreie* und *viskose* Flüssigkeiten. Die Eigenschaften *starr*, *elastisch* oder *viskos* sind dabei wieder Idealisierungen, durch welche die wesentlichen Eigenschaften der realen Körper mathematisch erfassbar werden.

Nach der Grundaufgabe, nämlich der Untersuchung von Kräften und Bewegungen, unterteilt man die Mechanik auch in *Kinematik* und *Dynamik*. Die Kinematik (griech. kinesis = Bewegung) ist dabei die Lehre vom geometrischen und zeitlichen Bewegungsablauf, ohne dass auf Kräfte als Ursache oder Wirkung der Bewegung eingegangen wird. Die Dynamik (griech. dynamis = Kraft) beschäftigt sich dagegen mit den Kräften und den mit ihnen im Zusammenhang stehenden Bewegungen. Die Dynamik unterteilt man in die *Statik* und die *Kinetik*. Dabei befasst sich die Statik (lat. status = Stehen) mit den Kräften und dem Gleichgewicht (Sonderfall der Ruhe), während die Kinetik tatsächliche Bewegungen unter der Wirkung von Kräften untersucht.

Daneben unterteilt man die Mechanik auch noch in *Analytische Mechanik* und *Technische Mechanik*. Die Analytische Mechanik untersucht die mechanischen Vorgänge mit den analytischen Hilfsmitteln der Mathematik und dem Ziel, zu prinzipiellen Einsichten und Gesetzmäßigkeiten zu gelangen. Das Detailproblem ist dabei untergeordnet. Unter Technischer Mechanik versteht man dagegen eine Mechanik, die sich auf die Probleme und Ansprüche des konstruierenden und berechnenden Ingenieurs konzentriert. Er muss Brücken, Kräne, Gebäude, Maschinen oder Fahrzeuge statisch und dynamisch so analysieren, dass sie bestimmte Belastungen ertragen oder bestimmte Bewegungen ausführen können.

In der geschichtlichen Entwicklung ist der Ursprung der Mechanik in der griechischen Antike anzusiedeln, obwohl sich natürlich die Menschen bei Werkzeugen und Geräten schon viel früher ihrer durch Erfahrung gewonnenen mechanischen Erkenntnisse bedienten. Durch die Arbeiten von Archimedes (287–212) über Hebel, Flaschenzug, Schwerpunkt und Auftrieb wurden einige Grundsteine für die Statik gelegt, zu denen jedoch bis zur Renaissance nichts Bemerkenswertes hinzukam. Weitere Fortschritte erzielten Leonardo da Vinci (1452–1519) mit Betrachtungen über das Gleichgewicht auf der schiefen Ebene und Stevin (1548–1620) mit seiner Erkenntnis des Gesetzes der Kräftezusammensetzung. Die ersten Untersuchungen zur Bewegungslehre gehen auf G. Galilei (1564–1642) zurück, der die Fallgesetze fand; zu ihnen kamen die Gesetze der Planetenbewegung von J. Kepler (1571–1630) und die vielfältigen Arbeiten von Ch. Huygens (1629–1695). Sie mündeten in die Formulierung der Bewegungsgesetze durch I. Newton (1643–1727). Hier setzte eine stürmische Entwicklung ein, die einherging mit der Entwicklung der Analysis und die mit der Familie Bernoulli (17. und 18. Jhdt.), mit L. Euler (1707–1783), J.L. D'Alembert (1717–1783) und J. Lagrange (1736–1813) verbunden ist. Infolge der Fortschritte der analytischen und numerischen Methoden – letztere besonders gefördert durch die Computerentwicklung – erschließt die Mechanik heute immer weitere Gebiete und immer komplexere Problemstellungen einer exakten Analyse. Gleichzeitig dringt sie auch in Teile von früher rein beschreibenden Wissenschaften, wie Medizin, Biologie oder Sozialwissenschaften ein.

1 Grundbegriffe

Die *Statik* ist die Lehre von den Kräften an Körpern, die sich im Gleichgewicht befinden. Um statische Probleme untersuchen zu können, müssen wir uns zunächst mit einigen Grundbegriffen, Erfahrungssätzen und Arbeitsprinzipien beschäftigen.

1.1 Die Kraft

Den Begriff der *Kraft* entnehmen wir unserer täglichen Erfahrung. Obwohl man Kräfte nicht sehen oder direkt beobachten kann, sind uns doch ihre Wirkungen geläufig: eine Schraubenfeder verlängert sich, wenn wir ein Gewicht daran hängen oder wenn wir daran ziehen. Die Muskelspannung vermittelt uns dabei ein qualitatives Gefühl für die Kraft in der Feder. Ein Stein wird beim freien Fall durch die Schwerkraft, beim Abwerfen durch die Muskelkraft beschleunigt. Wir spüren den Druck auf die Handfläche, wenn wir einen darauf liegenden Körper heben. Gehen wir davon aus, dass uns die Schwerkraft und ihre Wirkungen aus der Erfahrung bekannt sind, so können wir als Kraft eine Größe bezeichnen, die mit der Schwerkraft vergleichbar ist.

Die Statik untersucht ruhende Körper. Aus Erfahrung wissen wir, dass ein Körper, der *nur* der Wirkung der Schwerkraft überlassen ist, sich bewegt: er fällt. Damit ein Stein nicht fällt, sich also im Gleichgewicht befindet, müssen wir auf ihn einwirken, zum Beispiel durch unsere Muskelkraft. Wir können somit auch sagen:

> Eine Kraft ist eine physikalische Größe, die sich mit der Schwerkraft ins Gleichgewicht setzen lässt.

1.2 Eigenschaften und Darstellung der Kraft

Die Kraft ist durch drei Eigenschaften bestimmt: Betrag, Richtung und Angriffspunkt.

Der *Betrag* gibt die Größe der wirkenden Kraft an. Ein qualitatives Gefühl dafür vermittelt die unterschiedliche Muskelspannung, wenn wir verschiedene Körper heben oder wenn wir mit unterschiedlicher Intensität gegen eine Wand drücken. Gemessen werden kann der Betrag F einer Kraft, indem man sie mit der Schwerkraft, d.h. mit geeichten Gewichten vergleicht: befindet sich in Abb. 1.1 der Körper vom Gewicht G im Gleichgewicht, so gilt $F = G$. Als Maßeinheit für die Kraft verwenden wir das „Newton" oder abgekürzt N (vgl. Abschnitt 1.6).

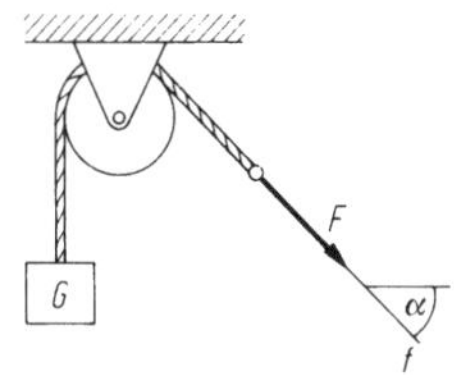

Abb. 1.1

Dass eine Kraft eine *Richtung* hat, ist uns ebenfalls geläufig. Während die Schwerkraft immer lotrecht nach unten wirkt, können wir mit der Hand senkrecht oder schräg auf eine Tischplatte drücken. Die Kiste auf der glatten Unterlage in Abb. 1.2 wird sich in verschiedene Richtungen bewegen, je nachdem in welcher Richtung man an ihr mit der Kraft F einwirkt. Die Richtung der Kraft können wir durch ihre *Wirkungslinie* und den Richtungssinn auf ihr beschreiben. In Abb. 1.1 ist die Wirkungslinie f der Kraft F unter dem Winkel α zur Horizontalen geneigt. Der Richtungssinn wird durch den Pfeil ausgedrückt.

Schließlich wirkt die Kraft an einem bestimmten *Angriffspunkt*. Abhängig davon, wo sich dieser Punkt A in Abb. 1.2 an der Kiste befindet, wird die Kraft unterschiedliche Bewegungen verursachen.

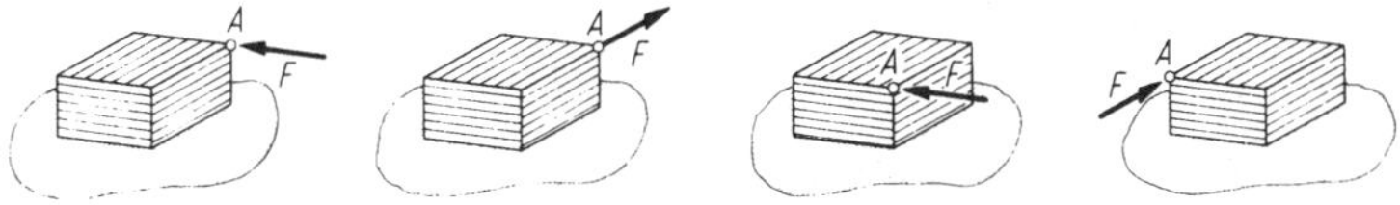

Abb. 1.2

Durch Betrag und Richtung ist mathematisch ein *Vektor* bestimmt. Im Unterschied zu einem freien Vektor (der im Raum beliebig parallel verschoben werden kann) ist die Kraft an ihre Wirkungslinie gebunden und besitzt einen Angriffspunkt:

Die Kraft ist ein gebundener Vektor.

Entsprechend der Symbolik der Vektorrechnung schreiben wir für die Kraft $\boldsymbol{F}$ und für den Betrag der Kraft $|\boldsymbol{F}|$ oder F. In Zeichnungen stellen wir die Kraft wie in den Abbildungen 1.1 und 1.2 durch einen Pfeil dar. Da aus dem Pfeilbild der Vektorcharakter meist eindeutig hervorgeht, begnügt man sich oft damit, nur den Betrag F der Kraft an den Pfeil zu schreiben.

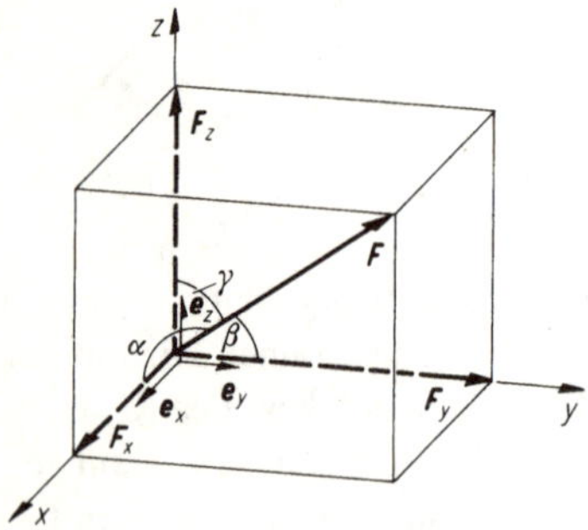

Abb. 1.3

In kartesischen Koordinaten (vgl. Abb. 1.3 und Anhang) können wir den Kraftvektor mit Hilfe der Einheitsvektoren $\boldsymbol{e}_x$, $\boldsymbol{e}_y$, $\boldsymbol{e}_z$ darstellen als

$$\boldsymbol{F} = \boldsymbol{F}_x + \boldsymbol{F}_y + \boldsymbol{F}_z = F_x\,\boldsymbol{e}_x + F_y\,\boldsymbol{e}_y + F_z\,\boldsymbol{e}_z\,. \tag{1.1}$$

Für den Betrag F gilt nach dem Satz von Pythagoras im Raum

$$F = \sqrt{F_x^2 + F_y^2 + F_z^2}\,. \tag{1.2}$$

Die Richtungswinkel und damit die Richtung der Kraft folgen aus

$$\cos\alpha = \frac{F_x}{F}\,, \quad \cos\beta = \frac{F_y}{F}\,, \quad \cos\gamma = \frac{F_z}{F}\,. \tag{1.3}$$

1.3 Der starre Körper

Als *starren Körper* bezeichnen wir einen Körper, der unter der Wirkung von Kräften keine Deformationen erfährt; die gegenseitigen Abstände beliebiger Körperpunkte bleiben immer gleich. Dies stellt natürlich eine Idealisierung eines realen Körpers dar, die allerdings oft mit hinreichender Näherung erfüllt ist. Aus Erfahrung an solchen Körpern weiß man, dass eine Einzelkraft entlang ihrer Wirkungslinie beliebig verschoben werden kann, ohne dass die Wirkung auf diesen Körper als Ganzes verändert wird.

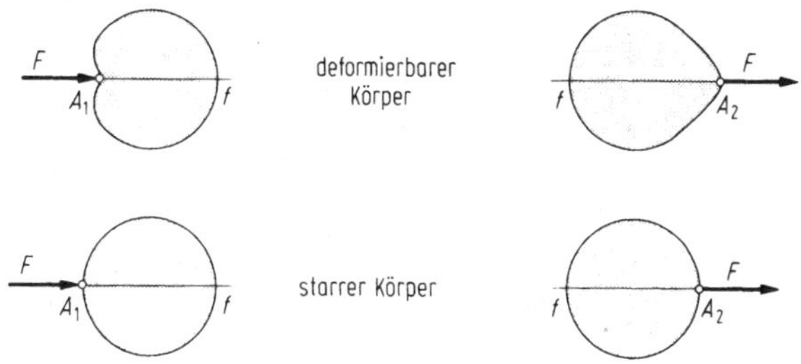

Abb. 1.4

Wir veranschaulichen dies in Abb. 1.4. Während bei der deformierbaren Kugel die Wirkung der Kraft vom Angriffspunkt abhängt, ist es bei der starren Kugel hinsichtlich der Wirkung der Kraft F auf den ganzen Körper gleichgültig, ob an der Kugel gezogen oder gedrückt wird. Diese Tatsache drücken wir durch die Sätze aus:

> Die Wirkung einer Kraft auf einen starren Körper ist von der Lage des Angriffspunktes auf der Wirkungslinie unabhängig. Die Kräfte an starren Körpern sind linienflüchtige Vektoren: sie können entlang der Wirkungslinie beliebig verschoben werden.

Eine *Parallelverschiebung* von Kräften ändert ihre Wirkung jedoch wesentlich. So zeigt die Erfahrung, dass wir einen Körper vom Gewicht G im Gleichgewicht halten können, wenn wir ihn geeignet (unterhalb des Schwerpunktes) durch die Kraft F mit $F = G$ unterstützen (Abb. 1.5a). Verschieben wir die Kraft F parallel, so kommt es zu einer Drehwirkung, und der Körper wird rotieren (Abb. 1.5b).

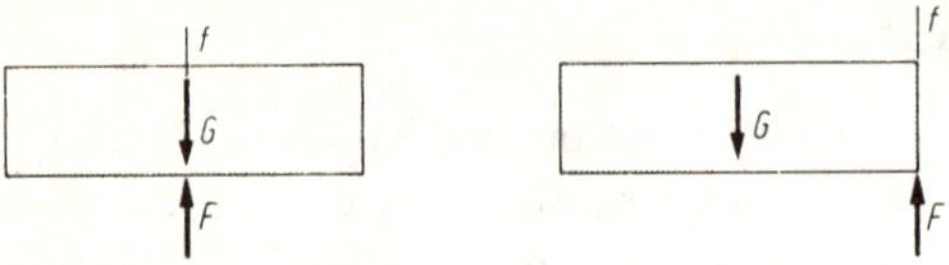

Abb. 1.5

1.4 Einteilung der Kräfte, Schnittprinzip

Die Kraft mit Wirkungslinie und Angriffspunkt stellt eine Idealisierung dar. Wir bezeichnen sie als *Einzelkraft*. Man kann sie sich weitgehend realisiert vorstellen, wenn ein Körper über einen dünnen Faden oder eine Nadelspitze belastet wird. In der Natur sind nur zwei Arten von Kräften bekannt: die Volumenkräfte und die Flächenkräfte.

Als *Volumenkräfte* bezeichnet man Kräfte, die über das Volumen eines Körpers verteilt sind. Ein Beispiel hierfür ist das Gewicht. Jedes noch so kleine Teilchen des Gesamtvolumens hat ein bestimmtes Teilgewicht. Die Summe aller dieser im Volumen kontinuierlich verteilten Kräfte dG ergibt das Gesamtgewicht (Abb. 1.6a). Andere Beispiele für Volumenkräfte sind magnetische und elektrische Kräfte.

Flächenkräfte treten in der Berührungsfläche zweier Körper auf. So sind beispielsweise der Wasserdruck p auf eine Staumauer (Abb. 1.6b), die Schneelast auf einem Dach oder der Druck eines Körpers auf der Handfläche flächenförmig verteilt.

Als Idealisierung findet in der Mechanik noch die *Linienkraft* (Streckenlast) Verwendung. Es handelt sich dabei um Kräfte, die entlang einer Linie kontinuierlich verteilt sind. Drückt man mit einer Schneide gegen einen Körper und sieht von der endlichen Dicke der Schneide ab, so wirkt entlang der Berührungslinie die Linienkraft q (Abb. 1.6c).

Kräfte können auch noch nach anderen Gesichtspunkten eingeteilt werden. So unterscheidet man *eingeprägte Kräfte* und *Reaktionskräfte*.

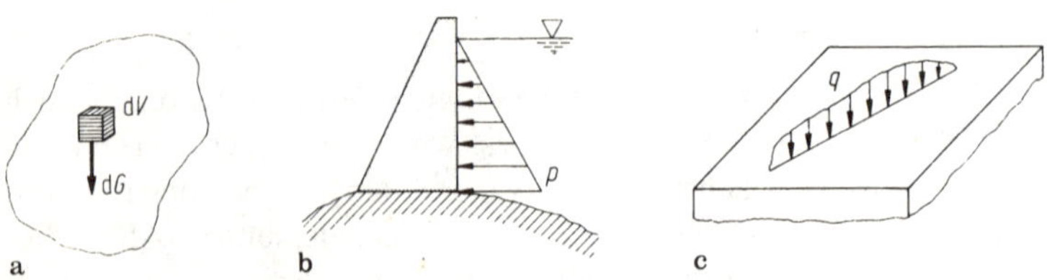

Abb. 1.6

Als *eingeprägt* bezeichnet man die bei einem mechanischen System physikalisch vorgegebenen Kräfte, wie zum Beispiel das Gewicht, den Winddruck oder eine Schneelast.

Reaktionskräfte oder Zwangskräfte entstehen durch die Einschränkung der Bewegungsfreiheit, d.h. durch die Zwangsbedingungen, denen ein System unterliegt. Auf einen fallenden Stein wirkt nur die eingeprägte Gewichtskraft. Hält man den Stein in der Hand, so ist seine Bewegungsfreiheit eingeschränkt; auf den Stein wird dann von der Hand zusätzlich eine Zwangskraft ausgeübt.

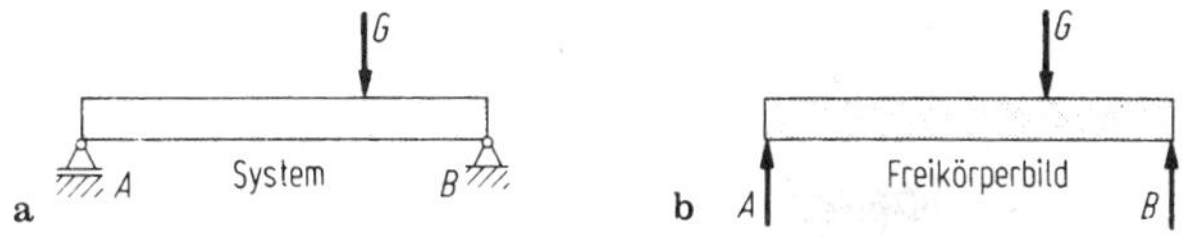

Abb. 1.7

Reaktionskräfte kann man sich nur veranschaulichen, indem man den Körper von seinen geometrischen Bindungen löst. Man nennt dies *Freimachen* oder *Freischneiden.* In Abb. 1.7a ist ein Balken durch die eingeprägte Kraft G belastet. Die Lager A und B verhindern, dass sich der Balken bewegt: sie wirken mit Reaktionskräften auf ihn. Wir machen diese Reaktionskräfte, die wir der Einfachheit halber ebenfalls mit A und B bezeichnen, im sogenannten *Freikörperbild* (Abb. 1.7b) sichtbar. In ihm sind anstelle der geometrischen Bindungen durch die Lager die dort wirkenden Kräfte eingezeichnet. Durch dieses „Freimachen" werden die entsprechenden Kräfte einer Analyse zugänglich gemacht (vgl. Kapitel 5). Dies gilt auch dann, wenn durch das Freischneiden ein mechanisches System beweglich wird. In diesem Fall denken wir uns bei der Bestimmung der Reaktionskräfte das System in der gegebenen Lage „erstarrt": *Erstarrungsprinzip* (vgl. Abschnitt 5.3).

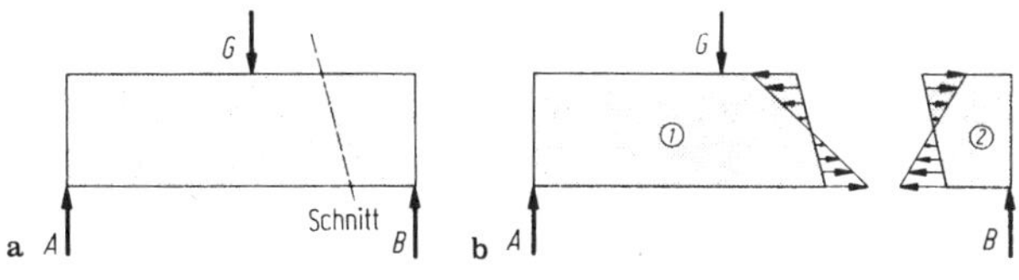

Abb. 1.8

Eine weitere Einteilung erfolgt durch die Begriffe *äußere Kraft* und *innere Kraft.* Eine *äußere Kraft* wirkt von außen auf ein mechanisches System. Sowohl eingeprägte als auch Reaktionskräfte sind äußere Kräfte. Die *inneren Kräfte* wirken zwischen den Teilen eines Systems.

Auch sie kann man sich nur durch gedankliches Zertrennen oder *Schneiden* des Körpers veranschaulichen. Führt man in Abb. 1.8a durch den Körper in Gedanken einen Schnitt, so müssen anstelle der Bindung in der Schnittfläche die flächenförmig verteilten inneren Kräfte eingezeichnet werden (Abb. 1.8b). Dem liegt die Hypothese zugrunde, dass die mechanischen Gesetze auch für Teile eines Systems gültig sind. Betrachten wir danach das System zunächst als einen Gesamtkörper, der sich in Ruhe befindet. Nach dem gedachten Schnitt fassen wir es dann als aus *zwei* Teilen bestehend auf, die über die Schnittflächen gerade so aufeinander einwirken, dass sich jeder Teil für sich im Gleichgewicht befindet. Man bezeichnet diese Hypothese, durch die die inneren Kräfte erst berechenbar werden, als *Schnittprinzip*.

Die Einteilung nach äußeren und inneren Kräften hängt davon ab, welches System wir untersuchen wollen. Fassen wir den Gesamtkörper in Abb. 1.8a als das System auf, so sind die durch den Schnitt freigelegten Kräfte innere Kräfte; sie wirken ja zwischen den Teilen des Systems. Betrachten wir dagegen nur den Teilkörper ① oder nur den Teilkörper ② in Abb. 1.8b als unser System, so sind die entsprechenden Kräfte jetzt äußere Kräfte.

Wie wir in Abschnitt 1.3 festgestellt haben, kann eine Kraft hinsichtlich ihrer Wirkung auf einen starren Körper entlang ihrer Wirkungslinie verschoben werden. Dies bedeutet insbesondere, dass wir die Linienflüchtigkeit der Kraft bei der Analyse der äußeren Kräfte nutzen können. Dagegen ist bei den inneren Kräften dieses Prinzip im allgemeinen *nicht* anwendbar. Bei ihnen wird ja der Körper gedanklich geschnitten oder geteilt, und es spielt dann doch eine Rolle, ob eine äußere Kraft auf den einen oder den anderen Teilkörper wirkt.

Die Bedeutung der inneren Kräfte für den berechnenden Ingenieur ist in der Tatsache begründet, dass ihre Größe ein Maß für die Materialbeanspruchung ist.

1.5 Wechselwirkungsgesetz

Ein Gesetz, das wir aus Erfahrung als richtig akzeptieren, ist das *Wechselwirkungsgesetz*. Dieses Axiom besagt, dass zu jeder Kraft immer eine gleich große Gegenkraft gehört, eine Kraft allein also nie existieren kann. Stemmen wir uns mit der Hand gegen eine Wand (Abb. 1.9a), so übt die Hand eine Kraft F auf die Wand aus. Eine gleich große, entgegengesetzt gerichtete Kraft wirkt aber auch von der Wand auf unsere Hand. Wir können die entsprechenden Kräfte wieder sichtbar machen, indem wir

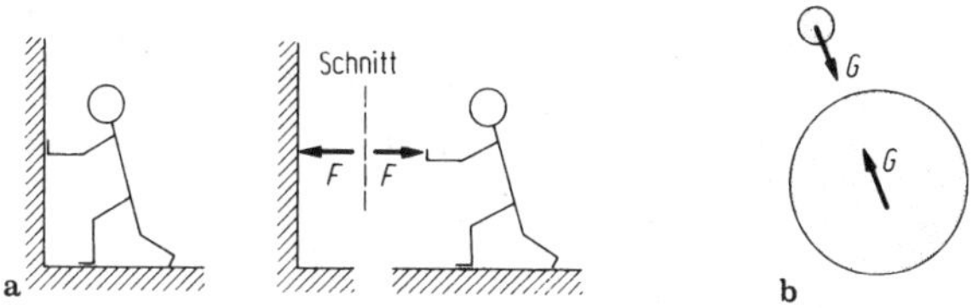

Abb. 1.9 a b

die beiden Körper, Wand und Hand, an der Kontaktstelle trennen. Zu beachten ist, dass die Kräfte an zwei verschiedenen Körpern angreifen. Ganz analog hat aufgrund der Gravitation ein Körper auf der Erde ein Gewicht G. Mit der gleich großen Kraft wirkt jedoch der Körper auch auf die Erde: beide ziehen sich gegenseitig an (Abb. 1.9b). Wir formulieren diesen Sachverhalt im Satz:

> Die Kräfte, die zwei Körper aufeinander ausüben, sind gleich groß, entgegengesetzt gerichtet und liegen auf der gleichen Wirkungslinie.

Dieses Prinzip, das man kurz als

> actio = reactio

aussprechen kann, stellt das dritte Newtonsche Axiom dar (vgl. Band 3). Es gilt sowohl für Nah- als auch für Fernkräfte und ist unabhängig davon, ob die Körper ruhen oder bewegt werden.

1.6 Dimensionen und Einheiten

In der Mechanik beschäftigen wir uns mit den drei physikalischen Grundgrößen Länge, Zeit und Masse; hinzu kommt die Kraft als wichtige, im physikalischen Sinn aber abgeleitete Größe. Alle anderen Größen lassen sich hierdurch ausdrücken. Der geometrische Raum, in dem sich mechanische Vorgänge abspielen, ist dreidimensional. Der Einfachheit halber werden wir uns jedoch manchmal auf ebene oder auf eindimensionale Probleme beschränken.

Verbunden mit Länge, Zeit, Masse und Kraft sind ihre Dimensionen $[l]$, $[t]$, $[M]$ und $[F]$, die entsprechend dem internationalen Einheitensystem SI (Système International d'Unités) in den Grundeinheiten Meter (m), Sekunde (s) und Kilogramm (kg) sowie der abgeleiteten Einheit Newton (N) angegeben werden. Eine Kraft vom Betrag 1 N erteilt einer Masse von 1 kg die Beschleunigung 1 m/s^2; formelmäßig gilt 1 N = 1 kg m/s^2. Volumenkräfte haben die Dimension Kraft pro Volumen $[F/l^3]$ und werden z.B. in Vielfachen der Einheit N/m^3 gemessen. Analog haben Flächen- bzw. Linienkräfte die Dimensionen $[F/l^2]$ bzw. $[F/l]$ und die Einheiten N/m^2 bzw. N/m.

Der Betrag einer physikalischen Größe wird vollständig angegeben durch die Maßzahl und die Einheit. So bedeuten die Angaben $F = 17\,\mathrm{N}$ bzw. $l = 3\,\mathrm{m}$ eine Kraft von siebzehn Newton bzw. eine Länge von drei Metern. Mit Einheiten kann man genauso rechnen wie mit Zahlen. Es gilt zum Beispiel mit den obigen Größen $F \cdot l = 17\,\mathrm{N} \cdot 3\,\mathrm{m} = 17 \cdot 3\,\mathrm{Nm} = 51\,\mathrm{Nm}$. Bei physikalischen Gleichungen haben jede Seite und jeder additive Term die gleiche Dimension; dies sollte zur Kontrolle von Gleichungen immer beachtet werden.

1.7 Lösung statischer Probleme, Genauigkeit

Die Lösung von Ingenieuraufgaben aus dem Bereich der Mechanik bedarf einer überlegten Vorgehensweise, die in gewissem Maße von der Art der Problemstellung abhängt. Wichtig ist jedoch in jedem Fall, dass sich ein Ingenieur verständlich und klar ausdrückt, da er sowohl die Formulierung als auch die Lösung eines Problems Fachleuten oder Laien mitzuteilen hat und von ihnen verstanden werden muss. Diese Klarheit ist auch für den eigenen Verständnisprozeß wichtig, denn klare, saubere Formulierungen bergen in sich schon den Keim der richtigen Lösung. Obwohl es, wie schon erwähnt, kein festes Schema zur Behandlung von mechanischen Problemen gibt, so müssen doch meist die folgenden Schritte getan werden:

1. Formulierung des Ingenieurproblems.
2. Erstellen eines mechanischen Ersatzmodells, Überlegungen zur Güte der Abbildung der Realität auf das Modell.
3. Lösung des mechanischen Problems am Ersatzmodell. Dies schließt ein:
   - Feststellen der gegebenen und der gesuchten Größen. Dies geschieht in der Regel mit Hilfe einer Skizze des mechanischen Systems. Den Unbekannten ist ein Symbol zuzuweisen.
   - Zeichnen des Freikörperbildes mit allen angreifenden Kräften.

   - Aufstellen der mechanischen Gleichungen (z.B. der Gleichgewichtsbedingungen).
   - Aufstellen geometrischer Beziehungen (falls benötigt).
   - Auflösung der Gleichungen nach den Unbekannten. Zuvor muss geprüft werden, ob die Zahl der Gleichungen mit der Zahl der Unbekannten übereinstimmt.
   - Kenntlichmachen des Resultats.
4. Diskussion und Deutung der Lösung.

Wir werden in der Technischen Mechanik meist nicht vom Ingenieurproblem ausgehen, sondern uns auf den dritten Punkt, die Lösung von mechanischen Problemen am Modell, konzentrieren. Trotzdem dürfen wir nicht aus dem Auge verlieren, dass unsere Modelle Abbilder realer Körper oder Systeme sind, deren Verhalten wir manchmal anschaulich aus der Erfahrung heraus beurteilen können. Es ist deshalb immer zweckmäßig, die Ergebnisse einer Rechnung mit der Anschauung zu überprüfen.

Was die Genauigkeit von Ergebnissen anbelangt, so müssen wir zwischen der numerischen Genauigkeit unserer Rechnungen am Modell und der Treffsicherheit der ingenieurmäßigen Aussage über das Verhalten realer Körper unterscheiden. Das numerische Ergebnis hängt dabei von der Genauigkeit der Eingangsdaten und von der Rechengenauigkeit ab. So können Ergebnisse nie präziser als die Eingangsdaten sein. Sie sollten auch nie in einer Weise angegeben werden (z.B. viele Stellen hinter dem Komma), die eine nicht vorhandene Genauigkeit vortäuscht.

Die Treffsicherheit der Ingenieuraussage ist von der Güte des Modells abhängig. So können wir zum Beispiel den Wurf eines Steines beschreiben, indem wir den Luftwiderstand berücksichtigen oder ihn vernachlässigen; die Ergebnisse werden natürlich voneinander abweichen. Es ist die Aufgabe des Ingenieurs, ein Modell gerade so zu bilden, dass es die für sein Problem *erforderliche* Genauigkeit auch liefern kann.

2 Kräfte mit gemeinsamem Angriffspunkt

Wir untersuchen in diesem Kapitel Einzelkräfte, die einen gemeinsamen Angriffspunkt haben. Solche Kraftsysteme bezeichnet man auch als *zentrale Kraftsysteme* oder *zentrale Kräftegruppen*. Es sind in diesem Zusammenhang immer Kräfte gemeint, die an einem Körper angreifen; Kräfte alleine, ohne Wirkung auf einen Körper, gibt es nicht. Ist der Körper starr, so müssen die Kräfte nicht tatsächlich in einem Punkt angreifen, sondern ihre Wirkungslinien müssen sich nur in einem Punkt schneiden. Die Kräfte sind in diesem Fall ja linienflüchtig und können entlang ihrer Wirkungslinien in den Schnittpunkt verschoben werden. Liegen alle Kräfte in einer Ebene, so spricht man von einer *ebenen Kräftegruppe*.

2.1 Zusammensetzung von Kräften in der Ebene

Greifen an einem Punkt A eines Körpers zwei Kräfte $\boldsymbol{F}_1$ und $\boldsymbol{F}_2$ an, so können diese beiden Kräfte durch eine einzige Kraft $\boldsymbol{R}$ gleichwertig ersetzt werden (Abb. 2.1a). Diese Erfahrungstatsache kommt im Satz vom *Parallelogramm der Kräfte* zum Ausdruck. Der Satz besagt, dass den Kräften $\boldsymbol{F}_1$ und $\boldsymbol{F}_2$ eine Kraft $\boldsymbol{R}$ äquivalent ist, die sich in Größe und Richtung als Diagonale eines durch $\boldsymbol{F}_1$ und $\boldsymbol{F}_2$ aufgespannten Parallelogramms ergibt. Die Kraft $\boldsymbol{R}$ bezeichnet man als *Resultierende* von $\boldsymbol{F}_1$ und $\boldsymbol{F}_2$. Wir können dieses Axiom auch folgendermaßen aussprechen:

> Die Wirkung zweier an einem Punkt angreifenden Kräfte $\boldsymbol{F}_1$ und $\boldsymbol{F}_2$ ist äquivalent der Wirkung einer Kraft $\boldsymbol{R}$, die sich aus der Parallelogrammkonstruktion ergibt.

Die geometrische Konstruktion entspricht der Vektoraddition (vgl. Anhang)

$$\boldsymbol{R} = \boldsymbol{F}_1 + \boldsymbol{F}_2 \,. \tag{2.1}$$

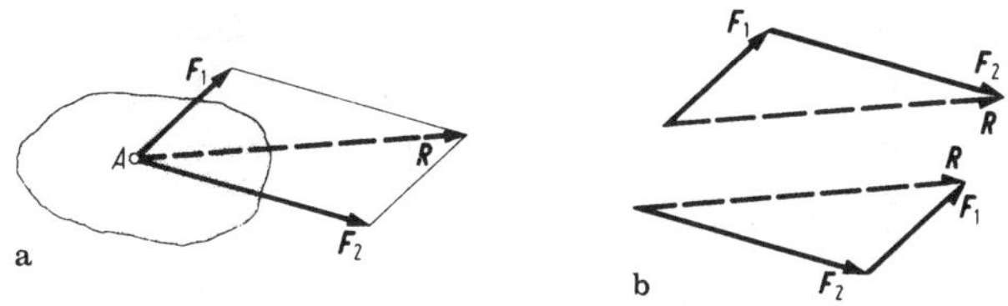

Abb. 2.1

Haben wir es mit n Kräften zu tun, deren Wirkungslinien alle durch einen Punkt A gehen (Abb. 2.2a), so ergibt sich die Resultierende durch aufeinander folgende Anwendung des Parallelogrammgesetzes, d.h. als Vektorsumme aller n Kräfte:

$$\boxed{\boldsymbol{R} = \boldsymbol{F}_1 + \boldsymbol{F}_2 + \ldots + \boldsymbol{F}_n = \sum \boldsymbol{F}_i} \,. \tag{2.2}$$

Die Reihenfolge der Addition ist dabei beliebig. Die Bestimmung der Resultierenden bezeichnet man auch als *Reduktion*: eine Kräftegruppe wird auf *eine einzige* äquivalente Kraft reduziert.

Führt man die Addition zweier Kräfte grafisch aus, so genügt es, nur ein halbes Parallelogramm, d.h. ein *Kräftedreieck* zu zeichnen (Abb. 2.1b). Dies hat zwar den Nachteil, dass man nicht mehr sieht, dass die Wirkungslinien der Kräfte durch einen Punkt gehen. Dem steht jedoch als Vorteil gegenüber, dass man die geometrische Konstruktion auf beliebig viele Kräfte ausdehnen kann. Die n Kräfte $\boldsymbol{F}_i$ werden in *beliebiger* Reihenfolge hintereinander angetragen, und $\boldsymbol{R}$ ergibt sich als Vektor, der vom Anfangspunkt a zum Endpunkt b des *Kräftepolygons* oder *Kraftecks* zeigt (Abb. 2.2b).

Die grafische Addition von Kräften in der Ebene erfolgt zweckmäßig mit einem *Lageplan* und einem *Kräfteplan*. Der Lageplan ist dabei die

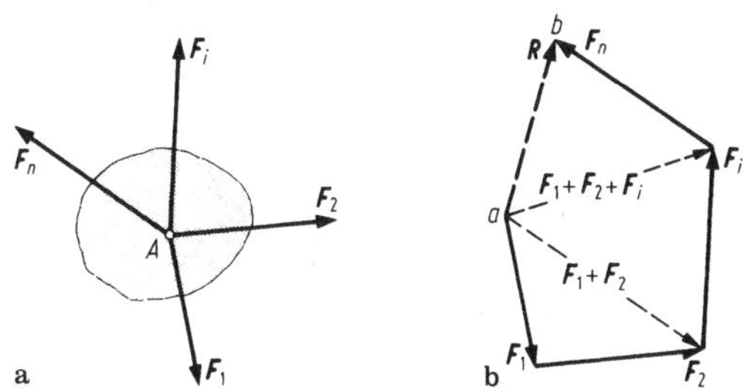

Abb. 2.2

maßstäbliche Darstellung der geometrischen Gegebenheiten einer Aufgabe; er enthält nur die Wirkungslinien der gegebenen Kräfte. Im Kräfteplan erfolgt das maßstäbliche Aneinanderfügen der Kräfte unter Berücksichtigung ihrer Richtungen. Hierzu ist die Angabe eines Kräftemaßstabes (z.B. 1 cm $\widehat{=}$ 10 N) notwendig.

Beispiel 2.1: An einem Körper greifen nach Abb. 2.3a zwei Kräfte F_1 und F_2 an. Der Winkel zwischen ihren Wirkungslinien sei α.

Es sind die Größe und die Richtung der Resultierenden zu bestimmen.

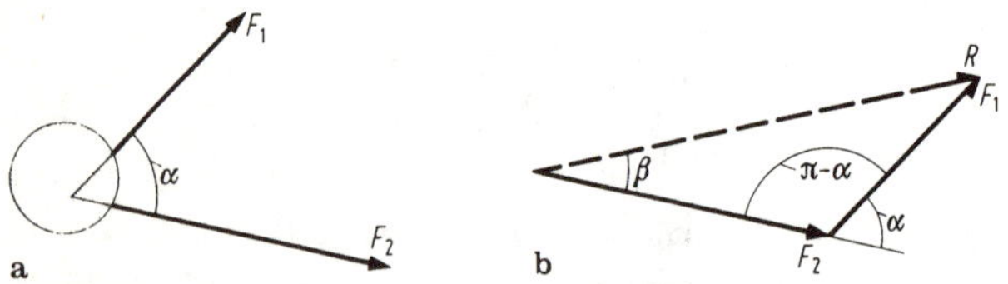

Abb. 2.3

Lösung: Die Antwort folgt unmittelbar aus der Skizze des Kräftedreiecks (Abb. 2.3b). Bekannt sind die „Längen" F_1, F_2 und der Winkel α. Der Kosinussatz liefert somit

$$R^2 = F_1^2 + F_2^2 - 2\,F_1\,F_2 \cos(\pi - \alpha)$$

bzw.

$$\underline{\underline{R = \sqrt{F_1^2 + F_2^2 + 2\,F_1\,F_2 \cos\alpha}\,.}}$$

Für den Winkel β, der die Richtung der Wirkungslinie von R gegenüber F_2 angibt, erhält man aus dem Sinussatz

$$\frac{\sin\beta}{\sin(\pi - \alpha)} = \frac{F_1}{R}$$

oder nach Einsetzen von R mit $\sin(\pi - \alpha) = \sin\alpha$

$$\underline{\underline{\sin\beta = \frac{F_1 \sin\alpha}{\sqrt{F_1^2 + F_2^2 + 2\,F_1\,F_2 \cos\alpha}}}}\,.$$

Beispiel 2.2: Auf einen Punkt eines Körpers wirken vier Kräfte ($F_1 = 12$ kN, $F_2 = 8$ kN, $F_3 = 18$ kN, $F_4 = 4$ kN) unter vorgegebenen Richtungen ($\alpha_1 = 45°$, $\alpha_2 = 100°$, $\alpha_3 = 205°$, $\alpha_4 = 270°$) gegenüber der Horizontalen (Abb. 2.4a).

Es sollen die Größe und die Richtung der Resultierenden grafisch bestimmt werden.

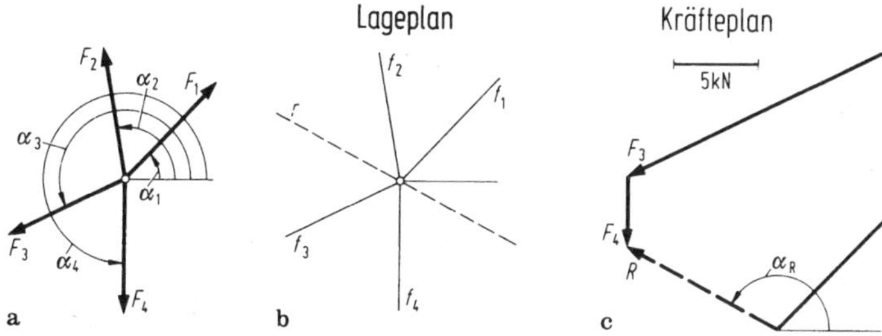

Abb. 2.4

Lösung: Wir zeichnen den Lageplan, in dem die Wirkungslinien $f_1, \ldots, f_4$ der Kräfte $F_1, \ldots, F_4$ in richtiger Richtung, d.h. unter den gegebenen Winkeln $\alpha_1, \ldots, \alpha_4$ eingetragen werden (Abb. 2.4b). Für den Kräfteplan wählen wir zunächst einen Maßstab und fügen dann alle Kräfte unter Berücksichtigung ihrer Richtungen maßstäblich aneinander (Abb. 2.4c). Als Ergebnis für den Betrag und die Richtung der Resultierenden R lesen wir im Rahmen der Zeichengenauigkeit ab:

$$\underline{\underline{R = 10,5\,\text{kN}}}\,, \quad \underline{\underline{\alpha_R = 155^\circ}}\,.$$

Die Wirkungslinie r von R übertragen wir noch in den Lageplan.

Je nachdem in welcher Reihenfolge die Kräfte im Kräfteplan aneinander gefügt werden, erhält das Krafteck ein anderes Aussehen. Größe und Richtung von R sind jedoch in jedem Fall gleich.

2.2 Zerlegung von Kräften in der Ebene, Komponentendarstellung

Ähnlich wie man Kräfte zusammensetzen kann, kann man sie auch zerlegen. Wollen wir eine Kraft $\boldsymbol{R}$ durch zwei Kräfte mit den vorgegebenen zentralen Wirkungslinien f_1 und f_2 ersetzen (Abb. 2.5a), so zeichnen wir das Kräftedreieck, indem wir durch den Anfangs- und den Endpunkt von $\boldsymbol{R}$ je eine der vorgegebenen Richtungen legen. Aus dem Krafteck, das in zwei verschiedenen Varianten gezeichnet werden kann, folgen eindeutig die gesuchten Kräfte nach Betrag und Richtungssinn (Abb. 2.5b).

Die Kräfte $\boldsymbol{F}_1$ und $\boldsymbol{F}_2$ bezeichnet man als *Komponenten* der Kraft $\boldsymbol{R}$ bezüglich der Richtungen f_1 und f_2. Wir folgern also: in der Ebene ist die

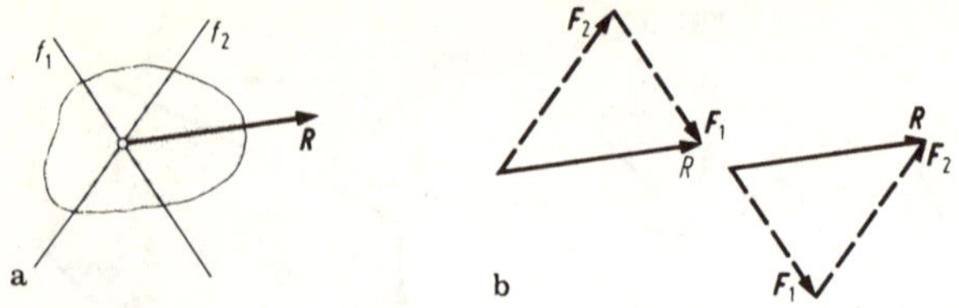

Abb. 2.5

Zerlegung einer Kraft nach zwei verschiedenen Richtungen eindeutig möglich. Man kann sich leicht davon überzeugen, dass die Zerlegung einer Kraft in der Ebene nach mehr als zwei Richtungen nicht mehr eindeutig erfolgen kann: es existieren dann beliebig viele verschiedene Zerlegungsmöglichkeiten.

In vielen Fällen ist es zweckmäßig, die Kräfte entsprechend ihrer Darstellung in kartesischen Koordinaten in Komponenten zu zerlegen, die aufeinander senkrecht stehen. Die Richtungen der Komponenten sind in diesem Fall durch die x- und die y-Achse festgelegt (Abb. 2.6). Mit den Einheitsvektoren $\boldsymbol{e}_x$ und $\boldsymbol{e}_y$ lassen sich die Komponenten schreiben als

$$\boldsymbol{F}_x = F_x\,\boldsymbol{e}_x\,, \quad \boldsymbol{F}_y = F_y\,\boldsymbol{e}_y\,, \tag{2.3}$$

und $\boldsymbol{F}$ wird

$$\boldsymbol{F} = \boldsymbol{F}_x + \boldsymbol{F}_y = F_x\,\boldsymbol{e}_x + F_y\,\boldsymbol{e}_y\,. \tag{2.4}$$

Darin sind F_x und F_y die *Koordinaten* des Vektors $\boldsymbol{F}$.

Es sei angemerkt, dass F_x und F_y ungenau in der Ausdrucksweise meist auch als Komponenten von $\boldsymbol{F}$ bezeichnet werden. Wie schon in Abschnitt 1.2 erwähnt, hat es sich daneben eingebürgert, vor allem bei Aufgaben oder konkreten Problemen, in denen der Vektorcharakter von Kräften eindeutig ist, an das Pfeilbild nur noch Beträge oder Koordinaten zu schreiben.

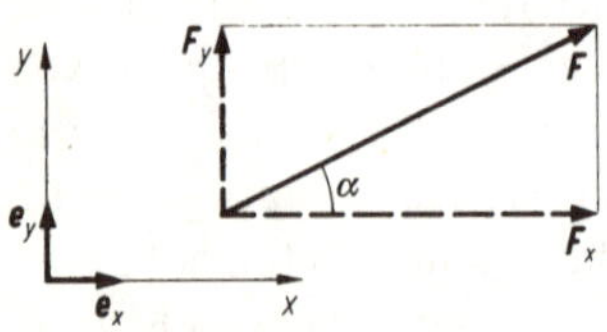

Abb. 2.6

Aus Abb. 2.6 liest man ab

$$\begin{aligned} F_x &= F\cos\alpha\,, & F_y &= F\sin\alpha\,, \\ F &= \sqrt{F_x^2 + F_y^2}\,, & \tan\alpha &= \frac{F_y}{F_x}\,. \end{aligned} \tag{2.5}$$

Hat man die Resultierende einer zentralen ebenen Kräftegruppe zu ermitteln, so kann man die Vektoraddition so durchführen, dass man an Stelle der Kräfte ihre Komponenten addiert. Wir machen uns dies am Beispiel von zwei Kräften klar (Abb. 2.7). Bezeichnen wir die x- und die y-Komponenten der Kräfte $\boldsymbol{F}_i$ mit $\boldsymbol{F}_{ix} = F_{ix}\,\boldsymbol{e}_x$ und $\boldsymbol{F}_{iy} = F_{iy}\,\boldsymbol{e}_y$, so gilt

$$\begin{aligned} \boldsymbol{R} &= R_x\,\boldsymbol{e}_x + R_y\,\boldsymbol{e}_y = \boldsymbol{F}_1 + \boldsymbol{F}_2 = \boldsymbol{F}_{1x} + \boldsymbol{F}_{1y} + \boldsymbol{F}_{2x} + \boldsymbol{F}_{2y} \\ &= F_{1x}\,\boldsymbol{e}_x + F_{1y}\,\boldsymbol{e}_y + F_{2x}\,\boldsymbol{e}_x + F_{2y}\,\boldsymbol{e}_y = (F_{1x} + F_{2x})\,\boldsymbol{e}_x + (F_{1y} + F_{2y})\boldsymbol{e}_y\,. \end{aligned}$$

Die Koordinaten der Resultierenden folgen somit zu

$$R_x = F_{1x} + F_{2x}\,, \quad R_y = F_{1y} + F_{2y}\,.$$

Im allgemeinen Fall für n Kräfte erhalten wir aus

$$\begin{aligned} \boldsymbol{R} &= R_x\,\boldsymbol{e}_x + R_y\,\boldsymbol{e}_y = \sum \boldsymbol{F}_i = \sum (F_{ix}\,\boldsymbol{e}_x + F_{iy}\,\boldsymbol{e}_y) \\ &= \left(\sum F_{ix}\right)\boldsymbol{e}_x + \left(\sum F_{iy}\right)\boldsymbol{e}_y \end{aligned} \tag{2.6}$$

für die Koordinaten von $\boldsymbol{R}$

$$R_x = \sum F_{ix}\,, \quad R_y = \sum F_{iy}\,. \tag{2.7}$$

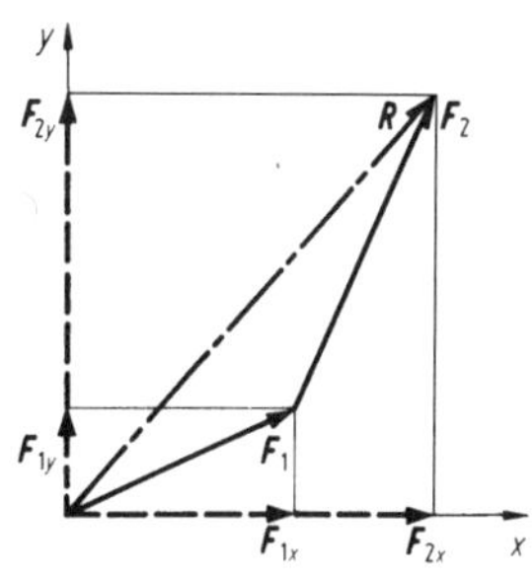

Abb. 2.7

Betrag und Richtung errechnen sich nach (2.5):

$$\boxed{R = \sqrt{R_x^2 + R_y^2}\,, \quad \tan\alpha_R = \frac{R_y}{R_x}}\,. \tag{2.8}$$

Der Vektorgleichung (2.2) entsprechen im ebenen Fall also die beiden skalaren Gleichungen (2.7).

Beispiel 2.3: Das Beispiel 2.2 soll mit der Komponentendarstellung gelöst werden.

Lösung: Wir wählen dazu das Koordinatensystem so, dass die x-Achse mit der Horizontalen zusammenfällt, von der aus die Winkel gemessen werden (Abb. 2.8). Es gilt dann

$$\begin{aligned} R_x &= F_{1x} + F_{2x} + F_{3x} + F_{4x} \\ &= F_1 \cos\alpha_1 + F_2 \cos\alpha_2 + F_3 \cos\alpha_3 + F_4 \cos\alpha_4 \\ &= 12\cos 45^\circ + 8\cos 100^\circ + 18\cos 205^\circ + 4\cos 270^\circ \\ &= -9{,}22\,\text{kN}\,. \end{aligned}$$

Analog ergibt sich

$$\begin{aligned} R_y &= F_{1y} + F_{2y} + F_{3y} + F_{4y} \\ &= F_1 \sin\alpha_1 + F_2 \sin\alpha_2 + F_3 \sin\alpha_3 + F_4 \sin\alpha_4 = 4{,}76\,\text{kN}\,, \end{aligned}$$

und es werden

$$\underline{\underline{R}} = \sqrt{R_x^2 + R_y^2} = \sqrt{9{,}22^2 + 4{,}76^2} = \underline{\underline{10{,}4\,\text{kN}}}\,,$$

$$\tan\alpha_R = \frac{R_y}{R_x} = -\frac{4{,}76}{9{,}22} = -0{,}52 \quad \rightarrow \quad \underline{\underline{\alpha_R = 152{,}5^\circ}}\,.$$

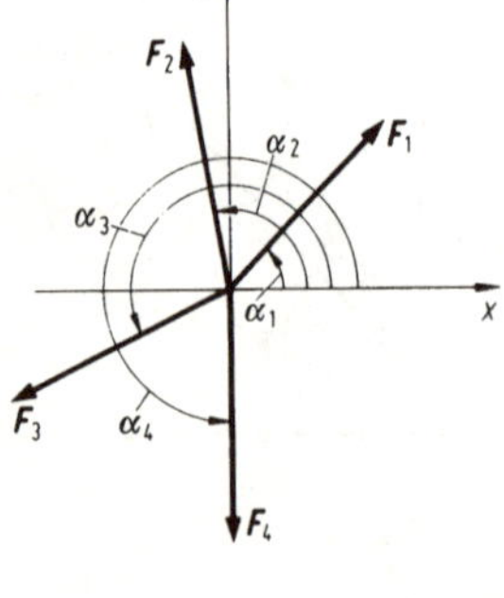

Abb. 2.8

2.3 Gleichgewicht in der Ebene

Wir untersuchen nun die Frage, unter welchen Bedingungen ein Körper im *Gleichgewicht* ist. Antwort darauf gibt wieder die Erfahrung, aus der wir wissen, dass ein ursprünglich ruhender Körper in Ruhe bleibt, wenn wir an ihm zwei entgegengesetzt gleich große Kräfte auf gleicher Wirkungslinie anbringen (Abb. 2.9). Wir können diese Tatsache durch den Satz ausdrücken:

> Zwei Kräfte sind im Gleichgewicht, wenn sie auf der gleichen Wirkungslinie liegen und entgegengesetzt gleich groß sind.

Dies bedeutet, dass die Vektorsumme der beiden Kräfte (d.h. die Resultierende) Null sein muss:

$$\boldsymbol{R} = \boldsymbol{F}_1 + \boldsymbol{F}_2 = \boldsymbol{0}\,. \tag{2.9}$$

Aus Abschnitt 2.1 wissen wir, dass ein zentrales Kräftesystem aus n Kräften $\boldsymbol{F}_i$ immer eindeutig durch eine Resultierende $\boldsymbol{R} = \sum \boldsymbol{F}_i$ ersetzt werden kann. Damit lässt sich die *Gleichgewichtsbedingung* (2.9) sofort auf beliebig viele Kräfte übertragen. Eine zentrale Kräftegruppe ist im Gleichgewicht, wenn die Vektorsumme aller Kräfte (d.h. die Resultierende) Null ist:

$$\boxed{\boldsymbol{R} = \sum \boldsymbol{F}_i = \boldsymbol{0}}\,. \tag{2.10}$$

Geometrisch bedeutet Gleichung (2.10), dass das Krafteck *geschlossen* sein muss (Abb. 2.10). Eine Kräftegruppe, die der Gleichgewichtsbedingung (2.10) genügt, bezeichnet man als *Gleichgewichtsgruppe*.

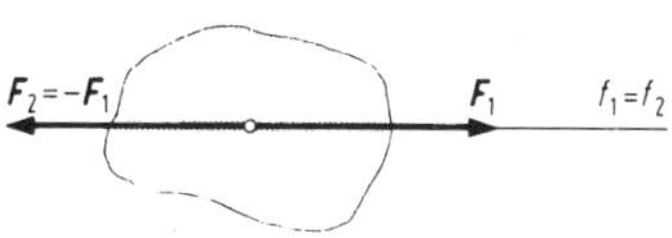

Abb. 2.9

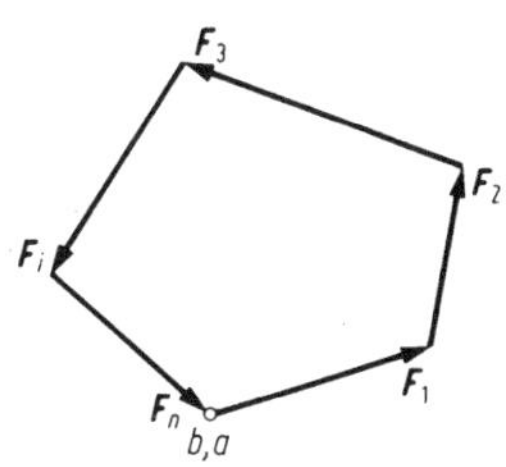

Abb. 2.10

Die resultierende Kraft ist dann Null, wenn ihre Komponenten verschwinden. Dies bedeutet mit (2.7), dass der Gleichgewichtsbedingung (2.10) in Vektorform im Fall eines ebenen Kraftsystems die beiden skalaren Gleichgewichtsbedingungen

$$\boxed{\sum F_{ix} = 0\,, \quad \sum F_{iy} = 0} \tag{2.11}$$

äquivalent sind. Ein zentrales ebenes Kraftsystem ist demnach im Gleichgewicht, wenn die Summen der Kraftkomponenten (hier in x- und in y-Richtung) verschwinden.

Haben wir es mit einem Gleichgewichtsproblem zu tun, bei dem Kräfte nach Größe und (oder) Richtung zu bestimmen sind, so können höchstens *zwei* Unbekannte mit Hilfe der *zwei* Gleichgewichtsbedingungen (2.11) ermittelt werden. Probleme, die auf diese Weise einer Lösung zugeführt werden können, nennt man *statisch bestimmt*. Treten mehr als zwei Unbekannte bei einer zentralen ebenen Kräftegruppe auf, so ist das Problem *statisch unbestimmt*; es kann mit den Gleichgewichtsbedingungen (2.11) alleine nicht gelöst werden.

2.4 Beispiele ebener zentraler Kräftegruppen

Um die bisherigen Ergebnisse an Beispielen anwenden zu können, benötigen wir einige Idealisierungen von einfachen technischen Bauteilen. So bezeichnen wir einen Körper, dessen Querschnittsabmessungen klein gegenüber der Längsabmessung sind und der nur Zugkräfte in Richtung seiner Längsachse aufnehmen kann, als ein *Seil* (Abb. 2.11a).

Ist das Gewicht des Seiles klein gegenüber der Kraft im Seil (Seilkraft), so vernachlässigt man es in der Regel. Man spricht in diesem Fall von einem „masselosen Seil". Wird ein Seil über eine Rolle geführt

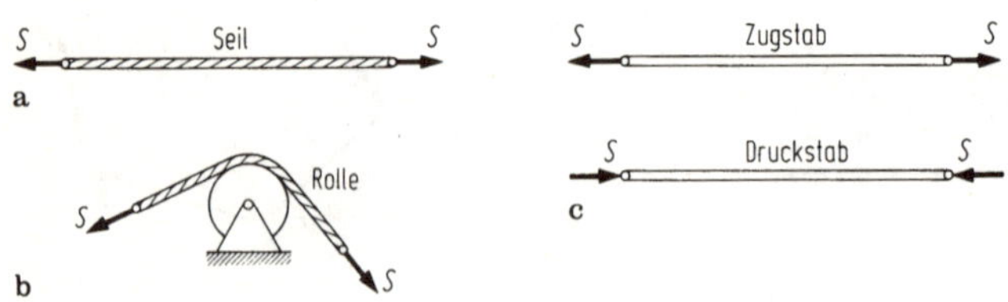

Abb. 2.11

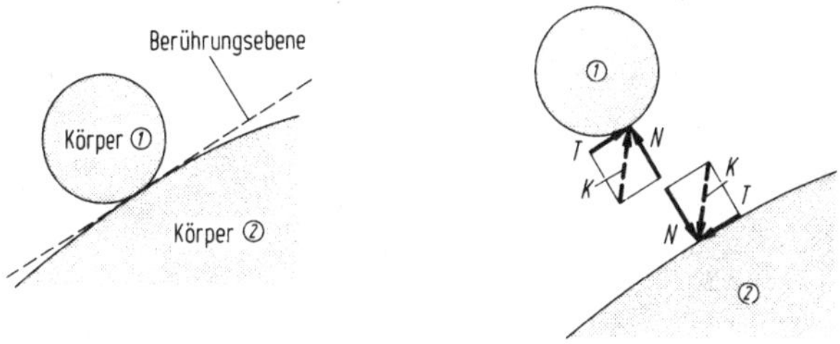

Abb. 2.12

(Abb. 2.11b), so sind die Kräfte an beiden Seilenden gleich groß, sofern die Rolle „reibungsfrei“ gelagert ist (vgl. Beispiel 3.3).

Bei einem *Stab* sind die Querschnittsabmessungen ebenfalls klein im Vergleich zur Längsabmessung. Im Unterschied zum Seil kann ein Stab jedoch sowohl Zug- als auch Druckkräfte in Richtung seiner Längsachse aufnehmen (Abb. 2.11c).

Nach Abschnitt 1.4 kann man die Kräfte, die in einer Berührungsstelle zweier Körper wirken, sichtbar machen, indem man die Körper gedanklich trennt (Abb. 2.12). Die Kontaktkraft K, die nach dem Prinzip actio = reactio entgegengesetzt gleich groß auf jeden der beiden Körper wirkt, können wir durch ihre Komponenten, die *Normalkraft* N und die *Tangentialkraft* T, ersetzen. Die Kraft N wirkt dabei senkrecht (normal) zur tangentialen *Berührungsebene* der beiden Körper, während die Kraft T in der Berührungsebene selbst liegt. Berühren sich die Körper lediglich, so können sie nur gegeneinander drücken und nicht etwa aneinander ziehen; d.h. die Normalkraft N ist dann jeweils zum Innern des Körpers, auf den sie wirkt, gerichtet. In tangentialer Richtung können die Körper nur dann aufeinander einwirken, wenn ihre Oberflächen *rauh* sind. Idealisieren wir eine Oberfläche als vollkommen *glatt*, so verschwindet T, und es tritt nur die Normalkraft N auf.

Beispiel 2.4: An einer festen Öse sind zwei Seile befestigt, an denen mit den Kräften F_1 und F_2 unter den Winkeln α und β gezogen wird (Abb. 2.13a).

Gesucht ist der Betrag der Kraft H, die von der Wand auf die Öse ausgeübt wird.

Lösung: Die Öse ist unter der Wirkung der an ihr angreifenden Kräfte im Gleichgewicht. Um alle auf die Öse wirkenden Kräfte zu erkennen, denken wir sie uns von der Wand getrennt. An der Trennstelle führen wir die nach Größe H und Richtung γ unbekannte Haltekraft ein und zeichnen das Freikörperbild Abb. 2.13b.

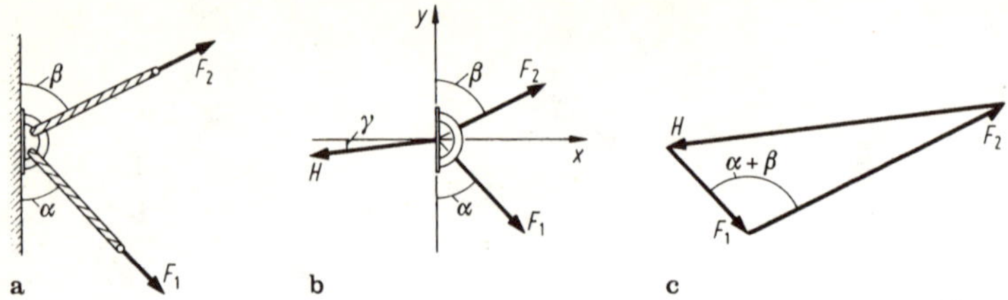

Abb. 2.13

Wir lösen die Aufgabe zunächst *grafoanalytisch* (halb grafisch, halb analytisch). Dazu skizzieren wir die grafische Gleichgewichtsbedingung, indem wir H gerade so wählen, dass sich das Krafteck schließt (Abb. 2.13c). Auf das Kräftedreieck wenden wir den Kosinussatz an und erhalten analytisch für den Betrag der Kraft

$$\underline{\underline{H = \sqrt{F_1^2 + F_2^2 - 2F_1F_2\cos(\alpha+\beta)}}}\ .$$

Man kann das Problem auch durch Anwendung der skalaren Gleichgewichtsbedingungen (2.11) rein analytisch lösen. Zu diesem Zweck wählen wir ein Koordinatensystem x, y (Abb. 2.13b), ermitteln dann jeweils die Komponenten der Kräfte in den entsprechenden Richtungen und setzen diese in (2.11) ein:

$$\begin{aligned}
\sum F_{ix} = 0: &\quad F_1 \sin\alpha + F_2 \sin\beta - H\cos\gamma = 0\\
&\quad\to\quad H\cos\gamma = F_1\sin\alpha + F_2\sin\beta\,,\\
\sum F_{iy} = 0: &\quad -F_1\cos\alpha + F_2\cos\beta - H\sin\gamma = 0\\
&\quad\to\quad H\sin\gamma = -F_1\cos\alpha + F_2\cos\beta\,.
\end{aligned}$$

Damit stehen *zwei* Gleichungen für die *zwei* Unbekannten H und γ zur Verfügung. Zur Bestimmung von H quadrieren und addieren wir die beiden Gleichungen und erhalten so unter Anwendung eines Additionstheorems

$$H^2 = F_1^2 + F_2^2 - 2\,F_1\,F_2\cos(\alpha+\beta)\,,$$

d.h. wieder das obige Ergebnis.

Beispiel 2.5: Eine Walze vom Gewicht G wird durch ein Seil auf einer *glatten* schiefen Ebene gehalten (Abb. 2.14a).

Für gegebene Winkel α und β sollen die Seilkraft und die Kontaktkraft zwischen Ebene und Walze ermittelt werden.

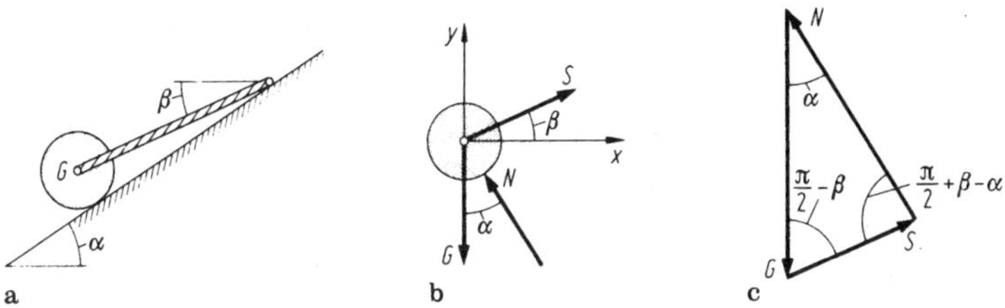

Abb. 2.14

Lösung: Da die Walze in Ruhe ist, müssen die an ihr angreifenden Kräfte der Gleichgewichtsbedingung (2.10) genügen. Um wieder alle Kräfte sichtbar zu machen, schneiden wir das Seil und trennen die Walze von der Unterlage. An den Trennstellen bringen wir die Seilkraft S und die Kontaktkraft an. Da die Fläche glatt ist, besteht die Kontaktkraft nur aus der Normalkomponente N, die senkrecht auf der schiefen Ebene steht. Das Freikörperbild (Abb. 2.14b) zeigt, dass wir es mit einem zentralen ebenen Kraftsystem zu tun haben, bei dem nur die Beträge von N und S unbekannt sind; das Gewicht G und die Richtungen von N und S sind bekannt.

Wir lösen die Aufgabe zuerst wieder grafoanalytisch, indem wir die Gleichgewichtsbedingung (geschlossenes Krafteck) skizzieren (Abb. 2.14c). Aus dem Kräftedreieck kann man dann mit dem Sinussatz ablesen

$$\underline{\underline{S}} = G\,\frac{\sin\alpha}{\sin(\frac{\pi}{2}+\beta-\alpha)} = \underline{\underline{G\,\frac{\sin\alpha}{\cos(\alpha-\beta)}}}\,,$$

$$\underline{\underline{N}} = G\,\frac{\sin(\frac{\pi}{2}-\beta)}{\sin(\frac{\pi}{2}+\beta-\alpha)} = \underline{\underline{G\,\frac{\cos\beta}{\cos(\alpha-\beta)}}}\,.$$

Wollen wir rein analytisch mit den skalaren Gleichgewichtsbedingungen arbeiten, so wählen wir ein Koordinatensystem x, y (Abb. 2.14b) und setzen die Kraftkomponenten in x- und y-Richtung in (2.11) ein:

$$\sum F_{ix} = 0: \; S\cos\beta - N\sin\alpha = 0\,,$$

$$\sum F_{iy} = 0: \; S\sin\beta + N\cos\alpha - G = 0\,.$$

Dies sind zwei Gleichungen für die beiden Unbekannten N und S. Durch Eliminieren von N bzw. von S folgen unter Anwendung der Additionstheoreme wieder die obigen Ergebnisse. Wie man x und y wählt, ist formal zwar gleichgültig, doch werden wir später sehen, dass man sich durch geschickte Wahl der Richtungen häufig Rechenarbeit ersparen kann.

Beispiel 2.6: An zwei Seilen, die über reibungsfreie Rollen geführt sind (Abb. 2.15a), hängen die Gewichte G_1 bis G_3.

Welche Winkel α_1 und α_2 stellen sich ein?

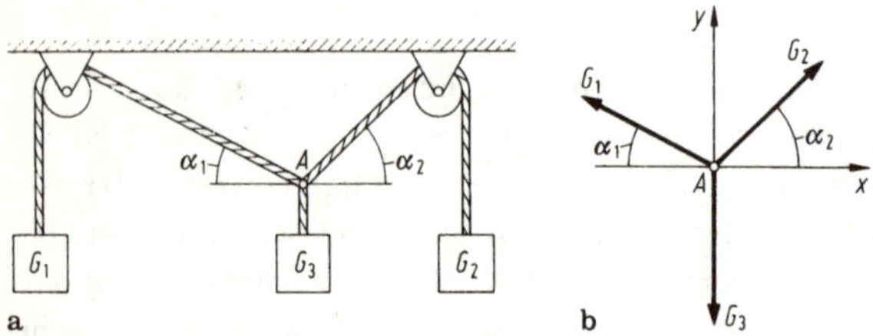

Abb. 2.15

Lösung: Das Freikörperbild (Abb. 2.15b) zeigt die auf den Punkt A wirkenden Kräfte, wobei die zwei Richtungen α_1 und α_2 unbekannt sind. Wir wählen x und y wie dargestellt und formulieren die Gleichgewichtsbedingungen. Dabei schreiben wir für $\sum F_{ix} = 0$ bzw. $\sum F_{iy} = 0$ von nun an symbolisch kurz $\rightarrow:$ bzw. $\uparrow:$ (Summe aller Kraftkomponenten in Pfeilrichtung gleich Null):

$$\rightarrow: \quad -G_1 \cos\alpha_1 + G_2 \cos\alpha_2 = 0\,,$$
$$\uparrow: \quad G_1 \sin\alpha_1 + G_2 \sin\alpha_2 - G_3 = 0\,.$$

Wollen wir α_1 bestimmen, so eliminieren wir α_2, indem wir zunächst die Gleichungen umschreiben:

$$G_1 \cos\alpha_1 = G_2 \cos\alpha_2\,, \quad G_1 \sin\alpha_1 - G_3 = -G_2 \sin\alpha_2\,.$$

Quadrieren und Addieren liefert

$$\underline{\underline{\sin\alpha_1 = \frac{G_3^2 + G_1^2 - G_2^2}{2\,G_1\,G_3}}}\,.$$

Analog erhält man

$$\underline{\underline{\sin\alpha_2 = \frac{G_3^2 + G_2^2 - G_1^2}{2\,G_2\,G_3}}}\,.$$

Eine physikalisch sinnvolle Lösung (d.h. Gleichgewicht) existiert nur dann, wenn die Gewichte so vorgegeben sind, dass beide Zähler größer als Null und kleiner als die Nenner sind.

Beispiel 2.7: Zwei gelenkig miteinander verbundene Stäbe 1 und 2 sind in A und B an einer Wand befestigt und in C durch das Gewicht G belastet (Abb. 2.16a).

Wie groß sind die Stabkräfte?

Lösung: Wir betrachten das Gelenk C, das sich unter der Wirkung des Gewichtes G und der Stabkräfte S_1 und S_2 im Gleichgewicht befindet. Bekannt sind dabei die Größe und Richtung von G und die Wirkungslinien s_1, s_2 der Stabkräfte S_1, S_2, die durch die Stabrichtungen α_1 und α_2 gegeben sind. Durch Zeichnen des Lageplans (Abb. 2.16b) und des geschlossenen Kräftedreiecks (Abb. 2.16c) lässt sich die Aufgabe grafisch lösen, wenn die Winkel zahlenmäßig bekannt sind.

Arbeiten wir grafoanalytisch, so genügen Skizzen, und wir erhalten durch Anwendung des Sinussatzes auf das Kräftedreieck die Beträge der Stabkräfte

$$\underline{\underline{S_1 = G\,\frac{\sin\alpha_2}{\sin(\alpha_1+\alpha_2)}}}\,, \qquad \underline{\underline{S_2 = G\,\frac{\sin\alpha_1}{\sin(\alpha_1+\alpha_2)}}}\,.$$

Der Richtungssinn der Kräfte kann dem Krafteck entnommen werden, wobei zu beachten ist, dass es sich hierbei um die Kräfte handelt, die auf das Gelenk ausgeübt werden. Die Kräfte, die vom Gelenk auf die Stäbe ausgeübt werden, haben nach dem Prinzip actio = reactio den gleichen Betrag, aber die entgegengesetzte Richtung (Abb. 2.16d). Stab 1 wird demnach auf Zug und Stab 2 auf Druck beansprucht.

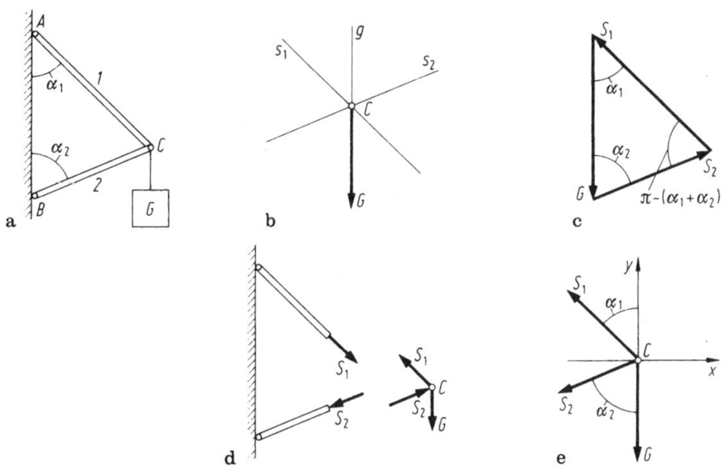

Abb. 2.16

Wir können die Aufgabe auch mit Hilfe der Gleichgewichtsbedingungen (2.11) rein analytisch lösen. Dazu schneiden wir das Gelenk C frei und skizzieren das Freikörperbild (Abb. 2.16e).

Da zwar die Richtungen der Stabkräfte S_1 und S_2 festliegen, nicht aber ihre Richtungssinne, könnten wir letztere noch beliebig annehmen. Es hat sich jedoch als Konvention durchgesetzt, Stabkräfte immer als Zugkräfte positiv anzusetzen; ein negatives Vorzeichen im Ergebnis zeigt dann einen Druckstab an. Aus den Gleichgewichtsbedingungen in horizontaler bzw. vertikaler Richtung

$$\begin{aligned} \rightarrow: &\quad -S_1 \sin\alpha_1 - S_2 \sin\alpha_2 = 0\,, \\ \uparrow: &\quad S_1 \cos\alpha_1 - S_2 \cos\alpha_2 - G = 0 \end{aligned}$$

folgt

$$S_1 = G\,\frac{\sin\alpha_2}{\sin(\alpha_1+\alpha_2)}\,, \qquad S_2 = -G\,\frac{\sin\alpha_1}{\sin(\alpha_1+\alpha_2)}\,.$$

Das Minuszeichen bei S_2 deutet an, dass der Richtungssinn der Kraft entgegengesetzt zu dem angenommenen Richtungssinn ist; d.h. S_2 ist nicht wie angenommen eine Zug-, sondern eine Druckkraft.

2.5 Zentrale Kräftegruppen im Raum

Analog zur Darstellung einer Kraft in der Ebene durch *zwei* aufeinander senkrecht stehende Komponenten lässt sich eine Kraft im Raum eindeutig durch *drei* aufeinander senkrecht stehende Komponenten ersetzen. Wie schon in Abschnitt 1.2 angedeutet, können wir dann im kartesischen Koordinatensystem x, y, z nach Abb. 2.17 eine Kraft $\boldsymbol{F}$ darstellen durch

$$\boldsymbol{F} = \boldsymbol{F}_x + \boldsymbol{F}_y + \boldsymbol{F}_z = F_x\,\boldsymbol{e}_x + F_y\,\boldsymbol{e}_y + F_z\,\boldsymbol{e}_z\,. \tag{2.12}$$

Für den Betrag der Kraft und die Richtungskosinus liest man ab:

$$\begin{aligned} F &= \sqrt{F_x^2 + F_y^2 + F_z^2}\,, \\ \cos\alpha &= \frac{F_x}{F}\,, \quad \cos\beta = \frac{F_y}{F}\,, \quad \cos\gamma = \frac{F_z}{F}\,. \end{aligned} \tag{2.13}$$

Die Winkel α, β und γ sind nicht unabhängig voneinander. Quadriert man die erste Gleichung aus (2.13) und setzt F_x, F_y und F_z nach der

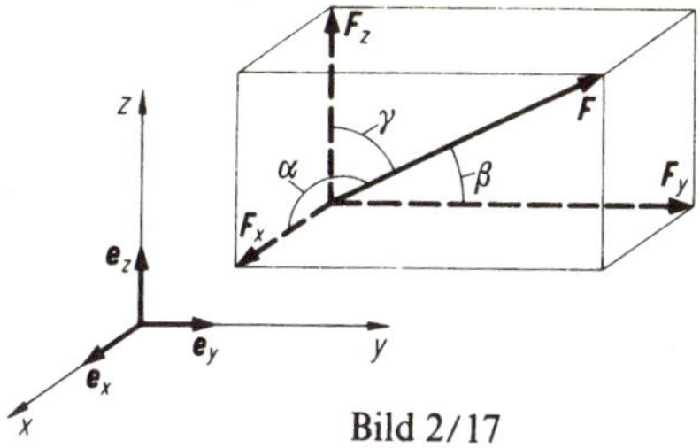

Abb. 2.17

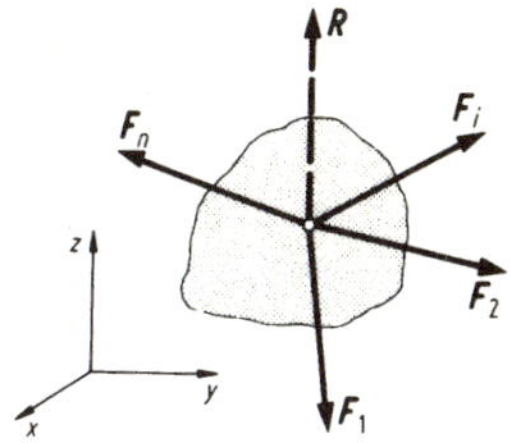

Abb. 2.18

zweiten Zeile von (2.13) ein, so ergibt sich der Zusammenhang

$$\cos^2\alpha + \cos^2\beta + \cos^2\gamma = 1\,. \tag{2.14}$$

In Abschnitt 2.1 haben wir festgestellt, dass sich die Resultierende $\boldsymbol{R}$ zweier Kräfte $\boldsymbol{F}_1$ und $\boldsymbol{F}_2$ aus der Parallelogrammkonstruktion ergibt. Sie entspricht der Vektoraddition

$$\boldsymbol{R} = \boldsymbol{F}_1 + \boldsymbol{F}_2\,. \tag{2.15}$$

Betrachten wir eine *räumliche* zentrale Kräftegruppe aus n Kräften (Abb. 2.18), so folgt demnach die Resultierende durch die aufeinander folgende Anwendung des Parallelogrammgesetzes im Raum, d.h. genau wie bei der ebenen Kräftegruppe als Vektorsumme aller n Kräfte:

$$\boxed{\boldsymbol{R} = \sum \boldsymbol{F}_i}\,. \tag{2.16}$$

Stellen wir die Kräfte $\boldsymbol{F}_i$ entsprechend (2.12) durch ihre Komponenten $\boldsymbol{F}_{ix}$, $\boldsymbol{F}_{iy}$, $\boldsymbol{F}_{iz}$ dar, so erhalten wir

$$\begin{aligned}
\boldsymbol{R} &= R_x\,\boldsymbol{e}_x + R_y\,\boldsymbol{e}_y + R_z\,\boldsymbol{e}_z = \sum(\boldsymbol{F}_{ix} + \boldsymbol{F}_{iy} + \boldsymbol{F}_{iz}) \\
&= \sum(F_{ix}\,\boldsymbol{e}_x + F_{iy}\,\boldsymbol{e}_y + F_{iz}\,\boldsymbol{e}_z) \\
&= \Big(\sum F_{ix}\Big)\,\boldsymbol{e}_x + \Big(\sum F_{iy}\Big)\,\boldsymbol{e}_y + \Big(\sum F_{iz}\Big)\,\boldsymbol{e}_z\,.
\end{aligned}$$

Für die Komponenten der Resultierenden im Raum gilt somit

$$\boxed{R_x = \sum F_{ix}\,, \quad R_y = \sum F_{iy}\,, \quad R_z = \sum F_{iz}}\,. \tag{2.17}$$

Ihren Betrag und ihre Richtung errechnen wir nach (2.13) aus

$$R = \sqrt{R_x^2 + R_y^2 + R_z^2}\,, \qquad \cos\alpha_R = \frac{R_x}{R}\,, \quad \cos\beta_R = \frac{R_y}{R}\,, \quad \cos\gamma_R = \frac{R_z}{R}\,. \tag{2.18}$$

Analog zum ebenen Problem ist eine räumliche zentrale Kräftegruppe im *Gleichgewicht*, wenn ihre Resultierende verschwindet:

$$\boldsymbol{R} = \sum \boldsymbol{F}_i = \boldsymbol{0}\,. \tag{2.19}$$

Dieser Vektorbedingung sind im Raum die *drei* skalaren *Gleichgewichtsbedingungen*

$$\sum F_{ix} = 0\,, \quad \sum F_{iy} = 0\,, \quad \sum F_{iz} = 0 \tag{2.20}$$

äquivalent.

Beispiel 2.8: Eine Aufhängung in einer räumlichen Ecke besteht aus dem schrägen Seil 3 und den zwei horizontalen Stäben 1 und 2 (Abb. 2.19a).

Wie groß sind die Seil- und die Stabkräfte, wenn im Gelenk A ein Gewicht G angebracht wird?

Lösung: Wir betrachten die auf A wirkenden Kräfte. Dazu schneiden wir das Seil und die Stäbe und setzen die Seil- und die Stabkräfte als

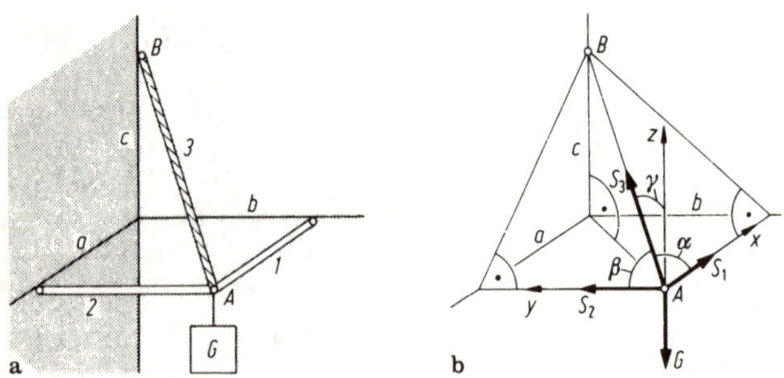

Abb. 2.19

Zugkräfte an (Abb. 2.19b). Führen wir die Winkel α, β und γ ein, so lauten die Gleichgewichtsbedingungen:

$$\sum F_{ix} = 0: \quad S_1 + S_3 \cos\alpha = 0\,,$$
$$\sum F_{iy} = 0: \quad S_2 + S_3 \cos\beta = 0\,,$$
$$\sum F_{iz} = 0: \quad S_3 \cos\gamma - G = 0\,.$$

Für die Winkel liest man aus Abb. 2.19b mit der Raumdiagonalen $\overline{AB} = \sqrt{a^2+b^2+c^2}$ ab:

$$\cos\alpha = \frac{a}{\sqrt{a^2+b^2+c^2}}\,, \qquad \cos\beta = \frac{b}{\sqrt{a^2+b^2+c^2}}\,,$$
$$\cos\gamma = \frac{c}{\sqrt{a^2+b^2+c^2}}\,.$$

Damit folgen

$$\underline{\underline{S_3}} = \frac{G}{\cos\gamma} = \underline{\underline{G\,\frac{\sqrt{a^2+b^2+c^2}}{c}}}\,,$$

$$\underline{\underline{S_1}} = -S_3\cos\alpha = -G\,\frac{\cos\alpha}{\cos\gamma} = \underline{\underline{-G\,\frac{a}{c}}}\,,$$

$$\underline{\underline{S_2}} = -S_3\cos\beta = -G\,\frac{\cos\beta}{\cos\gamma} = \underline{\underline{-G\,\frac{b}{c}}}\,.$$

Was anschaulich klar ist, liefert auch die Rechnung: die Stäbe werden auf Druck, das Seil wird auf Zug beansprucht.

Beispiel 2.9: Ein vertikaler Mast M wird durch Seile abgespannt (Abb. 2.20a).

Wie groß sind die Kräfte in den Seilen 1 und 2 sowie im Mast M, wenn am Seil 3 mit der Kraft F gezogen wird?

Lösung: Wir schneiden den Punkt C heraus und betrachten die auf ihn wirkenden Kräfte (Abb. 2.20b), wobei wir die Seilkräfte S_1, S_2 und die Kraft S_M im Mast als Zugkräfte ansetzen. Wegen der Symmetrie bezüglich der y, z-Ebene müssen die beiden Kräfte S_1 und S_2 gleich groß sein: $S_1 = S_2 = S$ (dies kann man auch durch die Gleichgewichtsbedingung in x-Richtung bestätigen). Wir können S_1 und S_2 zu einer einzigen Kraft

$$S^* = 2\,S\cos\alpha$$

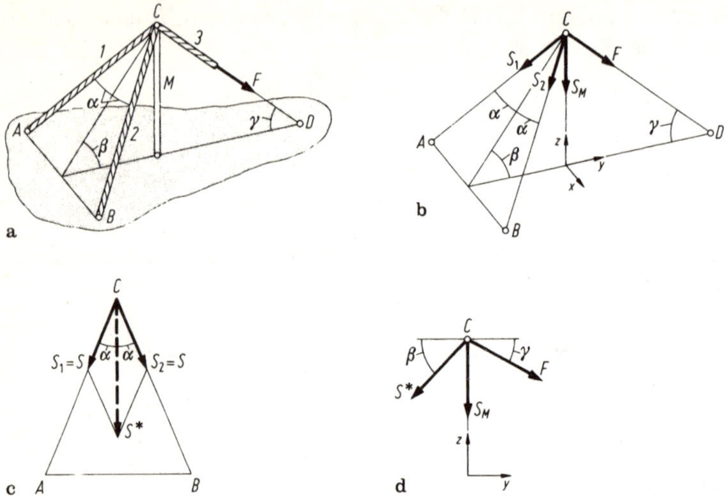

Abb. 2.20

zusammenfassen (Abb. 2.20c), die wie S_M und F in der y, z-Ebene liegt (Abb. 2.20d). Die Gleichgewichtsbedingungen

$$\sum F_{iy} = 0 : \quad -S^* \cos\beta + F\cos\gamma = 0\,,$$

$$\sum F_{iz} = 0 : \quad -S^* \sin\beta - S_M - F\sin\gamma = 0$$

liefern nach Einsetzen von S^*

$$\underline{\underline{S = F\,\frac{\cos\gamma}{2\cos\alpha\cos\beta}}}\,, \qquad \underline{\underline{S_M = -F\,\frac{\sin(\beta+\gamma)}{\cos\beta}}}\,.$$

Wie zu erwarten war, herrscht in den Seilen Zug ($S > 0$), im Mast Druck ($S_M < 0$).

Als einfache Kontrolle setzen wir $\gamma = \pi/2$: die Kraft F wirkt in diesem Grenzfall in Mastrichtung. Mit $\cos(\pi/2) = 0$ und $\sin(\beta + \pi/2) = \cos\beta$ folgen hierfür $S = 0$ und $S_M = -F$.

3 Allgemeine Kraftsysteme und Gleichgewicht des starren Körpers

Wir wollen uns nun allgemeinen Kräftegruppen zuwenden, d.h. Kräften, deren Wirkungslinien sich *nicht* in einem Punkt schneiden. Der Einfachheit halber beschränken wir uns zunächst auf ebene Probleme. Die Verallgemeinerung auf den räumlichen Fall wollen wir anschließend vornehmen.

3.1 Allgemeine Kräftegruppen in der Ebene

3.1.1 Kräftepaar und Moment des Kräftepaares

Nach Abschnitt 2.1 können wir zentrale Kräftegruppen, d.h. sowohl mehrere Kräfte auf einer Wirkungslinie als auch nichtparallele Kräfte durch einen Punkt zu einer Resultierenden zusammenfassen.

Wie zwei *parallele* Kräfte $\boldsymbol{F}_1$ und $\boldsymbol{F}_2$ durch eine Resultierende $\boldsymbol{R}$ ersetzt werden, sei im folgenden beschrieben. Wir fügen zunächst zu den gegebenen Kräften $\boldsymbol{F}_1$ und $\boldsymbol{F}_2$ die Gleichgewichtsgruppe $\boldsymbol{K}$ und $-\boldsymbol{K}$ hinzu, die ja keine Wirkung auf den starren Körper ausübt (Abb. 3.1). Damit können dann in bekannter Weise die beiden Teilresultierenden $\boldsymbol{R}_1 = \boldsymbol{F}_1 + \boldsymbol{K}$ und $\boldsymbol{R}_2 = \boldsymbol{F}_2 + (-\boldsymbol{K})$ und daraus wiederum die Resultierende

$$\boldsymbol{R} = \boldsymbol{R}_1 + \boldsymbol{R}_2 = \boldsymbol{F}_1 + \boldsymbol{F}_2 \tag{3.1}$$

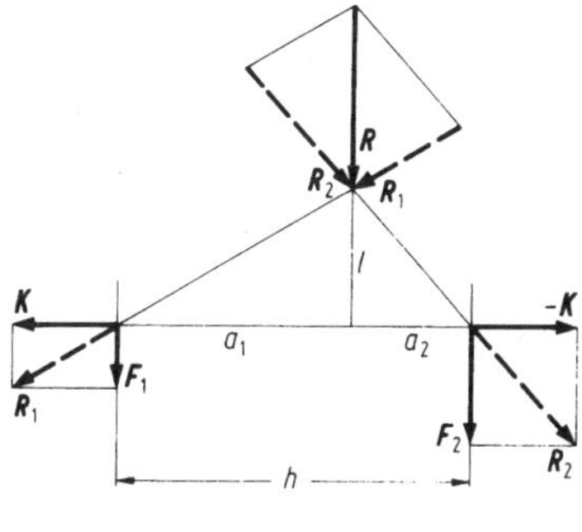

Abb. 3.1

gebildet werden. Der Betrag R der Resultierenden sowie die Lage ihrer Wirkungslinie fallen bei der grafischen Konstruktion gleichzeitig an. Aus Abb. 3.1 kann man ablesen:

$$R = F_1 + F_2 ,$$
$$h = a_1 + a_2 , \qquad \frac{a_1}{l} = \frac{K}{F_1} , \qquad \frac{a_2}{l} = \frac{K}{F_2} . \tag{3.2}$$

Bei parallelen Kräften ergibt sich R demnach als algebraische Summe der Kräfte. Aus (3.2) folgen daneben das *Hebelgesetz* von Archimedes

$$a_1 F_1 = a_2 F_2 \tag{3.3}$$

und die Abstände

$$a_1 = \frac{F_2}{F_1 + F_2} h = \frac{F_2}{R} h , \quad a_2 = \frac{F_1}{F_1 + F_2} h = \frac{F_1}{R} h . \tag{3.4}$$

Wir erkennen, dass auf diese Weise immer die Größe und die Lage der Resultierenden ermittelt werden können, sofern nicht der Nenner in (3.4) verschwindet. Letzterer Fall tritt ein, wenn ein so genanntes *Kräftepaar* vorliegt; er sei im folgenden betrachtet.

Unter einem Kräftepaar versteht man zwei gleich große, entgegengesetzt wirkende Kräfte auf parallelen Wirkungslinien (Abb. 3.2). Hier versagt die zuvor beschriebene Vorgehensweise. Mit $F_2 = -F_1$ erhält man aus (3.2) und (3.4) $R = 0$ und $a_1, a_2 \to \pm\infty$. Ein Kräftepaar kann demnach *nicht* auf eine resultierende Einzelkraft reduziert werden.

Obwohl die resultierende Kraft eines Kräftepaares Null ist, hat das Kräftepaar doch eine physikalische Wirkung: es versucht einen Körper zu drehen. In Abb. 3.3 sind einige Beispiele dargestellt, in denen Kräftepaare auftreten: a) ein Ventilrad, das gedreht werden soll, b) ein Schraubenzieher, der mit etwas Spiel auf den Schlitz einer Schraube wirkt und c) ein Balken, der in einer Wand „eingespannt" gelagert ist und dessen Ende verdreht wird. Wir erkennen, dass ein Kräftepaar einen bestimmten

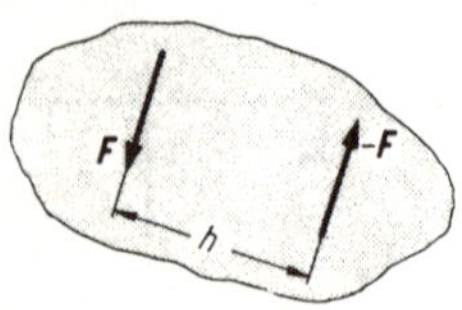

Abb. 3.2

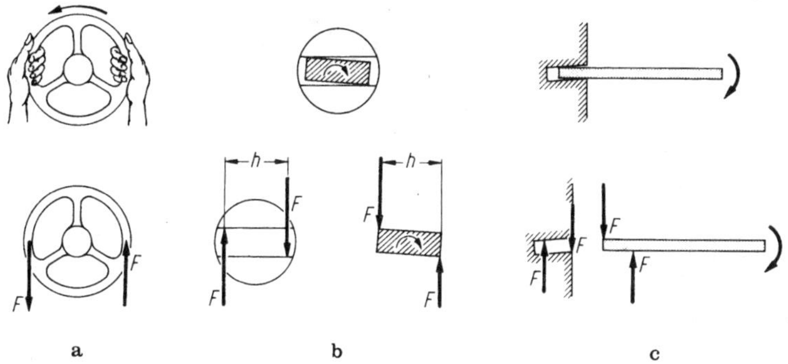

Abb. 3.3

Drehsinn, entweder links- oder rechtsherum hat. Genau wie die Einzelkraft ist auch das Kräftepaar eine Idealisierung, durch welche die Wirkung der stets flächenförmig verteilten Kräfte ersetzt wird.

Betrachten wir nun die Bestimmungsgrößen und die Eigenschaften des Kräftepaares. Die Wirkung eines Kräftepaares wird eindeutig bestimmt durch sein *Moment*. Dieses ist gegeben durch den Betrag M, der gebildet wird aus senkrechtem Abstand h mal Kraftbetrag F,

$$\boxed{M = h\,F}\,, \tag{3.5}$$

sowie durch den Drehsinn, den wir symbolisch durch einen gebogenen Pfeil (↶ oder ↷) angeben. Die beiden Größen, *Betrag* M und *Drehsinn* ↶, deuten hier schon an, dass das Moment im Raum den Charakter eines Vektors hat. Das Moment hat die Dimension Länge mal Kraft $[l\,F]$ und wird in Vielfachen der Einheit Nm angegeben (um eine Verwechslung mit der Einheit mN $\widehat{=}$ Milli-Newton zu vermeiden, wird dabei die Reihenfolge der Einheiten von Länge und Kraft vertauscht: Nm $\widehat{=}$ Newton-Meter).

Wie aus Abb. 3.4 zu entnehmen ist, gibt es beliebig viele äquivalente Darstellungen für ein Kräftepaar. Das Kräftepaar F mit dem Abstand h kann durch Hinzufügen der Gleichgewichtsgruppe K durch ein Kräftepaar F' mit dem Abstand h' gleichwertig ersetzt werden. Dabei bleibt das Moment, d.h. der Drehsinn und der Betrag des Momentes

$$M = h'\,F' = (h \sin\alpha)\left(\frac{F}{\sin\alpha}\right) = h\,F$$

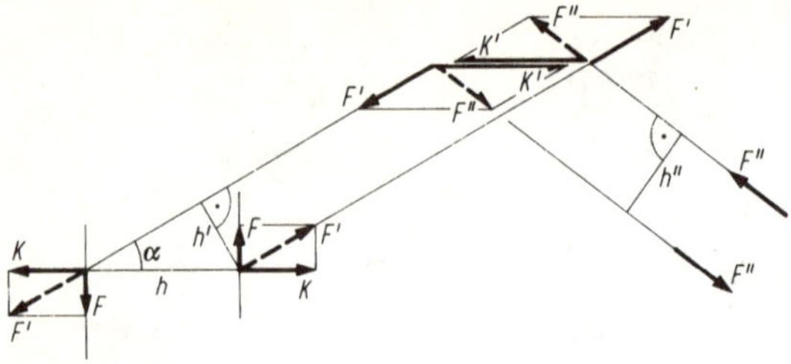

Abb. 3.4

unverändert. Wie aus der Abbildung gleichfalls hervorgeht, kann durch geeignetes Aneinanderreihen solcher Konstruktionen ein Kräftepaar beliebig in der Ebene verschoben werden, ohne dass sich das Moment ändert. Das Kräftepaar ist also im Gegensatz zur Kraft *nicht* an eine Wirkungslinie gebunden: es kann ohne Änderung der Wirkung an beliebigen Stellen des starren Körpers angreifen.

Wegen der eindeutigen Beschreibung eines Kräftepaares durch sein Moment werden wir später das Kräftepaar meist durch den Begriff des Momentes ersetzen und auf das Zeichnen eines der beliebig vielen äquivalenten Kräftepaare verzichten. In Analogie zur Darstellung einer Kraft durch das Symbol ↗ F (Pfeil mit Kraftbetrag) verwenden wir dann das Symbol ↶ M (Abb. 3.5); in ihm sind der Drehsinn (gebogener Pfeil) und der Betrag M des Momentes zusammengefasst.

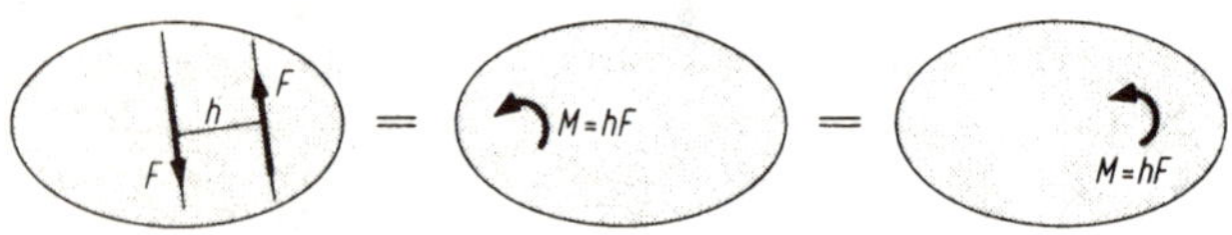

Abb. 3.5

Genau wie es zu jeder Kraft eine gleichgroße Gegenkraft gibt (actio = reactio), so gibt es zu jedem Kräftepaar ein gleichgroßes Kräftepaar mit entgegengesetztem Drehsinn bzw. zu jedem Moment ein gleichgroßes Gegenmoment. So wirkt zum Beispiel der Schraubenzieher nach Abb. 3.3b mit dem Moment $M = h\,F$ rechtsdrehend auf die Schraube. Umgekehrt wirkt die Schraube mit dem betragsmäßig gleichen Moment linksdrehend auf den Schraubenzieher.

Greifen an einem starren Körper mehrere Kräftepaare an, so kann man sie durch geeignetes Verschieben und Verdrehen zu einem resultierenden Kräftepaar mit dem Moment M_R zusammenfassen (Abb. 3.6).

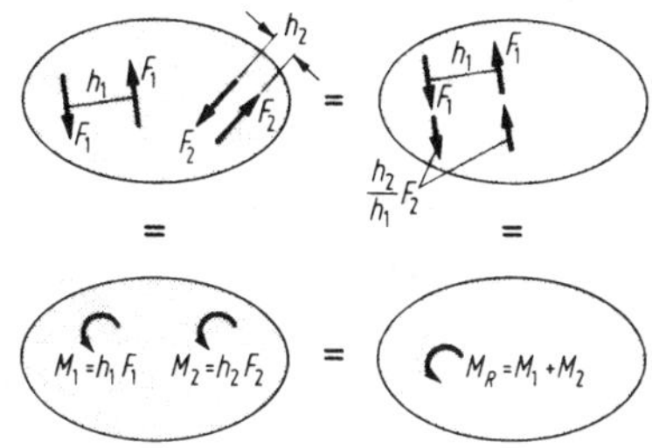

Abb. 3.6

Ihre Momente werden dabei unter Beachtung des Drehsinns algebraisch addiert:

$$\boxed{M_R = \sum M_i} \,. \tag{3.6}$$

Ist die Summe der Momente Null, so verschwindet das resultierende Kräftepaar und damit die Drehwirkung auf den Körper. Die Gleichgewichtsbedingung für eine Gruppe von Kräftepaaren lautet somit

$$\boxed{M_R = \sum M_i = 0} \,. \tag{3.7}$$

3.1.2 Moment einer Kraft

Eine Kraft kann ohne Änderung ihrer Wirkung nur entlang ihrer Wirkungslinie verschoben werden. Mit Hilfe des Begriffs des Kräftepaares wollen wir uns nun dem Problem der Parallelverschiebung einer Kraft zuwenden. Hierzu betrachten wir in Abb. 3.7 eine Kraft F, die um den Abstand h in eine zu f parallele Wirkungslinie f' durch den Punkt 0 verschoben werden soll. Lassen wir entlang f' zwei Gleichgewichtskräfte vom Betrag F wirken, so bildet eine dieser Kräfte mit der ursprünglichen Kraft F im Abstand h ein Kräftepaar, dessen Wirkung durch das Moment vom Betrag $M^{(0)} = h\,F$ und den entsprechenden Drehsinn beschrieben wird. Einer Kraft F im senkrechten Abstand h von 0 sind also eine Kraft F durch 0 *und* ein Moment der Größe $M^{(0)} = h\,F$ gleich-

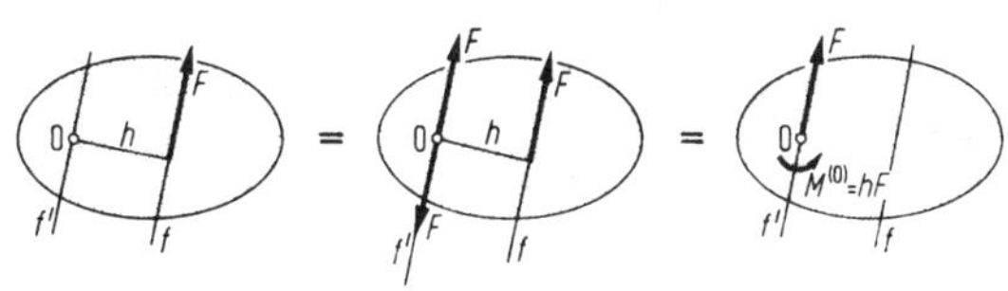

Abb. 3.7

wertig. Die Größe $M^{(0)} = hF$ bezeichnet man als das *Moment der Kraft F bezüglich des Punktes* 0; der hochgestellte Index bei M kennzeichnet dabei den *Bezugspunkt*. Den senkrechten Abstand zwischen 0 und der Kraft F nennt man den *Hebelarm* der Kraft bezüglich 0. Der *Drehsinn* des Momentes ist durch den Drehsinn der Kraft F um den Punkt 0 festgelegt.

Während das Moment eines Kräftepaares nicht von einem Bezugspunkt abhängt, sind der Betrag und der Drehsinn des Momentes einer Kraft von der Wahl des Bezugspunktes abhängig. Dieser Unterschied muss immer beachtet werden.

Es ist oft zweckmäßig, eine Kraft $\boldsymbol{F}$ durch ihre kartesischen Komponenten $\boldsymbol{F}_x = F_x\,\boldsymbol{e}_x$ und $\boldsymbol{F}_y = F_y\,\boldsymbol{e}_y$ zu ersetzen (Abb. 3.8). Vereinbaren wir, dass ein Moment *positiv* ist, wenn es *gegen den Uhrzeigersinn* dreht (↶), so ist das Moment von F bezüglich 0 durch $M^{(0)} = h\,F$ gegeben. Wegen $h = x\sin\alpha - y\cos\alpha$ und $\sin\alpha = F_y/F$, $\cos\alpha = F_x/F$ folgt

$$M^{(0)} = hF = \left(x\,\frac{F_y}{F} - y\,\frac{F_x}{F}\right)F = x\,F_y - y\,F_x\,. \tag{3.8}$$

Man kann das Moment also auch aus der Summe der Momente der Kraftkomponenten bezüglich 0 bestimmen, wobei der Drehsinn der Komponenten zu beachten ist.

Bestimmen wir nun das Moment der Resultierenden R der zwei nichtorthogonalen Kräfte F_1 und F_2 (Abb. 3.9). Hier werden die Momente von F_1 und F_2 bezüglich 0

$$M_1^{(0)} = x\,F_{1y} - y\,F_{1x}\,, \quad M_2^{(0)} = x\,F_{2y} - y\,F_{2x}\,,$$

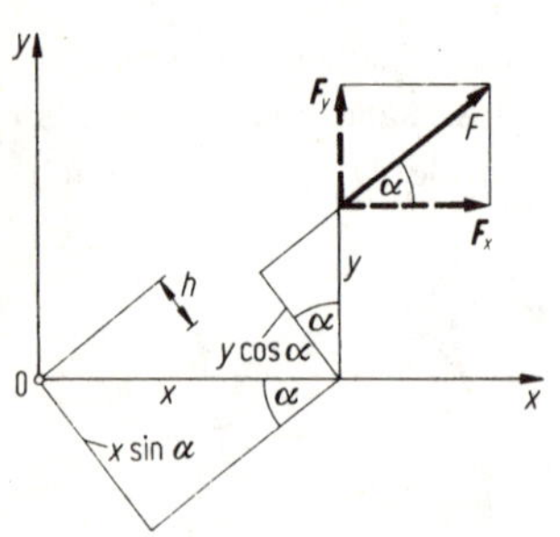

Abb. 3.8

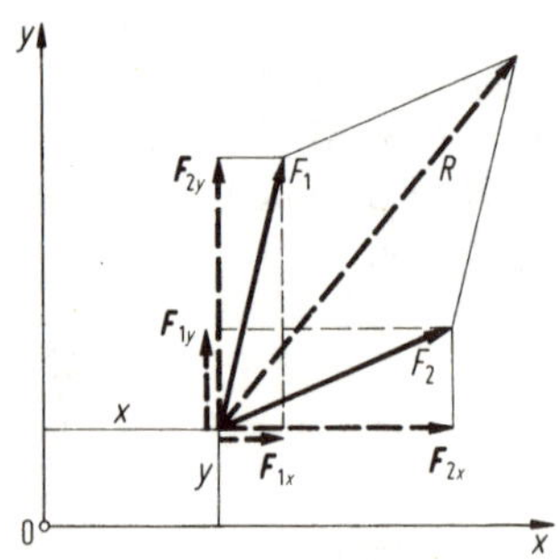

Abb. 3.9

und für die Summe erhält man

$$M_1^{(0)} + M_2^{(0)} = x\,(F_{1y} + F_{2y}) - y\,(F_{1x} + F_{2x}) = x\,R_y - y\,R_x = M_R^{(0)}\,.$$

Es spielt demnach keine Rolle, ob man Kräfte erst addiert und dann das Moment bildet, oder ob man die Summe der Einzelmomente bildet. Dies gilt auch für beliebig viele Kräfte. Wir können diesen Sachverhalt folgendermaßen aussprechen:

> Die Summe der Momente von Einzelkräften ist gleich dem Moment der Resultierenden.

3.1.3 Die Resultierende ebener Kraftsysteme

Wir betrachten nun einen starren Körper, der unter der Wirkung einer allgemeinen ebenen Kräftegruppe steht (Abb. 3.10) und fragen danach, wie das System reduzierbar ist. Um die Frage zu beantworten, wählen wir einen beliebigen Bezugspunkt A und verschieben die Kräfte parallel zu sich selbst, bis ihre Wirkungslinien durch den Punkt A gehen. Damit dabei die Wirkung nicht geändert wird, müssen die entsprechenden Momente der Kräfte bezüglich A hinzugefügt werden. Auf diese Weise können wir das Kraftsystem reduzieren auf eine zentrale Kräftegruppe und auf eine Gruppe von Momenten, die wir ihrerseits durch eine Resultierende R mit den Komponenten R_x, R_y und durch ein resultierendes Moment $M_R^{(A)}$ ersetzen können. Nach (2.7) und (3.6) sind diese gegeben durch

$$\boxed{R_x = \sum F_{ix}\,, \quad R_y = \sum F_{iy}\,, \quad M_R^{(A)} = \sum M_i^{(A)}}\,. \qquad (3.9)$$

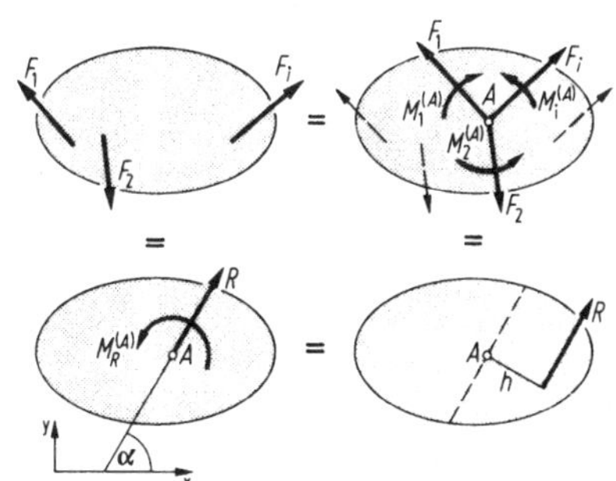

Abb. 3.10

Betrag und Richtung der Resultierenden errechnen sich aus

$$R = \sqrt{R_x^2 + R_y^2}\,, \qquad \tan\alpha = \frac{R_y}{R_x}\,. \tag{3.10}$$

Die Belastung durch R (mit Wirkungslinie durch A) und durch $M_R^{(A)}$ lässt sich noch durch die Wirkung der Resultierenden R alleine ersetzen, deren Wirkungslinie dann jedoch parallel verschoben werden muss. Der senkrechte Abstand h ist dabei so zu wählen, dass das Moment $M_R^{(A)}$ gerade $h\,R$ entspricht: $h\,R = M_R^{(A)}$. Daraus folgt

$$h = \frac{M_R^{(A)}}{R}\,. \tag{3.11}$$

Für den Fall $M_R^{(A)} = 0$ und $R \neq 0$ wird $h = 0$, d.h. die Wirkungslinie von R geht dann durch den Punkt A. Für $R = 0$ und $M_R^{(A)} \neq 0$ ist keine weitere Reduktion möglich: das Kraftsystem wird jetzt alleine auf ein Moment (d.h. auf ein Kräftepaar) reduziert, das von der Wahl des Bezugspunktes unabhängig ist.

Beispiel 3.1: Eine gleichseitige Sechseckscheibe ist durch vier Kräfte mit den Beträgen F bzw. $2\,F$ belastet (Abb. 3.11a).

Es sind die Größe und die Lage der Resultierenden zu ermitteln.

Lösung: Wir wählen ein Koordinatensystem x, y und seinen Ursprung 0 als Bezugspunkt (Abb. 3.11b). Momente sollen positiv gezählt werden, wenn sie linksherum drehen (↶). Dann werden nach (3.9)

$$\begin{aligned}
R_x &= \sum F_{ix} = 2\,F\cos 60^\circ + F\cos 60^\circ \\
&\qquad + F\cos 60^\circ - 2\,F\cos 60^\circ = F\,,\\
R_y &= \sum F_{iy} = -2\,F\sin 60^\circ + F\sin 60^\circ \\
&\qquad + F\sin 60^\circ + 2\,F\sin 60^\circ = \sqrt{3}\,F\,,\\
M_R^{(0)} &= \sum M_i^{(0)} = 2\,a\,F + a\,F + 2\,a\,F - a\,F = 4\,a\,F\,.
\end{aligned}$$

Daraus erhält man

$$\underline{\underline{R}} = \sqrt{R_x^2 + R_y^2} = \underline{\underline{2\,F}}\,, \qquad \tan\alpha = \frac{R_y}{R_x} = \sqrt{3} \quad \rightarrow \quad \underline{\underline{\alpha = 60^\circ}}\,.$$

Der Hebelarm der Resultierenden in Bezug auf 0 ergibt sich zu

$$\underline{\underline{h}} = \frac{M_R^{(0)}}{R} = \frac{4\,a\,F}{2\,F} = \underline{\underline{2\,a}}\,.$$

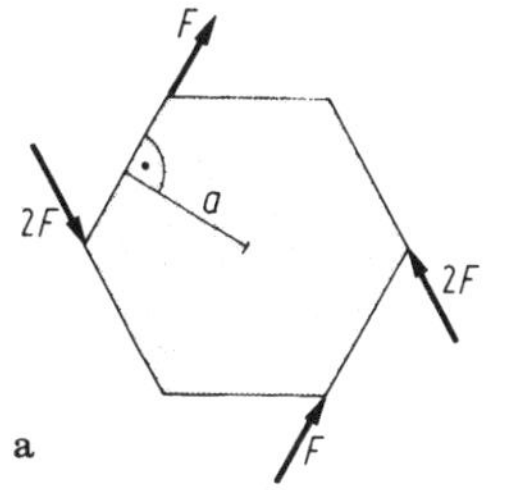

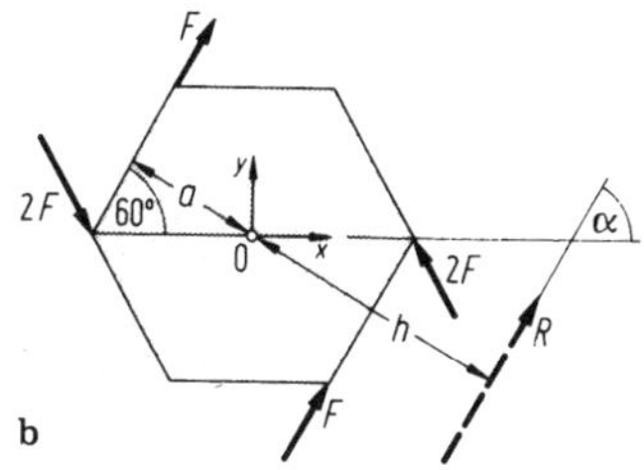

Abb. 3.11

3.1.4 Gleichgewichtsbedingungen

Wie wir in Abschnitt 3.1.3 gesehen haben, kann jede ebene Kräftegruppe auf eine zentrale Kräftegruppe und eine Gruppe von Momenten um einen beliebigen Bezugspunkt A reduziert werden (dabei setzen sich die Momente aus den Momenten der Einzelkräfte und aus den Momenten eventuell vorhandener Kräftepaare zusammen). Auf jede dieser Gruppen kann man die entsprechenden Gleichgewichtsbedingungen (2.11) und (3.7) anwenden. Ein starrer Körper unter der Wirkung einer ebenen Kräftegruppe ist demnach im Gleichgewicht, wenn gilt:

$$\boxed{\sum F_{ix} = 0\,, \quad \sum F_{iy} = 0\,, \quad \sum M_i^{(A)} = 0}\,. \qquad (3.12)$$

Der Anzahl der Gleichgewichtsbedingungen (drei) entspricht die Anzahl der Bewegungsmöglichkeiten (drei) oder *Freiheitsgrade* eines Körpers in der Ebene: je eine Translation in x- und y-Richtung und eine Drehung um eine Achse senkrecht zur x, y-Ebene.

Wir untersuchen nun, ob die Wahl des Bezugspunktes in der Momentengleichgewichtsbedingung tatsächlich beliebig ist. Hierzu bilden wir mit den Bezeichnungen nach Abb. 3.12 die Momentensumme bezüglich A:

$$\begin{aligned}\sum M_i^{(A)} &= \sum\{(x_i - x_A)F_{iy} - (y_i - y_A)F_{ix}\}\\ &= \sum(x_i F_{iy} - y_i F_{ix}) - x_A \sum F_{iy} + y_A \sum F_{ix} \qquad (3.13)\\ &= \sum M_i^{(B)} - x_A \sum F_{iy} + y_A \sum F_{ix}\,.\end{aligned}$$

Sind die Gleichgewichtsbedingungen (3.12) erfüllt, so folgt daraus sofort $\sum M_i^{(B)} = 0$. Umgekehrt ergibt sich aus $\sum F_{ix} = 0$, $\sum F_{iy} = 0$,

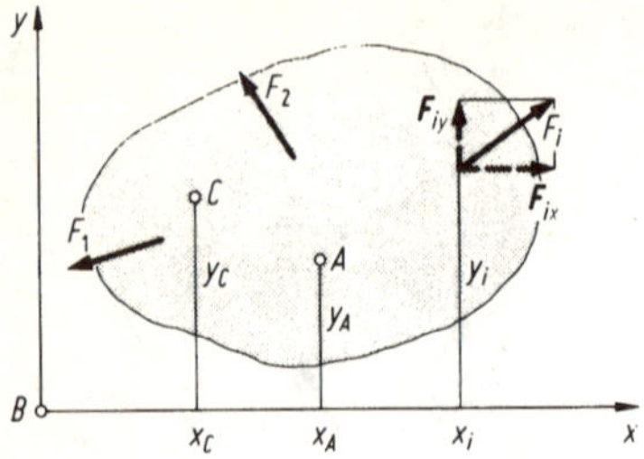

Abb. 3.12

$\sum M_i^{(B)} = 0$ auch $\sum M_i^{(A)} = 0$. Die Wahl des Bezugspunktes spielt also keine Rolle; er kann auch außerhalb des Körpers liegen.

An Stelle von *zwei* Kraft- und *einer* Momentengleichgewichtsbedingung kann man auch mit *einer* Kraft- und *zwei* Momentenbedingungen arbeiten. Durch Einsetzen in (3.13) kann man sich davon überzeugen, dass die Bedingungen

$$\boxed{\sum F_{ix} = 0\,, \quad \sum M_i^{(A)} = 0\,, \quad \sum M_i^{(B)} = 0} \tag{3.14}$$

auch $\sum F_{iy} = 0$ zur Folge haben, sofern nur $x_A \neq 0$ ist. Damit die Gleichgewichtsbedingungen (3.14) den Gleichgewichtsbedingungen (3.12) gleichwertig sind, dürfen also nicht beide Bezugspunkte A und B auf einer Geraden liegen (hier die y-Achse), die senkrecht zu der Richtung ist, in der Kräftegleichgewicht gebildet wird (hier die x-Richtung). Analog führen die Bedingungen

$$\boxed{\sum F_{iy} = 0\,, \quad \sum M_i^{(A)} = 0\,, \quad \sum M_i^{(B)} = 0} \tag{3.15}$$

auch auf $\sum F_{ix} = 0$, sofern $y_A \neq 0$ ist.

Auch die Anwendung der Momentengleichgewichtsbedingung auf drei verschiedene Punkte A, B und C

$$\boxed{\sum M_i^{(A)} = 0\,, \quad \sum M_i^{(B)} = 0\,, \quad \sum M_i^{(C)} = 0} \tag{3.16}$$

ist äquivalent zu (3.12), wenn die Punkte A, B, C *nicht auf einer Geraden* liegen. Um diese Aussage zu beweisen, verwenden wir (3.13) und die entsprechende Beziehung für einen beliebigen Punkt C:

$$\begin{aligned} \sum M_i^{(A)} &= \sum M_i^{(B)} - x_A \sum F_{iy} + y_A \sum F_{ix}\,, \\ \sum M_i^{(C)} &= \sum M_i^{(B)} - x_C \sum F_{iy} + y_C \sum F_{ix}\,. \end{aligned} \tag{3.17}$$

Einsetzen von (3.16) liefert

$$-x_A \sum F_{iy} + y_A \sum F_{ix} = 0\,, \quad -x_C \sum F_{iy} + y_C \sum F_{ix} = 0\,,$$

woraus man durch Eliminieren von $\sum F_{iy}$ bzw. von $\sum F_{ix}$ die Beziehungen

$$\left(-x_C \frac{y_A}{x_A} + y_C\right) \sum F_{ix} = 0\,, \quad \left(-x_C + \frac{x_A}{y_A} y_C\right) \sum F_{iy} = 0$$

erhält. Daraus folgen $\sum F_{ix} = 0$ und $\sum F_{iy} = 0$, wenn die Klammern von Null verschieden sind, wenn also $y_A/x_A \neq y_C/x_C$ ist. Die Punkte A und C dürfen also tatsächlich nicht auf derselben Geraden durch den Ursprung B liegen.

Ob man bei der Lösung von Aufgaben die Gleichgewichtsbedingungen in der Form (3.12) oder (3.14) oder (3.16) anwendet, ist zwar im Prinzip gleichgültig, doch kann es je nach Aufgabenstellung zweckmäßig sein, die eine oder die andere Form zu bevorzugen.

Bei der Anwendung einer Momentengleichgewichtsbedingung (z.B. $\sum M_i^{(A)} = 0$) ist es erforderlich, sowohl einen Bezugspunkt anzugeben, als auch einen positiven Drehsinn (z.B. linksherum positiv) zu wählen. Ähnlich wie beim Kräftegleichgewicht schreiben wir dafür symbolisch kurz $\overset{\curvearrowleft}{A}$: (Summe aller Momente um den Bezugspunkt A gleich Null; Momente in Pfeilrichtung werden positiv gezählt).

Kehren wir nun nochmals kurz zu allgemeinen ebenen Kräftegruppen zurück. Aus (3.12) und den Ergebnissen aus Abschnitt 3.1.3 ergibt sich zusammenfassend, dass ebene Kräftegruppen stets auf einen der vier nachfolgenden Fälle reduziert werden können:

1. *Resultierende* nicht durch Bezugspunkt A (Abb. 3.13a):

   $$\boldsymbol{R} \neq \boldsymbol{0}\,, \quad M^{(A)} \neq 0\,.$$

2. *Resultierende* durch Bezugspunkt A (Abb. 3.13b):

   $$\boldsymbol{R} \neq \boldsymbol{0}\,, \quad M^{(A)} = 0\,.$$

3. *Kräftepaar* (unabhängig vom Bezugspunkt) (Abb. 3.13c):

$$\boldsymbol{R} = \boldsymbol{0}\,, \quad M^{(A)} = M \neq 0\,.$$

4. *Gleichgewicht* (Abb. 3.13d):

$$\boldsymbol{R} = \boldsymbol{0}\,, \quad M^{(A)} = 0\,.$$

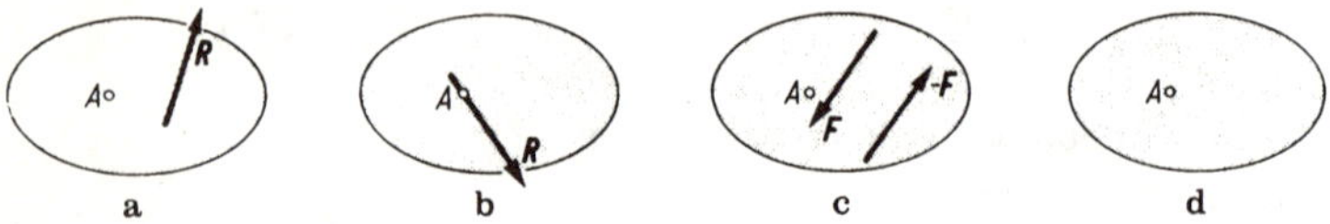

Abb. 3.13

Beispiel 3.2: Wo muss der gewichtslose Balken (Abb. 3.14a) durch ein Lager unterstützt werden, damit er sich unter den Kräften F_1 und F_2 im Gleichgewicht befindet? Wie groß ist die Lagerkraft?

Lösung: Wir bezeichnen den Abstand des Lagers vom Punkt 0 mit a, befreien den Körper vom Lager und bringen die Lagerkraft A an (Abb. 3.14b). Da F_1 und F_2 vertikal gerichtet sind (Horizontalkomponenten sind Null), muss auch A vertikal gerichtet sein. Dies folgt aus der Gleichgewichtsbedingung in horizontaler Richtung (Horizontalkomponente von A muss verschwinden!).

Es ist meist zweckmäßig, den Bezugspunkt für eine Momentengleichgewichtsbedingung so zu wählen, dass er auf der Wirkungslinie einer Kraft liegt. Da der Hebelarm dieser Kraft dann Null ist, taucht sie im Momentengleichgewicht nicht auf. Mit dem Bezugspunkt 0 lauten die Gleichgewichtsbedingungen (die Bedingung in horizontaler Richtung ist identisch erfüllt, liefert also nichts):

$$\uparrow: \; A - F_1 - F_2 = 0\,, \qquad \curvearrowleft 0: \; a\,A - l\,F_2 = 0\,.$$

Daraus erhält man

$$\underline{\underline{A = F_1 + F_2}}\,, \qquad \underline{\underline{a = \frac{F_2}{F_1 + F_2}\,l}}\,.$$

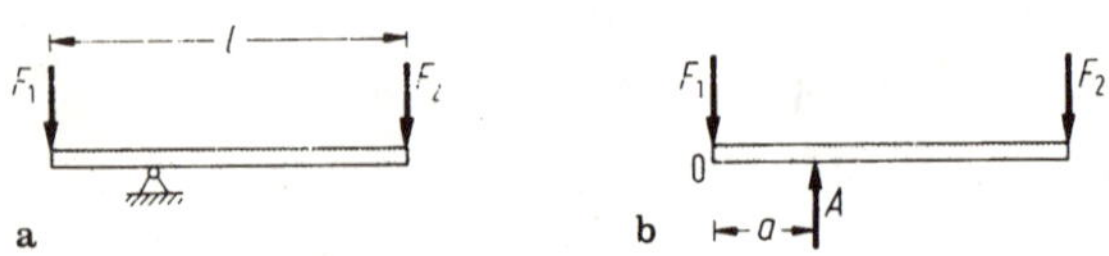

Abb. 3.14

Wählen wir zur Probe den Bezugspunkt A, so lautet das Momentengleichgewicht

$$\stackrel{\curvearrowleft}{A}: \quad a\,F_1 - (l-a)\,F_2 = 0\,,$$

woraus dasselbe Ergebnis folgt.

Beispiel 3.3: Ein Seil, das über eine reibungsfreie Rolle geführt wird, ist unter den Kräften S_1 und S_2 im Gleichgewicht (Abb. 3.15a).

Wie groß sind bei gegebenem S_1 die Seilkraft S_2 und die Kraft, die im Lager 0 auf die Rolle wirkt?

Abb. 3.15 a b

Lösung: Die Antwort auf die erste Frage folgt unmittelbar aus dem Momentengleichgewicht bezüglich 0 (die Kraft, die im Lager 0 auf die Rolle wirkt, hat kein Moment bezüglich 0):

$$\stackrel{\curvearrowleft}{0}: \quad r\,S_1 - r\,S_2 = 0 \quad \rightarrow \quad \underline{\underline{S_2 = S_1}}\,.$$

Dieses Ergebnis ist schon aus der Erfahrung bekannt (vgl. Abb. 2.11b).

Zur Ermittlung der Lagerkraft schneiden wir die Rolle frei und führen eine nach Größe und Richtung unbekannte Lagerkraft L ein, die in ihre Horizontal- und Vertikalkomponenten zerlegt wird (Abb. 3.15b). Aus

$$\uparrow: \quad L_V - S_1 \sin\alpha - S_2 \sin\beta = 0\,,$$
$$\rightarrow: \quad L_H - S_1 \cos\alpha + S_2 \cos\beta = 0$$

erhält man mit $S_2 = S_1$ das Ergebnis

$$\underline{\underline{L_V = S_1(\sin\alpha + \sin\beta)}}\,, \qquad \underline{\underline{L_H = S_1(\cos\alpha - \cos\beta)}}\,.$$

Für $\alpha = \beta$ werden $L_V = 2\,S_1 \sin\alpha$, $L_H = 0$, und im Spezialfall $\alpha = \beta = \pi/2$ folgt $L_V = 2\,S_1$.

Beispiel 3.4: Ein homogener Balken (Länge $4\,a$, Gewicht G) wird im Punkt C von einem Seil gehalten und liegt in A und B an *glatten* vertikalen Wänden an (Abb. 3.16a).

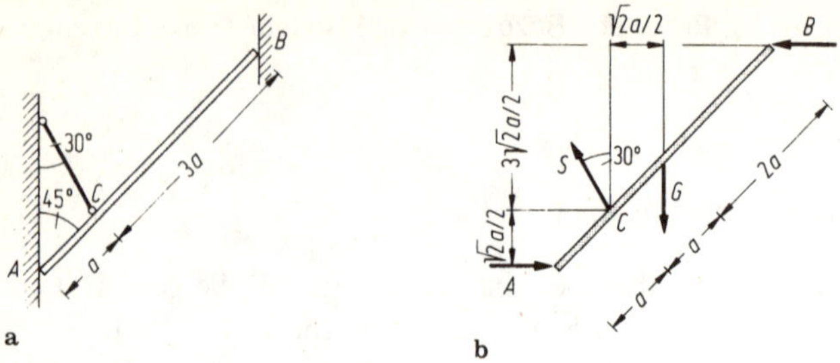

Abb. 3.16

Wie groß sind die Seilkraft und die Kontaktkräfte in A und B?

Lösung: Um das Freikörperbild zu skizzieren, schneiden wir das Seil und trennen den Balken von den Wänden. An den Trennstellen führen wir die Kontaktkräfte A und B senkrecht zu den Berührungsebenen (glatte Wände!) sowie die Seilkraft S ein (Abb. 3.16b). Das Gewicht G wird in der Balkenmitte (Schwerpunkt, vgl. Kapitel 4) angebracht. Die horizontalen und die vertikalen Kraftabstände ergeben sich aus einfachen geometrischen Überlegungen. Mit dem Bezugspunkt C für die Momente lauten die drei Gleichgewichtsbedingungen

$$\uparrow: \quad S\cos 30^\circ - G = 0\,,$$

$$\rightarrow: \quad A - B - S\sin 30^\circ = 0\,,$$

$$\overset{\curvearrowleft}{C}: \quad \frac{\sqrt{2}}{2}\,a\,A - \frac{\sqrt{2}}{2}\,a\,G + \frac{\sqrt{2}}{2}\,3\,a\,B = 0\,.$$

Die drei Kräfte folgen daraus mit $\cos 30^\circ = \sqrt{3}/2$, $\sin 30^\circ = 1/2$ zu

$$\underline{\underline{S = \frac{2\sqrt{3}}{3}\,G}}\,, \quad \underline{\underline{A = \frac{1+\sqrt{3}}{4}\,G}}\,, \quad \underline{\underline{B = \frac{3-\sqrt{3}}{12}\,G}}\,.$$

Beispiel 3.5: In einer glatten Kugelkalotte vom Radius r liegt ein gewichtsloser Balken der Länge $l = \sqrt{2}\,r$ (Abb. 3.17a).

In welchem Abstand x vom Punkt A muss ein Gewicht G angebracht werden, damit sich der Balken unter dem Winkel $\alpha = 15^\circ$ im Gleichgewicht befindet? Wie groß sind dann die Kontaktkräfte in A und B?

Lösung: Das Freikörperbild (Abb. 3.17b) zeigt die auf den Balken wirkenden Kräfte. Die Kontaktkräfte A und B stehen senkrecht auf den jeweiligen Berührungsebenen (glatte Oberflächen!), sind also auf den Ku-

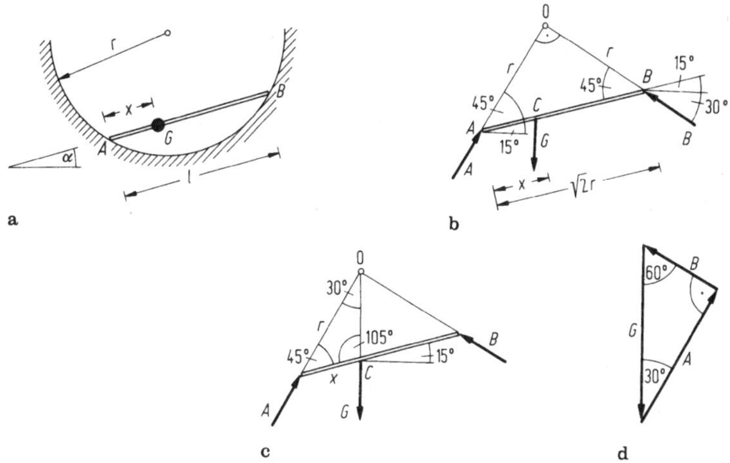

Abb. 3.17

gelmittelpunkt 0 gerichtet. Wegen der gegebenen Längen r und $l = \sqrt{2}\,r$ ist das Dreieck $0\,A\,B$ gleichschenklig und rechtwinklig. Mit dem Winkel $\alpha = 15^\circ$ ergeben sich für die Kräfte A und B Neigungswinkel von 60° bzw. von 30° zur Horizontalen. Damit lauten die drei Gleichgewichtsbedingungen (in der Momentengleichung zerlegen wir A und B in Komponenten senkrecht und parallel zum Balken):

$$\uparrow: \quad A\sin 60^\circ + B\sin 30^\circ - G = 0\,,$$

$$\rightarrow: \quad A\cos 60^\circ - B\cos 30^\circ = 0\,,$$

$$\overset{\curvearrowleft}{C}: \quad -x(A\sin 45^\circ) + (l-x)(B\sin 45^\circ) = 0\,.$$

Aus ihnen können die drei Unbekannten A, B und x bestimmt werden. Auflösen der ersten beiden Gleichungen liefert mit $\sin 30^\circ = \cos 60^\circ = 1/2$, $\sin 60^\circ = \cos 30^\circ = \sqrt{3}/2$ die Kontaktkräfte

$$\underline{\underline{A = \frac{\sqrt{3}}{2}\,G}}\,, \qquad \underline{\underline{B = \frac{1}{2}\,G}}\,.$$

Durch Einsetzen in die Momentengleichgewichtsbedingung erhält man mit $\sin 45^\circ = \sqrt{2}/2$ den Abstand

$$\underline{\underline{x}} = l\,\frac{B}{A+B} = \underline{\underline{\frac{l}{\sqrt{3}+1}}}\,.$$

Wir können die Aufgabe auch anders lösen. Die drei Kräfte A, B und G können nur dann im Gleichgewicht sein, wenn sie durch *einen* Punkt gehen (vgl. Abschnitt 3.1.5). Da A und B durch 0 hindurchgehen, muss demnach auch G durch 0 gehen (Abb. 3.17c). Anwendung des Sinussatzes auf das Dreieck $0\,A\,C$ liefert mit $\sin 105° = \sin(45° + 60°) = \sin 45° \cos 60° + \cos 45° \sin 60° = (\sqrt{2}/4)(1+\sqrt{3})$ und $r = l/\sqrt{2}$ den Abstand

$$\underline{\underline{x}} = r\,\frac{\sin 30°}{\sin 105°} = \frac{l}{\sqrt{2}}\,\frac{\frac{1}{2}}{\frac{\sqrt{2}}{4}(1+\sqrt{3})} = \underline{\underline{\frac{l}{1+\sqrt{3}}}}\,.$$

Die Kontaktkräfte A und B ergeben sich aus dem geschlossenen Kräftedreieck (Abb. 3.17d) zu

$$\underline{\underline{A}} = G\cos 30° = \underline{\underline{\frac{\sqrt{3}}{2}G}}\,, \quad \underline{\underline{B}} = G\sin 30° = \underline{\underline{\frac{G}{2}}}\,.$$

Beispiel 3.6: Eine Walze (Radius r, Gewicht G) wird über einen gewichtslosen Hebel der Länge l belastet, der auf einer Ecke der Höhe h aufliegt (Abb. 3.18a). Alle Berührungsflächen seien ideal glatt.

Wie groß ist die Druckkraft zwischen der Walze und dem horizontalen Boden, wenn am Hebel die Kraft F wirkt und $h = r$ ist?

Lösung: Wir zerlegen das System in die einzelnen starren Körper (Walze, Hebel) und führen an den Berührungspunkten die Druckkräfte A bis E senkrecht zur jeweiligen Berührungsebene ein (Abb. 3.18b). Dabei ist zu beachten, dass beim Angriffspunkt der Kraft E der Hebel und beim Angriffspunkt der Kraft D die horizontale Unterlage die jeweiligen

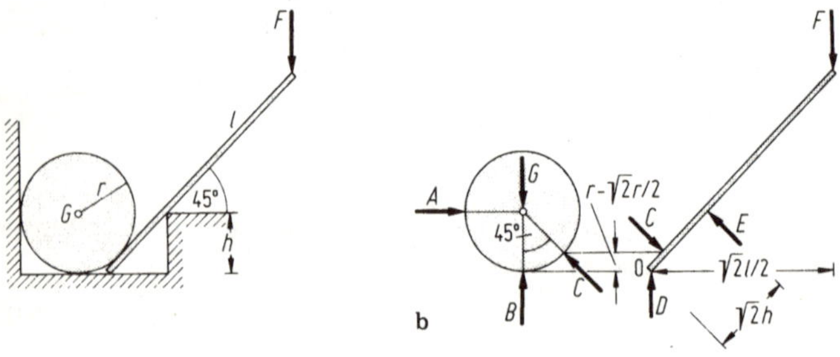

Abb. 3.18

Berührungsebenen sind. Dann lauten die Gleichgewichtsbedingungen für den Hebel

$$\rightarrow: \quad \frac{\sqrt{2}}{2}C - \frac{\sqrt{2}}{2}E = 0\,,$$

$$\uparrow: \quad D - \frac{\sqrt{2}}{2}C + \frac{\sqrt{2}}{2}E - F = 0\,,$$

$$\curvearrowleft 0: \quad \sqrt{2}\,r\left(1 - \frac{\sqrt{2}}{2}\right)C - \sqrt{2}\,h\,E + \frac{\sqrt{2}}{2}\,l\,F = 0$$

und für die Walze (zentrale Kräftegruppe!)

$$\rightarrow: \quad A - \frac{\sqrt{2}}{2}C = 0\,,$$

$$\uparrow: \quad B + \frac{\sqrt{2}}{2}C - G = 0\,.$$

Damit stehen fünf Gleichungen für die fünf Unbekannten A bis E zur Verfügung. Auflösen liefert mit $h = r$ für die Kontaktkraft B

$$\underline{\underline{B = G - \frac{l}{2\,r}F\,.}}$$

Für $F = (2\,r/l)G$ wird $B = 0$. Für größere Kräfte F ist Gleichgewicht nicht mehr möglich: die Walze wird dann angehoben.

3.1.5 Grafische Zusammensetzung von Kräften: das Seileck

Wie die Zusammensetzung von Kräften grafisch erfolgen kann, wurde bereits erläutert. Liegen zum Beispiel zwei *nichtparallele* Kräfte $\boldsymbol{F}_1$ und $\boldsymbol{F}_2$ vor (Abb. 3.19), so ergibt sich die Resultierende $\boldsymbol{R}$ durch Zeichnen des Kräfteparallelogramms bzw. eines Kräftedreiecks. Man erkennt, dass Gleichgewicht nur dann erzeugt werden kann, wenn zusätzlich zu $\boldsymbol{F}_1$ und $\boldsymbol{F}_2$ noch eine Haltekraft $\boldsymbol{H} = -\boldsymbol{R}$ wirkt, deren Wirkungslinie mit der von $\boldsymbol{R}$ zusammenfällt. Daraus schließen wir:

> Drei nichtparallele Kräfte können nur dann im Gleichgewicht sein, wenn ihre Wirkungslinien durch einen Punkt gehen.

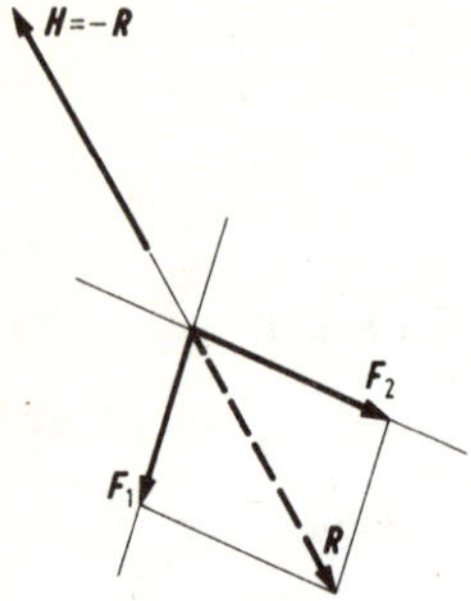

Abb. 3.19

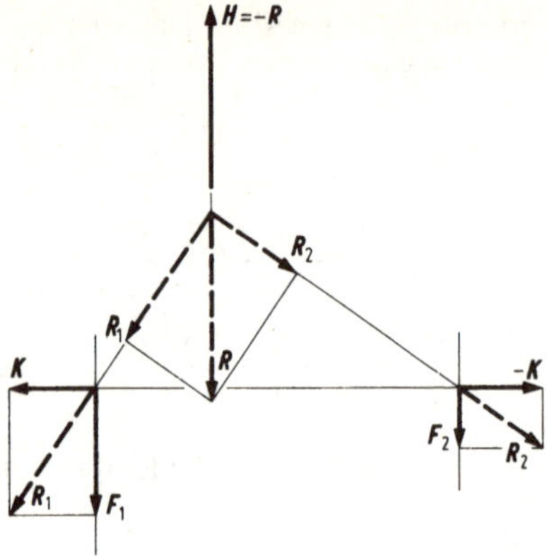

Abb. 3.20

Für zwei *parallele* Kräfte $\boldsymbol{F}_1$ und $\boldsymbol{F}_2$ findet man die Resultierende $\boldsymbol{R}$ (bzw. die Kraft $\boldsymbol{H}$, die $\boldsymbol{F}_1$ und $\boldsymbol{F}_2$ das Gleichgewicht hält) mit Hilfe der Gleichgewichtsgruppe $\boldsymbol{K}$ und $-\boldsymbol{K}$ durch die in Abb. 3.20 dargestellte Konstruktion. Sie führt, wie wir in Abschnitt 3.1.1 gesehen haben, immer zum Ziel, sofern kein Kräftepaar vorliegt, das ja nicht weiter reduzierbar ist.

Prinzipiell kann die eben geschilderte zeichnerische Zusammensetzung von zwei Kräften auf beliebig viele Kräfte übertragen werden: zwei Kräfte werden zu einer Teilresultierenden zusammengefasst, diese wiederum mit der dritten Kraft zu einer neuen Teilresultierenden und so fort. Bei vielen Kräften wird dieses Verfahren jedoch sehr unübersichtlich und unbequem. Man bedient sich an Stelle dieses schrittweisen Vorgehens deshalb einer systematischen Konstruktion, die den Namen *Seileck* oder *Seilpolygon* trägt.

Die Vorgehensweise sei an Hand von vier Kräften $\boldsymbol{F}_1$ bis $\boldsymbol{F}_4$ nach Abb. 3.21 dargestellt. Zunächst zeichnen wir unter Angabe eines Längenmaßstabes den Lageplan mit den Wirkungslinien $f_1, \dots, f_4$ der Kräfte $\boldsymbol{F}_1, \dots, \boldsymbol{F}_4$. Nach Wahl eines Kräftemaßstabes werden die Kräfte im Kräfteplan zusammengesetzt, woraus sich die Resultierende $\boldsymbol{R}$ nach Größe und Richtung ergibt. Die Lage von $\boldsymbol{R}$ im Lageplan folgt aus der Seileckkonstruktion. Zu diesem Zweck wählen wir im Kräfteplan einen beliebigen Punkt Π, den man als „Pol" bezeichnet, und ziehen die „Polstrahlen" S_1 bis S_5 (Verbindungslinien von Π zu den Anfangs- und den Endpunkten der Kräfte). Parallel zu den Polstrahlen werden im Lageplan die „Seilstrahlen" $s_1, \dots, s_5$ gezeichnet. Dazu bringen wir zunächst s_1 und s_2 in einem beliebigen Punkt auf f_1 zum Schnitt. Der Reihe nach legen wir dann durch den Schnittpunkt von s_2 und f_2 den Strahl s_3, durch den Schnittpunkt von s_3 und f_3 den Strahl s_4 usw. Durch den Schnittpunkt des ersten und des letzten Seilstrahles s_1 und s_5 wird letztlich die Lage der Resultierenden $\boldsymbol{R}$ bzw. ihrer Wirkungslinie r festgelegt.

Die Richtigkeit der Vorgehensweise ergibt sich aus folgenden Überlegungen. Fassen wir im Krafteck die Polstrahlen als Kräfte S_1 bis S_5 auf (daher in Abb. 3.21 ausnahmsweise Pfeile an den Polstrahlen), so können wir die Kraft $\boldsymbol{F}_1$ zerlegen in $-\boldsymbol{S}_1$ und $\boldsymbol{S}_2$, die Kraft $\boldsymbol{F}_2$ zerlegen in $-\boldsymbol{S}_2$ und $\boldsymbol{S}_3$ usw. Die Wirkungslinien von $\boldsymbol{S}_1, \ldots, \boldsymbol{S}_5$ sind dann die Seilstrahlen $s_1, \ldots, s_5$ im Lageplan. Es gilt demnach

$$\boldsymbol{F}_1 = -\boldsymbol{S}_1 + \boldsymbol{S}_2\,, \qquad \boldsymbol{F}_2 = -\boldsymbol{S}_2 + \boldsymbol{S}_3\,,$$
$$\boldsymbol{F}_3 = -\boldsymbol{S}_3 + \boldsymbol{S}_4\,, \qquad \boldsymbol{F}_4 = -\boldsymbol{S}_4 + \boldsymbol{S}_5\,.$$

Da sich die Gleichgewichtspaare $(\boldsymbol{S}_2, -\boldsymbol{S}_2)$, $(\boldsymbol{S}_3, -\boldsymbol{S}_3)$, $(\boldsymbol{S}_4, -\boldsymbol{S}_4)$ gegenseitig aufheben, folgt für die Resultierende

$$\boldsymbol{R} = \sum \boldsymbol{F}_i = -\boldsymbol{S}_1 + \boldsymbol{S}_5\,.$$

Den vier Kräften $\boldsymbol{F}_1, \ldots, \boldsymbol{F}_4$ sind also die zwei Kräfte $-\boldsymbol{S}_1$ und $\boldsymbol{S}_5$ äquivalent. Durch den Schnittpunkt ihrer Wirkungslinien s_1 und s_5 muss die Wirkungslinie r der Resultierenden $\boldsymbol{R}$ gehen.

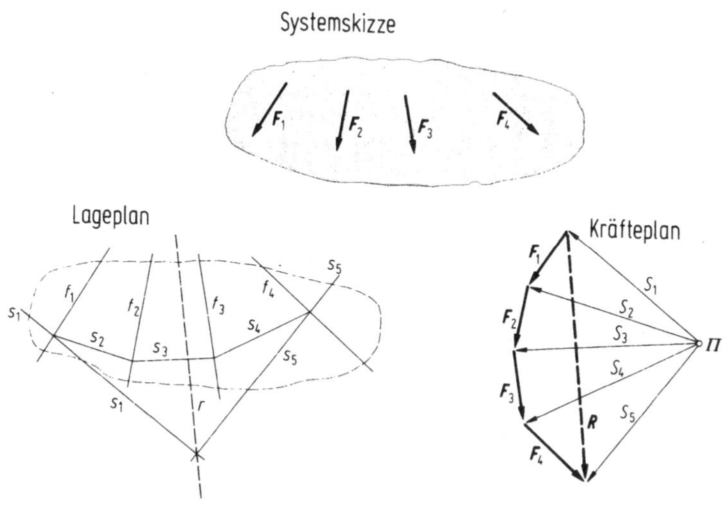

Abb. 3.21

Da die Wahl des Pols Π und des ersten Schnittpunktes im Seileck beliebig sind, gibt es für jedes ebene Kraftsystem unendlich viele Seilecke, die jedoch alle zum gleichen Endresultat führen. Der Name „Seileck" rührt von der mechanischen Deutung, die man dem Linienzug $s_1, \ldots, s_5$ im Lageplan geben kann: ein Seil, das dem Linienzug folgt, ist unter der Wirkung der Kräfte $\boldsymbol{F}_1, \ldots, \boldsymbol{F}_4$ im Gleichgewicht.

Bilden die Kräfte $\boldsymbol{F}_i$ eine Gleichgewichtsgruppe ($\boldsymbol{R} = \boldsymbol{0}$, $M = 0$), so fallen sowohl erster und letzter Polstrahl als auch erster und letzter Seilstrahl zusammen (Abb. 3.22); Krafteck und Seileck sind dann *geschlossen* (vgl. auch Band 4, Abschnitt 3.3.2).

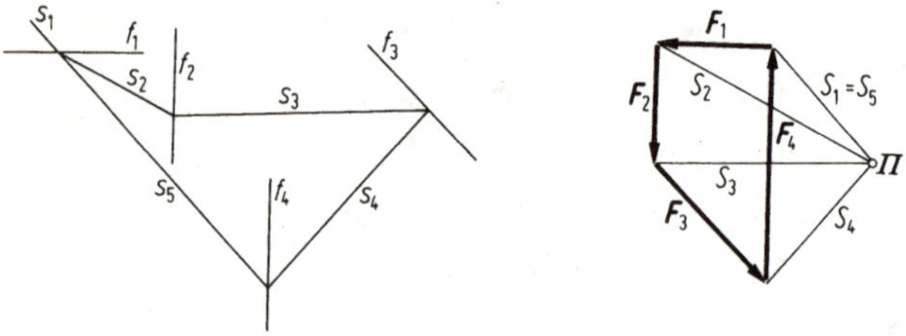

Abb. 3.22

Sind die Kräfte $\boldsymbol{F}_i$ nur auf ein Kräftepaar reduzierbar, so ist das Krafteck zwar geschlossen ($\boldsymbol{R} = \boldsymbol{0}$), der erste und der letzte Seilstrahl sind jedoch parallel und „schneiden" sich erst im Unendlichen (Abb. 3.23). Das Seileck ist in diesem Fall *offen*. Das Moment das Kräftepaares wird $M = h\, S_1$.

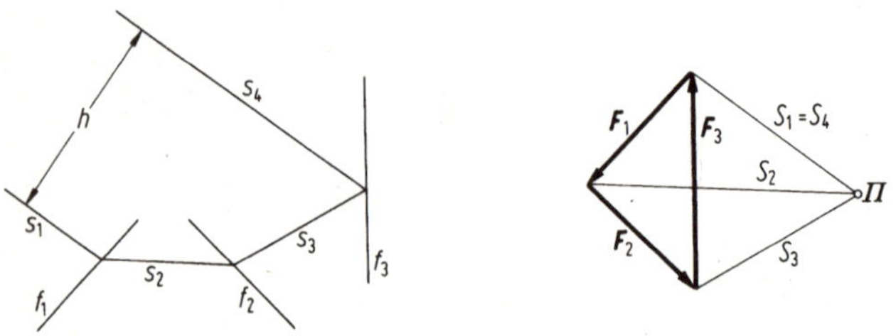

Abb. 3.23

Beispiel 3.7: Auf eine starre Scheibe wirken die Kräfte $F_1 = 2\,F$, $F_2 = F$, $F_3 = 2\,F$, $F_4 = F$, $F_5 = F$ (Abb. 3.24a).

Es sind die Wirkungslinie sowie die Größe und Richtung der Kraft H zu bestimmen, die den Kräften F_1 bis F_5 das Gleichgewicht hält.

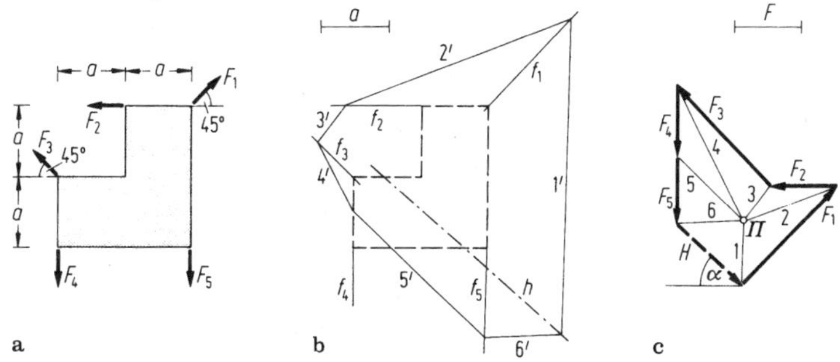

Abb. 3.24

Lösung: Nach Wahl eines Längenmaßstabes zeichnen wir zunächst den Lageplan, der die Geometrie der Scheibe und die Wirkungslinien $f_1, \ldots, f_5$ der Kräfte $F_1, \ldots, F_5$ enthält (Abb. 3.24b). Unter Verwendung eines geeigneten Kräftemaßstabes fertigen wir anschließend den Kräfteplan, indem die Kräfte $F_1, \ldots, F_5$ maßstabsgerecht der Reihe nach aneinander gefügt werden (Abb. 3.24c). Die Kraft H schließt das Krafteck (Gleichgewicht!); für ihre Größe und ihre Richtung lesen wir im Rahmen der Zeichengenauigkeit ab:

$$\underline{\underline{H = 1,3\,F}}\,, \quad \underline{\underline{\alpha = 40^\circ}}\,.$$

Die Seileckkonstruktion wird nach Wahl des Pols Π im Krafteck und eines Anfangspunktes auf der Wirkungslinie f_1 im Lageplan – wie vorne beschrieben – durchgeführt. Der Einfachheit halber bezeichnen wir die Pol- bzw. die Seilstrahlen nur noch mit $1, \ldots, 6$ bzw. $1', \ldots, 6'$. Die Wirkungslinie h der Kraft H geht durch den Schnittpunkt von $1'$ und $6'$. Ihre Richtung ist durch den Winkel α festgelegt.

3.2 Allgemeine Kräftegruppen im Raum

3.2.1 Der Momentenvektor

Zur mathematischen Behandlung räumlicher Kräftegruppen führt man zweckmäßig neben dem Kraftvektor noch den Begriff des *Momentenvektors* ein. Hierzu betrachten wir zunächst in Abb. 3.25 das schon behandelte ebene Problem (vgl. auch Abb. 3.8). Das Moment der in der x, y-

Ebene wirkenden Kraft $\boldsymbol{F}$ bezüglich des Punktes 0 ist mit $\boldsymbol{F}_x = F_x\,\boldsymbol{e}_x$ usw. gegeben durch

$$M_z^{(0)} = h\,F = x\,F_y - y\,F_x\,. \tag{3.18}$$

Die Vorzeichen (positiver Drehsinn) wurden dabei in Übereinstimmung mit Abschnitt 3.1.2 gewählt. Der Index z zeigt an, dass $M_z^{(0)}$ um die z-Achse dreht.

Die beiden Bestimmungsstücke des Momentes in der Ebene (Betrag und Drehsinn) können mathematisch durch den Momentenvektor

$$\boldsymbol{M}_z^{(0)} = M_z^{(0)}\boldsymbol{e}_z \tag{3.19}$$

zum Ausdruck gebracht werden. Der Vektor $\boldsymbol{M}_z^{(0)}$ beinhaltet sowohl den Betrag $M_z^{(0)}$ als auch den positiven Drehsinn. Letzterer ist durch die sogenannte *Rechtsschraube* oder *Korkenzieherregel* festgelegt: blicken wir in Richtung des Einheitsvektors $\boldsymbol{e}_z$, so dreht ein positives Moment rechtsherum.

Um in Zeichnungen Kraft- und Momentenvektoren unterscheiden zu können, stellen wir letztere meist durch einen *Doppelpfeil* dar (vgl. Abb. 3.25).

Im ebenen Fall hat der Momentenvektor aufgrund der einen Drehmöglichkeit um die z-Achse nur die Komponente $M_z^{(0)}$. Im räumlichen Fall müssen entsprechend den drei Drehmöglichkeiten um die drei Achsen x, y und z die drei Komponenten $M_x^{(0)}$, $M_y^{(0)}$ und $M_z^{(0)}$ berücksichtigt werden:

$$\boldsymbol{M}^{(0)} = M_x^{(0)}\,\boldsymbol{e}_x + M_y^{(0)}\,\boldsymbol{e}_y + M_z^{(0)}\,\boldsymbol{e}_z\,. \tag{3.20}$$

Mit den Komponenten der Kraft $\boldsymbol{F}$ liest man aus Abb. 3.26 für die Momente um die x-, y- und z-Achse ab:

$$M_x^{(0)} = y\,F_z - z\,F_y\,,\ M_y^{(0)} = z\,F_x - x\,F_z\,,\ M_z^{(0)} = x\,F_y - y\,F_x\,. \tag{3.21}$$

Der Betrag des Momentenvektors und seine Richtungskosinus folgen zu

$$\begin{gathered}|\boldsymbol{M}^{(0)}| = M^{(0)} = \sqrt{[M_x^{(0)}]^2 + [M_y^{(0)}]^2 + [M_z^{(0)}]^2}\,,\\ \cos\alpha = \frac{M_x^{(0)}}{M^{(0)}}\,,\quad \cos\beta = \frac{M_y^{(0)}}{M^{(0)}}\,,\quad \cos\gamma = \frac{M_z^{(0)}}{M^{(0)}}\,.\end{gathered} \tag{3.22}$$

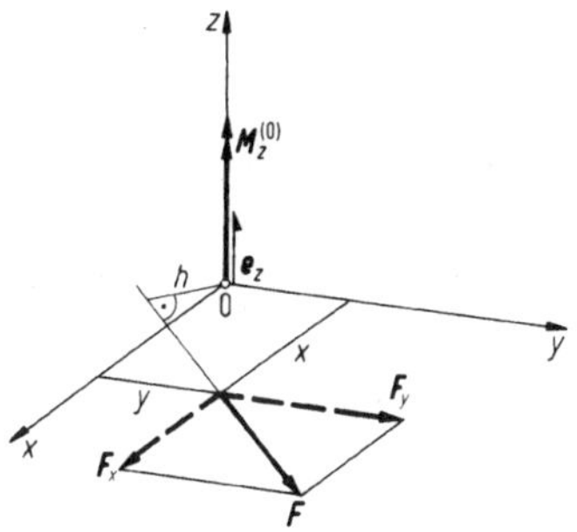

Abb. 3.25

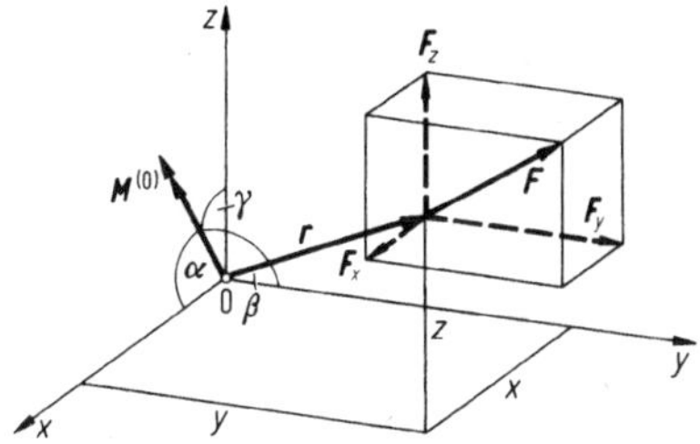

Abb. 3.26

Der Momentenvektor $\boldsymbol{M}^{(0)}$ kann formal auch durch das *Vektorprodukt*

$$\boldsymbol{M}^{(0)} = \boldsymbol{r} \times \boldsymbol{F} \tag{3.23}$$

dargestellt werden. Dabei ist $\boldsymbol{r}$ der *Ortsvektor*, d.h. die gerichtete Verbindungsstrecke zwischen dem Bezugspunkt 0 und dem Kraftangriffspunkt (beliebiger Punkt auf der Wirkungslinie!). Mit

$$\boldsymbol{r} = x\,\boldsymbol{e}_x + y\,\boldsymbol{e}_y + z\,\boldsymbol{e}_z\,, \qquad \boldsymbol{F} = F_x\,\boldsymbol{e}_x + F_y\,\boldsymbol{e}_y + F_z\,\boldsymbol{e}_z$$

und den Vektorprodukten (vgl. Anhang)

$$\begin{aligned}
&\boldsymbol{e}_x \times \boldsymbol{e}_x = \boldsymbol{0}\,, && \boldsymbol{e}_x \times \boldsymbol{e}_y = \boldsymbol{e}_z\,, && \boldsymbol{e}_x \times \boldsymbol{e}_z = -\boldsymbol{e}_y\,,\\
&\boldsymbol{e}_y \times \boldsymbol{e}_x = -\boldsymbol{e}_z\,, && \boldsymbol{e}_y \times \boldsymbol{e}_y = \boldsymbol{0}\,, && \boldsymbol{e}_y \times \boldsymbol{e}_z = \boldsymbol{e}_x\,,\\
&\boldsymbol{e}_z \times \boldsymbol{e}_x = \boldsymbol{e}_y\,, && \boldsymbol{e}_z \times \boldsymbol{e}_y = -\boldsymbol{e}_x\,, && \boldsymbol{e}_z \times \boldsymbol{e}_z = \boldsymbol{0}
\end{aligned}$$

erhält man aus (3.23)

$$\begin{aligned}
\boldsymbol{M}^{(0)} &= (x\,\boldsymbol{e}_x + y\,\boldsymbol{e}_y + z\,\boldsymbol{e}_z) \times (F_x\,\boldsymbol{e}_x + F_y\,\boldsymbol{e}_y + F_z\,\boldsymbol{e}_z)\\
&= (y\,F_z - z\,F_y)\boldsymbol{e}_x + (z\,F_x - x\,F_z)\boldsymbol{e}_y + (x\,F_y - y\,F_x)\boldsymbol{e}_z\\
&= M_x^{(0)}\,\boldsymbol{e}_x + M_y^{(0)}\,\boldsymbol{e}_y + M_z^{(0)}\,\boldsymbol{e}_z\,.
\end{aligned} \tag{3.24}$$

Der Momentenvektor $\boldsymbol{M}^{(0)}$ steht nach den Eigenschaften des Vektorproduktes senkrecht auf der Ebene, die durch $\boldsymbol{r}$ und $\boldsymbol{F}$ aufgespannt wird (Abb. 3.27). Sein Betrag entspricht der von $\boldsymbol{r}$ und $\boldsymbol{F}$ aufgespannten Parallelogrammfläche:

$$M^{(0)} = r\,F \sin\varphi = h\,F\,. \tag{3.25}$$

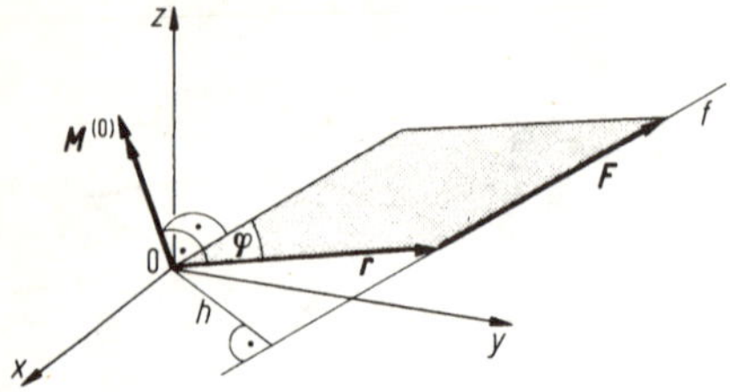

Abb. 3.27

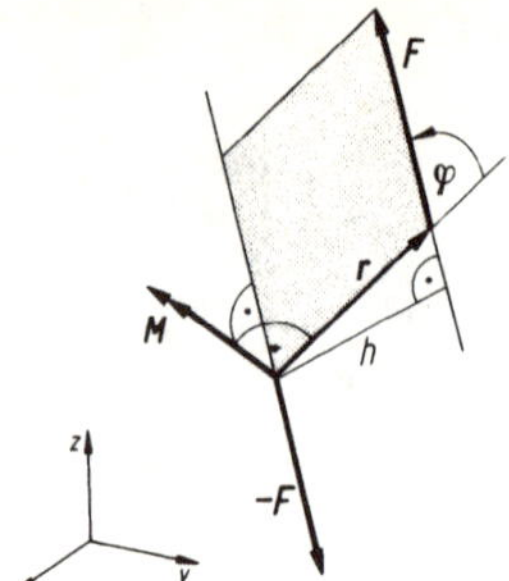

Abb. 3.28

In anderen Worten: Moment = senkrechter Abstand (Hebelarm) mal Kraft.

Das Moment eines Kräftepaares im Raum (Abb. 3.28) kann durch den gleichen Formalismus beschrieben werden. Es gilt wieder

$$\boldsymbol{M} = \boldsymbol{r} \times \boldsymbol{F}\,, \tag{3.26}$$

wobei $\boldsymbol{r}$ jetzt von einem beliebigen Punkt auf der Wirkungslinie von $-\boldsymbol{F}$ zu einem beliebigen Punkt auf der Wirkungslinie von $\boldsymbol{F}$ gerichtet ist. Wie vorher steht der Momentenvektor $\boldsymbol{M}$ senkrecht auf der von $\boldsymbol{r}$ und $\boldsymbol{F}$ aufgespannten Ebene (Wirkungsebene des Kräftepaares). Sein Richtungssinn ergibt sich aus der Rechtsschraube, und sein Betrag entspricht der von $\boldsymbol{r}$ und $\boldsymbol{F}$ aufgespannten Parallelogrammfläche (Hebelarm mal Kraft):

$$M = h\,F\,. \tag{3.27}$$

Die Eigenschaften von Kräftepaaren bzw. Momenten im Raum entsprechen denen in der Ebene. Wie Kräftepaare in der Ebene beliebig verschoben werden können, so kann im Raum der Momentenvektor parallel zu seiner Wirkungslinie und entlang seiner Wirkungslinie verschoben werden, ohne dass seine Wirkung geändert wird. Im Unterschied zum Kraftvektor, der an seine Wirkungslinie gebunden ist, ist der Momentenvektor ein *freier Vektor*.

Wirken auf einen Körper im Raum mehrere Momente $\boldsymbol{M}_i$, so erhält man das resultierende Moment $\boldsymbol{M}_R$ aus der Vektorsumme

$$\boxed{\boldsymbol{M}_R = \sum \boldsymbol{M}_i}\,, \tag{3.28}$$

d.h. in Komponenten

$$\boxed{M_{Rx} = \sum M_{ix}\,,\; M_{Ry} = \sum M_{iy}\,,\; M_{Rz} = \sum M_{iz}}\,. \tag{3.29}$$

Ist die Summe der Momente Null, so verschwindet das resultierende Moment $\boldsymbol{M}_R$ und damit die Drehwirkung auf den Körper: er befindet sich dann im Momentengleichgewicht. Die Momentengleichgewichtsbedingung lautet demnach in Vektorform

$$\boxed{\boldsymbol{M}_R = \sum \boldsymbol{M}_i = \boldsymbol{0}} \tag{3.30}$$

oder in Komponenten

$$\boxed{\sum M_{ix} = 0\,, \quad \sum M_{iy} = 0\,, \quad \sum M_{iz} = 0}\,. \tag{3.31}$$

3.2.2 Gleichgewichtsbedingungen

Wir betrachten nun ein allgemeines Kraftsystem im Raum (Abb. 3.29) und fragen nach dem resultierenden Kraft- und dem resultierenden Momentenvektor, durch die das Kraftsystem äquivalent ersetzt werden kann. Die Antwort ergibt sich analog zum ebenen Problem (vgl. Abschnitt 3.1.3). Wir wählen einen beliebigen Bezugspunkt A im Raum und verschieben die Kräfte $\boldsymbol{F}_i$ parallel zu sich selbst, bis ihre Wirkungslinien durch A gehen. Damit dabei die Wirkung der Kräfte nicht geändert wird, müssen die entsprechenden Momente $\boldsymbol{M}_i^{(A)}$ der Kräfte bezüglich des Punktes A berücksichtigt werden. Das dann vorhandene zentrale Kraftsystem und das System aus Momenten kann in bekannter Weise

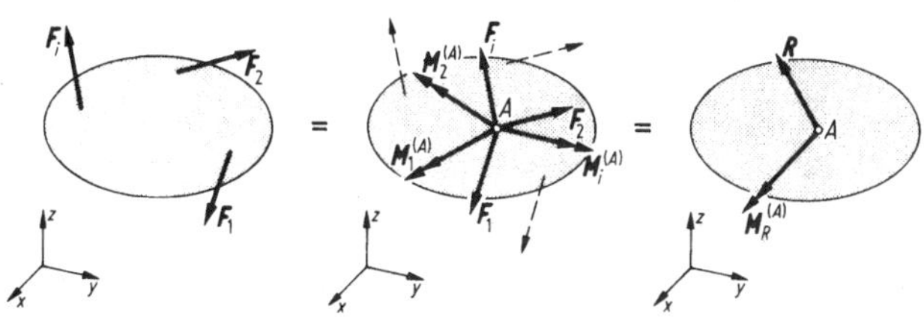

Abb. 3.29

durch die resultierende Kraft $\boldsymbol{R}$ und durch das resultierende Moment $\boldsymbol{M}_R^{(A)}$ ersetzt werden:

$$\boxed{\boldsymbol{R} = \sum \boldsymbol{F}_i\,, \quad \boldsymbol{M}_R^{(A)} = \sum \boldsymbol{M}_i^{(A)}}\,. \tag{3.32}$$

Während $\boldsymbol{R}$ nicht von der Wahl des Bezugspunktes abhängt, ist $\boldsymbol{M}_R^{(A)}$ von der Wahl des Bezugspunktes A abhängig. Es gibt demnach beliebig viele Möglichkeiten, ein Kraftsystem auf einen Kraft- und einen Momentenvektor zu reduzieren.

Eine allgemeine Kräftegruppe befindet sich im Gleichgewicht, wenn sowohl die resultierende Kraft $\boldsymbol{R}$ als auch das resultierende Moment $\boldsymbol{M}_R^{(A)}$ bezüglich eines beliebigen Punktes A verschwinden:

$$\boxed{\sum \boldsymbol{F}_i = \boldsymbol{0}\,, \quad \sum \boldsymbol{M}_i^{(A)} = \boldsymbol{0}}\,. \tag{3.33}$$

In Komponenten lauten diese Gleichungen

$$\boxed{\begin{aligned} \sum F_{ix} &= 0\,, & \sum M_{ix}^{(A)} &= 0\,,\\ \sum F_{iy} &= 0\,, & \sum M_{iy}^{(A)} &= 0\,,\\ \sum F_{iz} &= 0\,, & \sum M_{iz}^{(A)} &= 0\,. \end{aligned}} \tag{3.34}$$

Die Anzahl der *sechs* skalaren Gleichgewichtsbedingungen entspricht der Anzahl der *sechs* Freiheitsgrade oder Bewegungsmöglichkeiten eines starren Körpers im Raum: je eine Translation in x-, in y- und in z-Richtung und je eine Rotation um die x-, um die y- und um die z-Achse. Wie im ebenen Fall lässt sich zeigen, dass die Wahl des Bezugspunktes für die Momentengleichgewichtsbedingung beliebig ist.

Haben alle Kräfte einer Kräftegruppe die gleiche Richtung, so reduziert sich die Zahl der Gleichungen. Wirken zum Beispiel alle Kräfte in z-Richtung ($F_{ix} = 0$, $F_{iy} = 0$), so bleiben nur

$$\sum F_{iz} = 0\,, \quad \sum M_{ix}^{(A)} = 0\,, \quad \sum M_{iy}^{(A)} = 0\,. \tag{3.35}$$

Sowohl die Kräftegleichgewichtsbedingungen in x- und in y-Richtung als auch die Momentenbedingung um die zu z parallele Achse durch A sind in diesem Fall identisch erfüllt.

Beispiel 3.8: Auf einen Quader (Abb. 3.30a) mit den Seitenlängen a, b und c wirken die Kräfte F_1 bis F_6. Dabei sind $F_1 = F_2 = F$, $F_3 = F_4 = 2\,F$, $F_5 = F_6 = 3\,F$, $b = a$, $c = 2\,a$.

Es sind die Resultierende $\boldsymbol{R}$, die resultierenden Momente $\boldsymbol{M}_R^{(A)}$ und $\boldsymbol{M}_R^{(B)}$ bezüglich der Punkte A und B sowie deren Beträge zu bestimmen.

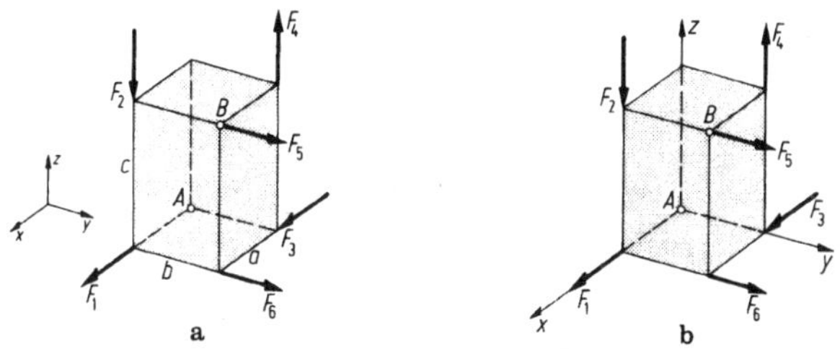

Abb. 3.30 a b

Lösung: Die Vektoren sind durch ihre jeweiligen Komponenten bestimmt. Für die Resultierende erhält man

$$R_x = F_1 + F_3 = 3\,F\,, \quad R_y = F_5 + F_6 = 6\,F\,, \quad R_z = -F_2 + F_4 = F$$

und damit (vgl. Anhang A)

$$\underline{\underline{\boldsymbol{R} = \begin{bmatrix} R_x \\ R_y \\ R_z \end{bmatrix} = \begin{bmatrix} 3 \\ 6 \\ 1 \end{bmatrix} F}}\,, \quad \underline{\underline{R}} = \sqrt{3^2 + 6^2 + 1^2}\,F = \underline{\underline{\sqrt{46}\,F}}\,.$$

Um das Moment bezüglich A zu ermitteln, legen wir den Koordinatenursprung in den Punkt A (Abb. 3.30b). Dann liest man ab:

$$M_{Rx}^{(A)} = \sum M_{ix}^{(A)} = b\,F_4 - c\,F_5 = -4\,a\,F\,,$$

$$M_{Ry}^{(A)} = \sum M_{iy}^{(A)} = a\,F_2 = a\,F\,,$$

$$M_{Rz}^{(A)} = \sum M_{iz}^{(A)} = a\,F_5 + a\,F_6 - b\,F_3 = 4\,a\,F\,.$$

Daraus folgen

$$\underline{\underline{\boldsymbol{M}_R^{(A)} = \begin{bmatrix} M_{Rx}^{(A)} \\ M_{Ry}^{(A)} \\ M_{Rz}^{(A)} \end{bmatrix} = \begin{bmatrix} -4 \\ 1 \\ 4 \end{bmatrix} a\,F}}\,,$$

$$\underline{\underline{M_R^{(A)}}} = \sqrt{4^2 + 1^2 + 4^2}\,a\,F = \underline{\underline{\sqrt{33}\,a\,F}}\,.$$

Analog erhält man für den Punkt B

$$M_{Rx}^{(B)} = b\,F_2 + c\,F_6 = 7\,a\,F\,,$$

$$M_{Ry}^{(B)} = -c\,F_1 - c\,F_3 + a\,F_4 = -4\,a\,F\,,$$

$$M_{Rz}^{(B)} = b\,F_1 = a\,F$$

und

$$\underline{\underline{\boldsymbol{M}_R^{(B)} = \begin{bmatrix} 7 \\ -4 \\ 1 \end{bmatrix} a\,F}}\,, \quad \underline{\underline{M_R^{(B)}}} = \sqrt{7^2+4^2+1^2}\,a\,F = \underline{\underline{\sqrt{66}\,a\,F}}\,.$$

Die Momentenvektoren bezüglich A und B sind verschieden!

Beispiel 3.9: Eine homogene Platte vom Gewicht G wird durch sechs Stäbe gehalten und durch die Kraft F belastet (Abb. 3.31a).

Es sind die Stabkräfte zu bestimmen.

Lösung: Im Freikörperbild bringen wir neben der Gewichtskraft G in Plattenmitte (vgl. Kapitel 4) und der Kraft F die unbekannten Stabkräfte S_1 bis S_6 als Zugkräfte an und führen die Hilfswinkel α und β ein (Abb. 3.31b). Das Koordinatensystem wählen wir so, dass mit 0 als Bezugspunkt möglichst viele Momente zu Null werden. Dann lauten die Gleichgewichtsbedingungen

$$\sum F_{ix} = 0: \quad -S_3\cos\beta - S_6\cos\beta = 0\,,$$

$$\sum F_{iy} = 0: \quad S_4\cos\alpha - S_5\cos\alpha + F = 0\,,$$

$$\sum F_{iz} = 0: \quad -S_1 - S_2 - S_3\sin\beta - S_6\sin\beta - S_4\sin\alpha$$
$$-S_5\sin\alpha - G = 0\,,$$

$$\sum M_{ix}^{(0)} = 0: \quad a\,S_1 - a\,S_2 + a\,S_6\sin\beta - a\,S_3\sin\beta = 0\,,$$

$$\sum M_{iy}^{(0)} = 0: \quad \frac{b}{2}G + b\,S_1 + b\,S_2 + b\,S_6\sin\beta + b\,S_3\sin\beta = 0\,,$$

$$\sum M_{iz}^{(0)} = 0: \quad b\,F + a\,S_3\cos\beta - a\,S_6\cos\beta = 0\,.$$

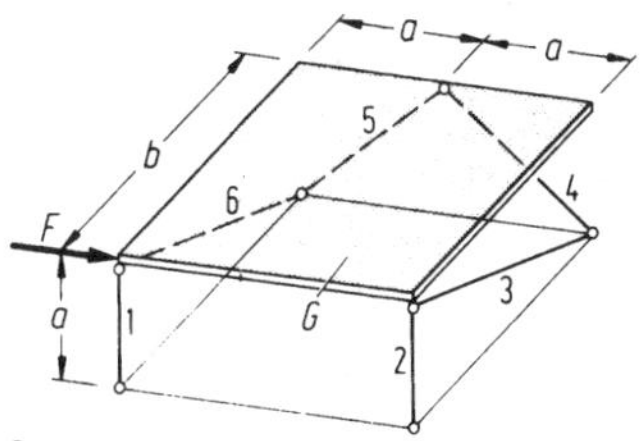

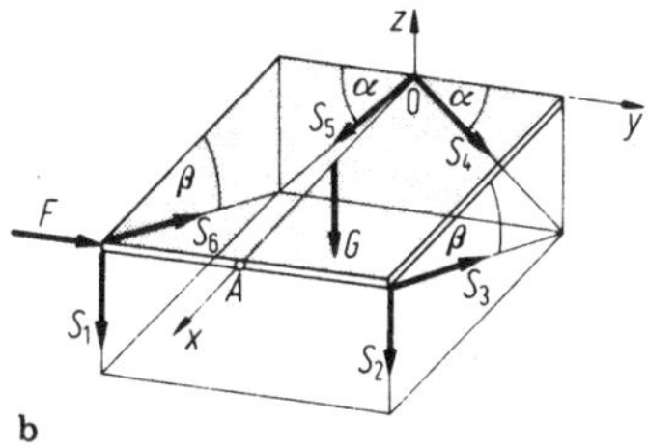

Abb. 3.31

Mit

$$\cos\alpha = \sin\alpha = \frac{a}{\sqrt{2\,a^2}} = \frac{\sqrt{2}}{2}\,,$$

$$\cos\beta = \frac{b}{\sqrt{a^2+b^2}}\,,\qquad \sin\beta = \frac{a}{\sqrt{a^2+b^2}}$$

erhält man zunächst aus der 1. und der 6. Gleichung

$$\underline{\underline{S_3 = -S_6 = -\frac{\sqrt{a^2+b^2}}{2\,a}\,F}}\,.$$

Damit folgen aus der 4. und der 5. Gleichung

$$\underline{\underline{S_1 = -\frac{G}{4} - \frac{F}{2}}}\,,\qquad \underline{\underline{S_2 = -\frac{G}{4} + \frac{F}{2}}}$$

und schließlich aus der 2. und der 3. Gleichung

$$\underline{\underline{S_4 = -\frac{1}{\sqrt{2}}\left(\frac{G}{2} + F\right)}}\,,\qquad \underline{\underline{S_5 = -\frac{1}{\sqrt{2}}\left(\frac{G}{2} - F\right)}}\,.$$

Zur Probe überzeugen wir uns noch, dass das Momentengleichgewicht um eine zu y parallele Achse durch den Punkt A erfüllt ist:

$$\begin{aligned}\sum M_{iy}^{(A)} &= -\frac{b}{2}\,G - b\,S_4\sin\alpha - b\,S_5\sin\alpha\\ &= -b\left[\frac{G}{2} - \frac{1}{\sqrt{2}}\left(\frac{G}{2} - F\right)\frac{\sqrt{2}}{2} - \frac{1}{\sqrt{2}}\left(\frac{G}{2} + F\right)\frac{\sqrt{2}}{2}\right]\\ &= 0\,.\end{aligned}$$

Beispiel 3.10: Ein gewichtsloser Winkel befindet sich unter der Wirkung von vier Kräften, die senkrecht auf der vom Winkel aufgespannten Ebene stehen, im Gleichgewicht (Abb. 3.32a). Die Kraft F sei gegeben.

Wie groß sind die Kräfte A, B und C?

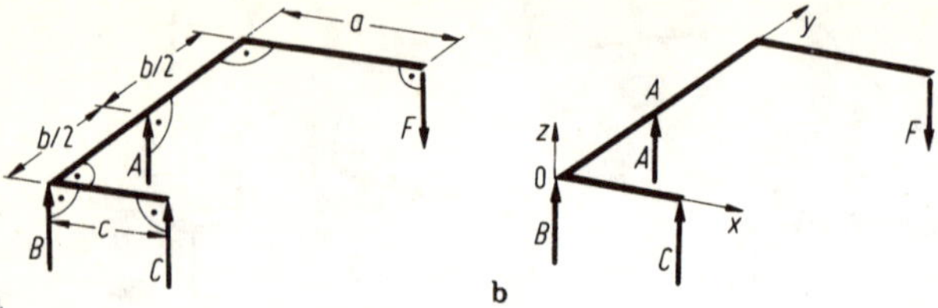

a b

Abb. 3.32

Lösung: Mit dem Koordinatensystem x, y, z und dem Koordinatenursprung als Bezugspunkt (Abb. 3.32b) lauten die Gleichgewichtsbedingungen (3.35)

$$\sum F_{iz} = 0 : \quad A + B + C - F = 0\,,$$

$$\sum M_{ix}^{(0)} = 0 : \quad \frac{b}{2}\,A - b\,F = 0\,,$$

$$\sum M_{iy}^{(0)} = 0 : \quad -c\,C + a\,F = 0\,.$$

Wir erhalten somit

$$\underline{\underline{A = 2\,F}}\,, \quad \underline{\underline{C = \frac{a}{c}\,F}}\,, \quad \underline{\underline{B = -\left(1 + \frac{a}{c}\right) F}}\,.$$

Man kann auch einen anderen Momentenbezugspunkt, wie zum Beispiel A, verwenden. Dann ändert sich nur die Momentengleichung:

$$\sum M_{ix}^{(A)} = 0 : \quad -\frac{b}{2}\,B - \frac{b}{2}\,C - \frac{b}{2}\,F = 0\,.$$

Das Ergebnis bleibt unverändert.

4 Schwerpunkt

4.1 Schwerpunkt einer Gruppe paralleler Kräfte

Nach Abschnitt 3.1.3 kann man eine ebene Kräftegruppe durch *eine einzige* Kraft, die Resultierende $\boldsymbol{R}$, ersetzen, sofern kein Kräftepaar wirkt. Sind speziell alle Kräfte parallel, so stimmt die Richtung von $\boldsymbol{R}$ mit der Richtung der Kräfte überein. Die Lage von $\boldsymbol{R}$ folgt aus der Äquivalenz der Momente nach (3.11). Führt man mit $\boldsymbol{H} = -\boldsymbol{R}$ eine Haltekraft $\boldsymbol{H}$ ein, deren Wirkungslinie mit der von $\boldsymbol{R}$ übereinstimmt, so kann man ein System von parallelen Kräften mit *einer einzigen* Kraft ins Gleichgewicht setzen.

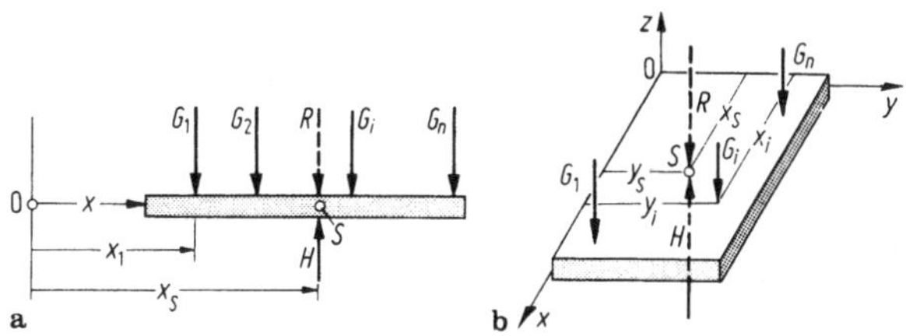

Abb. 4.1

Als Beispiel betrachten wir eine gewichtslose Stange, die nach Abb. 4.1a durch eine Gruppe paralleler Einzelkräfte G_i belastet wird und durch eine Kraft H im Gleichgewicht gehalten werden soll. Gesucht ist insbesondere der Punkt, in dem die Haltekraft angreifen muss. Wir zählen die Koordinate x von einem beliebig gewählten Ursprung 0 und erhalten aus den Gleichgewichtsbedingungen nach (3.12)

$$\uparrow: \; H - \sum G_i = 0\,, \qquad \overset{\curvearrowleft}{0}: \; x_s H - \sum x_i\, G_i = 0$$

den Abstand der Haltekraft (d.h. auch der Resultierenden) zu

$$x_s = \frac{\sum x_i\, G_i}{\sum G_i}\,. \tag{4.1}$$

Der Punkt S im Abstand x_s vom Koordinatenursprung, in dem die Stange unterstützt werden muss, heißt *Kräftemittelpunkt* oder *Schwerpunkt*. Die zweite Bezeichnung wird erst beim gewichtsbehafteten Körper in Abschnitt 4.2 verständlich.

Das Ergebnis (4.1) lässt sich nach Abb. 4.1b auf eine räumliche Kräftegruppe erweitern, bei der alle Kräfte parallel zur z-Achse wirken. Die Gleichgewichtsbedingungen (3.35) lauten dann (Momente werden positiv im Sinne der Rechtsschraube gezählt!)

$$\begin{aligned} \sum F_{iz} = 0 : &\qquad H - \sum G_i = 0 \,, \\ \sum M_{ix}^{(0)} = 0 : &\qquad y_s H - \sum y_i G_i = 0 \,, \\ \sum M_{iy}^{(0)} = 0 : &\qquad -x_s H + \sum x_i G_i = 0 \,. \end{aligned}$$

Auflösung nach den gesuchten Koordinaten des Schwerpunktes ergibt

$$x_s = \frac{\sum x_i G_i}{\sum G_i} \,, \qquad y_s = \frac{\sum y_i G_i}{\sum G_i} \,. \tag{4.2}$$

Die gleichen Überlegungen, die wir bisher für Gruppen von Einzelkräften angestellt haben, lassen sich auch für kontinuierlich verteilte Linien- oder Flächenlasten anwenden. So denken wir uns die Linienlast $q(x)$ (mit der Dimension Kraft/Länge) in Abb. 4.2a über die infinitesimale Länge $\mathrm{d}x$ zunächst durch eine Einzellast der Größe $q(x)\,\mathrm{d}x$ ersetzt. Im Grenzübergang werden dann aus den Summen in (4.1) Integrale, und wir erhalten für den Abstand x_s des Schwerpunktes zu

$$x_s = \frac{\int x\, q(x)\,\mathrm{d}x}{\int q(x)\,\mathrm{d}x} \,. \tag{4.3}$$

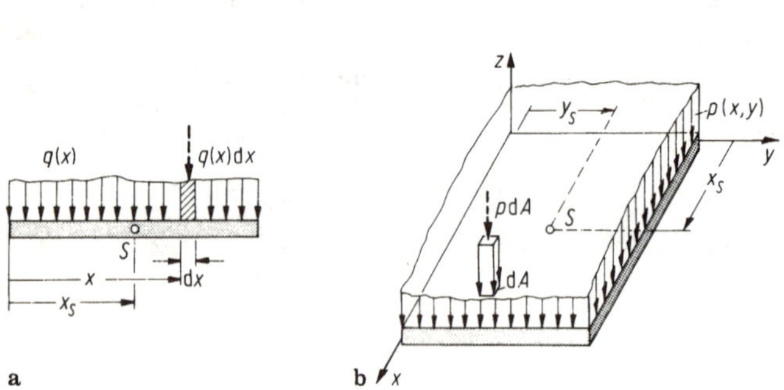

Abb. 4.2

Analog folgt die Lage des Schwerpunktes einer Flächenlast $p(x,y)$ (mit der Dimension Kraft/Fläche) nach Abb. 4.2b aus (4.2) zu

$$x_s = \frac{\int x\,p(x,y)\,\mathrm{d}A}{\int p(x,y)\,\mathrm{d}A}\,, \quad y_s = \frac{\int y\,p(x,y)\,\mathrm{d}A}{\int p(x,y)\,\mathrm{d}A}\,. \tag{4.4}$$

Dabei sei ausdrücklich vermerkt, dass in (4.4) über Flächen mit ihren zwei Koordinaten integriert werden muss. Wir wollen zur Schreibvereinfachung trotzdem die Bezeichnung mit dem einfachen Integralzeichen beibehalten und werden in den Beispielen 4.2 bis 4.4 erläutern, wie man diese Integration praktisch ausführen kann.

Beispiel 4.1: Ein Balken trägt nach Abb. 4.3a eine dreieckförmige Last.

An welcher Stelle greift die Resultierende an und welchen Betrag hat sie?

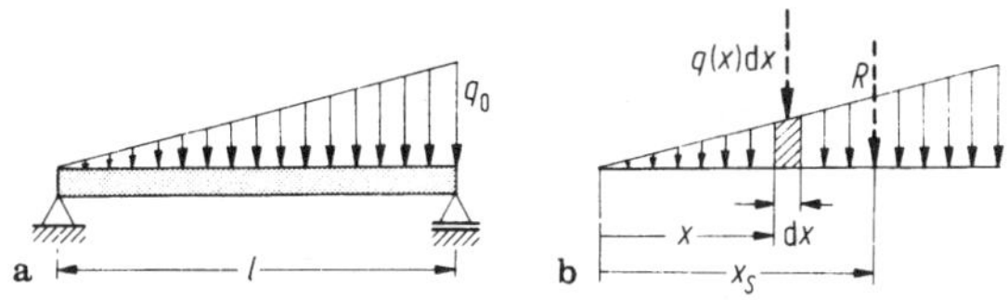

Abb. 4.3

Lösung: Wir zählen die Koordinate x vom linken Rand des Balkens (Abb. 4.3b). Die dreieckförmige Last wird durch die Geradengleichung

$$q(x) = q_0\,\frac{x}{l}$$

beschrieben. Aus der Integration von $q(x)$ ($\widehat{=}$ Summe der Kräfte $q(x)\,\mathrm{d}x$) folgt zunächst die Größe der Resultierenden

$$\underline{\underline{R}} = \int\limits_0^l q(x)\,\mathrm{d}x = \int\limits_0^l q_0\,\frac{x}{l}\,\mathrm{d}x = q_0\,\frac{x^2}{2\,l}\bigg|_0^l = \underline{\underline{\frac{1}{2}\,q_0\,l}}$$

(was man als Flächeninhalt des Lastdreiecks auch ohne Integration hätte anschreiben können). Mit dem Zähler von (4.3)

$$\int x\,q(x)\,\mathrm{d}x = \int\limits_0^l x\,q_0\,\frac{x}{l}\,\mathrm{d}x = q_0\,\frac{x^3}{3\,l}\bigg|_0^l = \frac{1}{3}\,q_0\,l^2$$

erhält man dann den gesuchten Abstand der Resultierenden bzw. die Koordinate des Kräftemittelpunktes

$$\underline{\underline{x_s}} = \frac{\int x\, q(x)\,\mathrm{d}x}{\int q(x)\,\mathrm{d}x} = \frac{\frac{1}{3} q_0\, l^2}{\frac{1}{2} q_0\, l} = \underline{\underline{\frac{2}{3}\, l}}\,.$$

Eine Einzellast der Größe $R = q_0 l/2$ im Abstand $x_s = 2\,l/3$ vom linken Rand hat dieselbe statische Wirkung wie die gegebene Dreieckslast.

4.2 Schwerpunkt und Massenmittelpunkt eines Körpers

Wir wollen nun die Gleichungen (4.4) auf Körper erweitern, die durch parallele Volumenkräfte in beliebiger Richtung belastet sind. Die Volumenkraft $f(x, y, z)$ (mit der Dimension Kraft/Volumen) greift am Volumenelement $\mathrm{d}V$ an und wird durch eine Einzellast $f\mathrm{d}V$ ersetzt. Wir verzichten hier auf eine Ableitung der Formeln und geben ohne Beweis das Ergebnis analog zu (4.4) an:

$$x_s = \frac{\int x\, f(x,y,z)\mathrm{d}V}{\int f(x,y,z)\mathrm{d}V}\,, \quad y_s = \frac{\int y\, f(x,y,z)\mathrm{d}V}{\int f(x,y,z)\mathrm{d}V}\,, \quad z_s = \frac{\int z\, f(x,y,z)\mathrm{d}V}{\int f(x,y,z)\mathrm{d}V}\,. \tag{4.5}$$

Dabei stehen jetzt die Einfachintegrale stellvertretend für Integrationen über die drei Koordinaten des Raumes.

Betrachten wir speziell Körper, die an der Erdoberfläche der Wirkung des Gravitationsfeldes unterworfen sind, so ist $f(x, y, z) = \varrho(x, y, z)\, g$. Hierin sind ϱ die über den Körper im allgemeinen veränderliche Dichte und g die konstant anzunehmende Erdbeschleunigung. Setzt man in (4.5) ein, so hebt sich g aus Zähler und Nenner heraus, und wir erhalten für die Koordinaten des *Schwerpunktes*

$$x_s = \frac{\int x\, \varrho\, \mathrm{d}V}{\int \varrho\, \mathrm{d}V}\,, \quad y_s = \frac{\int y\, \varrho\, \mathrm{d}V}{\int \varrho\, \mathrm{d}V}\,, \quad z_s = \frac{\int z\, \varrho\, \mathrm{d}V}{\int \varrho\, \mathrm{d}V}\,. \tag{4.6}$$

Führt man mit $\mathrm{d}m = \varrho\,\mathrm{d}V$ die Masse eines Volumenelementes und mit $m = \int \varrho\,\mathrm{d}V = \int \mathrm{d}m$ die Gesamtmasse ein, so folgt aus (4.6)

$$x_s = \frac{1}{m}\int x\,\mathrm{d}m\,, \quad y_s = \frac{1}{m}\int y\,\mathrm{d}m\,, \quad z_s = \frac{1}{m}\int z\,\mathrm{d}m\,. \tag{4.7}$$

In der Kinetik (vgl. Band 3) wird durch diese Beziehungen die Lage des *Massenmittelpunktes* definiert. Für konstante Erdbeschleunigung g fallen somit der Schwerpunkt und der Massenmittelpunkt zusammen.

Mit (4.6) wird nun auch der Name Schwerpunkt verständlich: der Schwerpunkt S eines Körpers ist derjenige Punkt, in dem man sich das in Wirklichkeit räumlich über den Körper verteilte Gewicht (d.h. seine ganze „Schwere") konzentriert denken kann, ohne dass sich die statische Wirkung ändert.

Bei einem *homogenen* Körper ist die Dichte ϱ konstant und kann aus (4.6) gekürzt werden. Mit dem Gesamtvolumen $V = \int \mathrm{d}V$ bleibt dann

$$\boxed{x_s = \frac{1}{V}\int x\,\mathrm{d}V\,, \quad y_s = \frac{1}{V}\int y\,\mathrm{d}V\,, \quad z_s = \frac{1}{V}\int z\,\mathrm{d}V}\,. \tag{4.8}$$

Durch diese Beziehung wird der *Volumenmittelpunkt* definiert. Damit fallen für konstante Dichte der physikalische Schwerpunkt und der Volumenmittelpunkt zusammen. Es ist naheliegend, dass man letzteren dann auch „Schwerpunkt" eines Volumens nennt, obwohl man ihn nach (4.8) berechnen kann, ohne dass irgendwelche Kräfte oder Gewichte wirken.

4.3 Flächenschwerpunkt

Häufig wird in der Mechanik der Schwerpunkt einer ebenen Fläche benötigt (z.B. Balkenbiegung, vgl. Band 2). Man erhält seine Koordinaten aus (4.8), wenn man sich den Körper nach Abb. 4.4 durch eine dünne Scheibe konstanter Dicke t ersetzt denkt. Mit der Fläche $A = \int \mathrm{d}A$, dem Volumenelement $\mathrm{d}V = t\,\mathrm{d}A$ und dem Volumen $V = t\,A$ folgen aus (4.8) die Koordinaten des *Flächenschwerpunktes*

$$\boxed{x_s = \frac{1}{A}\int x\,\mathrm{d}A\,, \quad y_s = \frac{1}{A}\int y\,\mathrm{d}A}\,. \tag{4.9}$$

Wegen $t \to 0$ liefert die dritte Gleichung von (4.8) mit $z \to 0$ den Wert $z_s \to 0$. Der Schwerpunkt liegt dann *in* der Fläche.

Man nennt die in (4.9) auftretenden Integrale

$$S_y = \int x\,\mathrm{d}A\,, \quad S_x = \int y\,\mathrm{d}A \tag{4.10}$$

Flächenmomente erster Ordnung oder *statische Momente*.

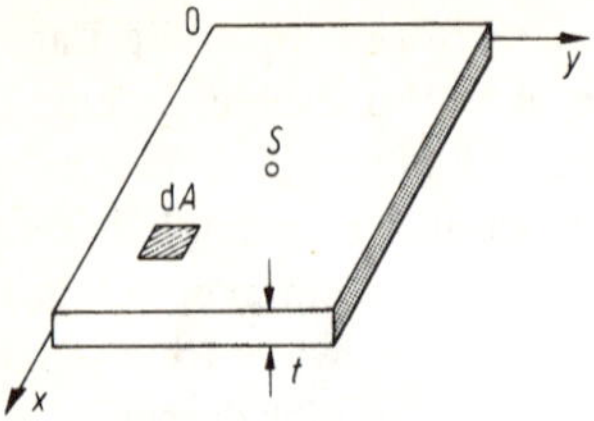

Abb. 4.4

Legt man den Koordinatenursprung 0 in den Schwerpunkt S, so werden x_s und y_s in (4.9) gleich Null, und damit verschwinden auch die statischen Momente (4.10). Achsen durch den Schwerpunkt heißen *Schwerachsen*. Damit gilt der Satz:

Die Flächenmomente erster Ordnung in Bezug auf Schwerachsen sind Null.	(4.11)

Aus Abb. 4.5 kann man ablesen, dass das statische Moment bezüglich einer *Symmetrieachse* verschwinden muss, da neben jedem Flächenelement mit positivem Abstand x ein entsprechendes Element mit negativem Abstand existiert. Das Integral nach (4.10) über die gesamte Fläche ergibt daher Null. Unter Anwendung des in (4.11) formulierten Satzes gilt daher:

Symmetrieachsen sind Schwerachsen.	(4.12)

Diese Aussage erleichtert oft die Ermittlung von Schwerpunkten.

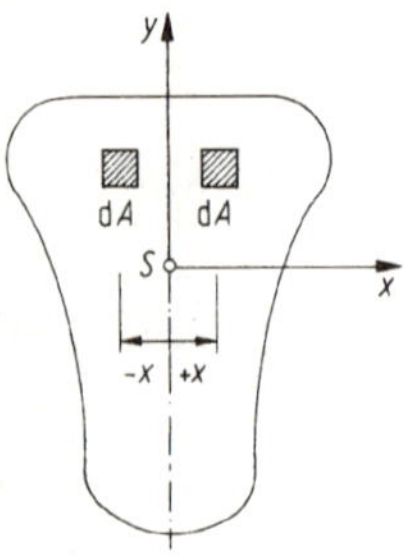

Abb. 4.5

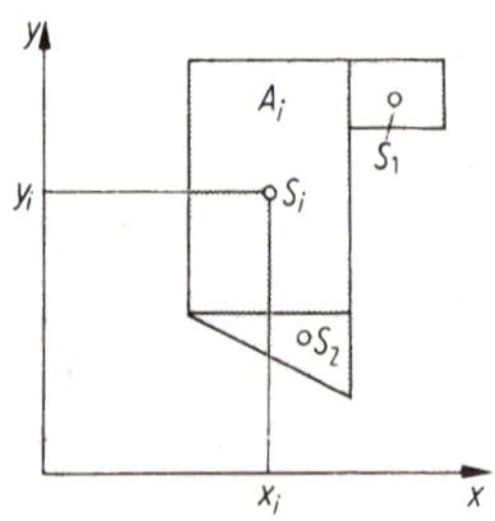

Abb. 4.6

Häufig sind Querschnitte aus Teilflächen A_i zusammengesetzt, deren jeweilige Schwerpunktslage x_i, y_i man kennt (Abb. 4.6). Die erste Gleichung von (4.9) kann man dann wie folgt schreiben:

$$x_s = \frac{1}{A}\int x\,\mathrm{d}A = \frac{1}{A}\left\{\int\limits_{A_1} x\,\mathrm{d}A + \int\limits_{A_2} x\,\mathrm{d}A + \dots\right\}$$
$$= \frac{1}{A}\left\{x_1\,A_1 + x_2\,A_2 + \dots\right\}.$$

Damit entfallen alle Integrationen, und wir finden die Schwerpunktskoordinate x_s (und analog y_s) der Gesamtfläche $A = \sum A_i$ aus

$$\boxed{x_s = \frac{\sum x_i\,A_i}{\sum A_i}\,, \quad y_s = \frac{\sum y_i\,A_i}{\sum A_i}}\,. \tag{4.13}$$

Die Formel lässt sich auch bei Flächen mit Ausschnitten anwenden. Man muss dann nur diese Ausschnitte als „negative" Flächen einführen (vgl. Beispiel 4.6).

Beispiel 4.2: Gesucht sind die Schwerpunktskoordinaten für ein rechtwinkliges Dreieck nach Abb. 4.7a mit der Grundseite a und der Höhe h.

Lösung: Nach (4.9) folgen die gesuchten Koordinaten des Schwerpunktes aus

$$x_s = \frac{1}{A}\int x\,\mathrm{d}A\,, \quad y_s = \frac{1}{A}\int y\,\mathrm{d}A\,.$$

Wir legen den Ursprung des Koordinatensystems in die linke Ecke des Dreiecks (Abb. 4.7b). Um zunächst x_s zu berechnen, wählt man zweckmäßig als Flächenelement $\mathrm{d}A$ einen infinitesimalen Streifen der

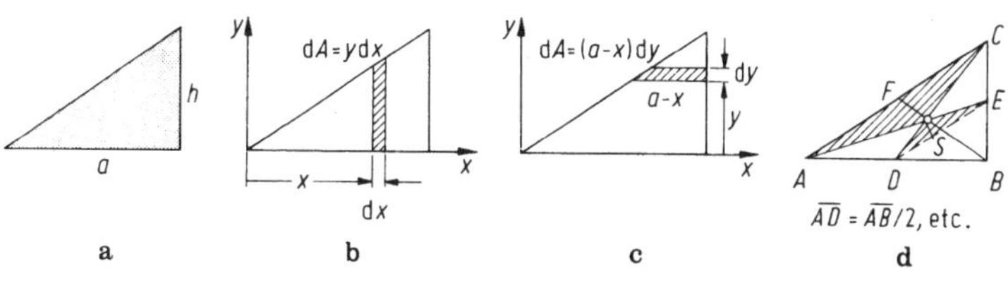

Abb. 4.7

Höhe $y(x)$ und der Breite $\mathrm{d}x$. Da alle Teile dieses Streifens denselben Abstand x von der y-Achse haben, kann dann das Flächenintegral durch ein Einfachintegral über x ersetzt werden (in $\mathrm{d}A$ steckt bereits die Integration über y). Mit $\mathrm{d}A = y\,\mathrm{d}x$ und der Gleichung $y(x) = h\,x/a$ für die Dreiecksseite folgt für das statische Moment

$$\int x\,\mathrm{d}A = \int x\,y\,\mathrm{d}x = \int_0^a x\,\frac{h}{a}\,x\,\mathrm{d}x = \frac{h}{a}\frac{x^3}{3}\bigg|_0^a = \frac{1}{3}\,h\,a^2\,.$$

Setzen wir noch den Flächeninhalt des Dreiecks $A = a\,h/2$ in die Formel für die Schwerpunktskoordinaten ein, so finden wir

$$\underline{\underline{x_s}} = \frac{1}{A}\int x\,\mathrm{d}A = \frac{\frac{1}{3}h\,a^2}{\frac{1}{2}a\,h} = \underline{\underline{\frac{2}{3}\,a}}\,.$$

Zur Bestimmung der Schwerpunktskoordinate y_s wählen wir das Flächenelement $\mathrm{d}A = (a - x)\mathrm{d}y$ nach Abb. 4.7c. Diesmal haben alle Teile des Elements gleichen Abstand y von der x-Achse. Mit $x(y) = a\,y/h$ finden wir

$$\int y\,\mathrm{d}A = \int y\,(a - x)\mathrm{d}y = \int_0^h y\left(a - \frac{a}{h}\,y\right)\mathrm{d}y$$

$$= \left\{\frac{y^2}{2}\,a - \frac{a}{h}\frac{y^3}{3}\right\}\bigg|_0^h = \frac{a\,h^2}{6}$$

und erhalten endgültig

$$\underline{\underline{y_s}} = \frac{1}{A}\int y\,\mathrm{d}A = \frac{\frac{1}{6}a\,h^2}{\frac{1}{2}a\,h} = \underline{\underline{\frac{1}{3}\,h}}\,.$$

Es lässt sich zeigen, dass der Schwerpunkt eines Dreiecks im Schnittpunkt der Seitenhalbierenden (= Schwerlinien) liegt. Man kann daher seine Koordinaten auch elementar mit Strahlensätzen aus ähnlichen Dreiecken berechnen (Abb. 4.7d).

Beispiel 4.3: Gesucht ist der Schwerpunkt der Fläche, die nach Abb. 4.8a von einer quadratischen Parabel begrenzt wird.

Lösung: Wir legen den Koordinatenursprung in den Scheitel der Parabel (Abb. 4.8b). Wegen der Symmetrie liegt der Schwerpunkt

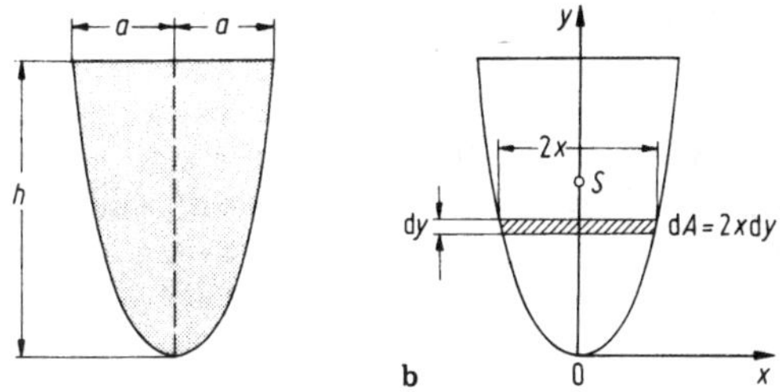

Abb. 4.8 a b

S nach (4.12) auf der y-Achse. Wir wählen zur Ermittlung seiner Höhe

$$y_s = \frac{\int y \,\mathrm{d}A}{\int \mathrm{d}A}$$

das schraffierte Flächenelement $\mathrm{d}A = 2\,x\,\mathrm{d}y$. Mit der Parabelgleichung (für $x = a$ muss $y = h$ sein)

$$y = \frac{h}{a^2}\,x^2 \quad \text{bzw.} \quad x = \sqrt{\frac{a^2\,y}{h}}$$

werden

$$A = \int \mathrm{d}A = \int 2\,x\,\mathrm{d}y = 2\int_0^h \sqrt{\frac{a^2\,y}{h}}\,\mathrm{d}y$$

$$= 2\sqrt{\frac{a^2}{h}}\,\frac{2}{3}\,y^{3/2}\Big|_0^h = \frac{4}{3}\,a\,h\,,$$

$$\int y\,\mathrm{d}A = \int_0^h y\,2\sqrt{\frac{a^2\,y}{h}}\,\mathrm{d}y = 2\sqrt{\frac{a^2}{h}}\,\frac{2}{5}\,y^{5/2}\Big|_0^h = \frac{4}{5}\,a\,h^2$$

und daher

$$\underline{\underline{y_s}} = \frac{\int y\,\mathrm{d}A}{\int \mathrm{d}A} = \frac{\frac{4}{5}a\,h^2}{\frac{4}{3}a\,h} = \underline{\underline{\frac{3}{5}\,h}}\,.$$

Bemerkenswert am Ergebnis ist, dass die Schwerpunktshöhe y_s nicht von der Breite a der Parabel abhängt.

Beispiel 4.4: Gesucht ist die Schwerpunktslage für einen Kreisausschnitt nach Abb. 4.9a.

Lösung: Zur Bestimmung von y_s (wegen Symmetrie gilt $x_s = 0$) führen wir den Hilfswinkel φ ein und wählen als Flächenelement $\mathrm{d}A$ den schraffierten Kreisausschnitt (Abb. 4.9b). Im Infinitesimalen darf der Kreisausschnitt durch ein Dreieck mit der Grundseite $r\,\mathrm{d}\varphi$ und der Höhe r ersetzt werden, dessen Schwerpunktskoordinate bei 2/3 der Höhe liegt. Der Schwerpunkt S_E des Elementes hat daher von der x-Achse den Abstand

$$\bar{y} = \frac{2}{3}\,r\sin\varphi\,.$$

Mit $\mathrm{d}A = \frac{1}{2}r\,\mathrm{d}\varphi\, r = \frac{1}{2}r^2\,\mathrm{d}\varphi$ finden wir die Schwerpunktslage aus

$$\underline{\underline{y_s}} = \frac{\int \bar{y}\,\mathrm{d}A}{\int \mathrm{d}A} = \frac{\int\limits_{(\pi/2)-\alpha}^{(\pi/2)+\alpha} \frac{2}{3}\,r\sin\varphi\,\frac{1}{2}\,r^2\,\mathrm{d}\varphi}{\int\limits_{(\pi/2)-\alpha}^{(\pi/2)+\alpha} \frac{1}{2}\,r^2\,\mathrm{d}\varphi}$$

$$= \frac{\frac{1}{3}\,r^3(-\cos\varphi)\Big|_{(\pi/2)-\alpha}^{(\pi/2)+\alpha}}{\frac{1}{2}\,r^2\,\varphi\Big|_{(\pi/2)-\alpha}^{(\pi/2)+\alpha}}$$

$$= \frac{1}{3}\,r\,\frac{\cos(\frac{\pi}{2}-\alpha)-\cos(\frac{\pi}{2}+\alpha)}{\alpha} = \underline{\underline{\frac{2}{3}\,r\,\frac{\sin\alpha}{\alpha}}}\,.$$

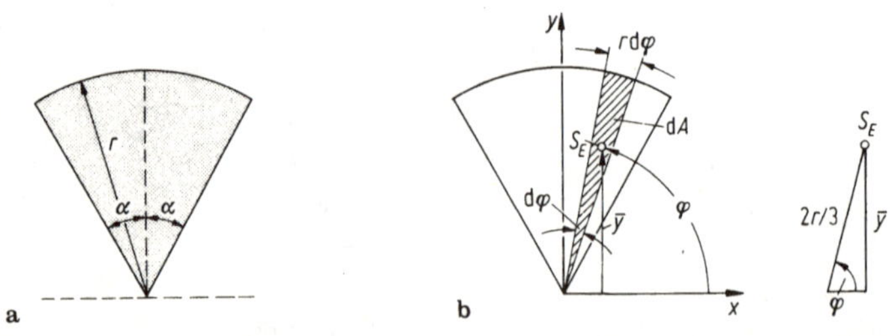

Abb. 4.9

Im Sonderfall einer *Halbkreisfläche* folgt hieraus für $\alpha = \frac{\pi}{2}$ die Beziehung

$$\underline{\underline{y_s = \frac{4\,r}{3\,\pi}}}\,.$$

Beispiel 4.5: Wo liegt der Schwerpunkt bei dem L-Profil nach Abb. 4.10a?

Lösung: Wir legen den Koordinatenursprung in die linke untere Ecke und zerlegen die Fläche in zwei Rechtecke (Abb. 4.10b) mit den Flächen

$$A_1 = 8\,a\,t\,, \qquad A_2 = (5\,a - t)\,t$$

und den Schwerpunktskoordinaten

$$x_1 = \frac{t}{2}\,, \qquad y_1 = 4\,a\,,$$

$$x_2 = \frac{5\,a - t}{2} + t = \frac{5\,a + t}{2}\,, \qquad y_2 = \frac{t}{2}\,.$$

Aus (4.13) folgt damit

$$\underline{\underline{x_s}} = \frac{\sum x_i\,A_i}{\sum A_i} = \frac{\frac{t}{2}\,8\,a\,t + \frac{5\,a + t}{2}\,(5\,a - t)t}{8\,a\,t + (5\,a - t)t}$$

$$= \frac{4\,a\,t^2 + \frac{25}{2}\,a^2\,t - \frac{t^3}{2}}{8\,a\,t + 5\,a\,t - t^2} = \underline{\underline{\frac{25}{26}\,a\,\frac{1 + \frac{8}{25}\frac{t}{a} - \frac{1}{25}\left(\frac{t}{a}\right)^2}{1 - \frac{1}{13}\frac{t}{a}}}}\,.$$

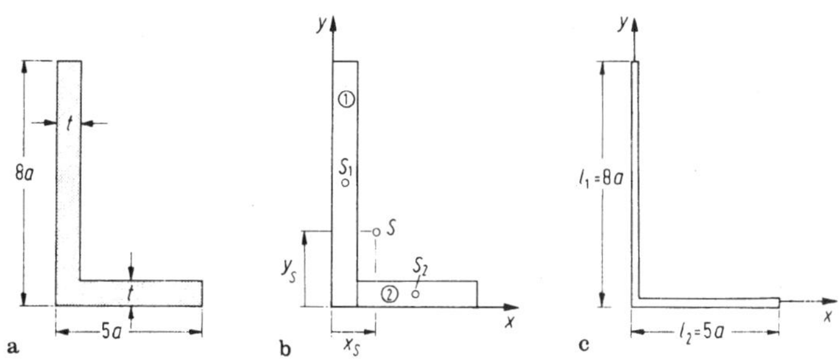

Abb. 4.10

Entsprechend findet man in der y-Richtung

$$\underline{\underline{y_s}} = \frac{\sum y_i A_i}{\sum A_i} = \frac{4\,a\,8\,a\,t + \frac{t}{2}(5\,a - t)\,t}{13\,a\,t - t^2} = \underline{\underline{\frac{32}{13}\,a\,\frac{1 + \frac{5}{64}\frac{t}{a} - \frac{1}{64}\left(\frac{t}{a}\right)^2}{1 - \frac{1}{13}\frac{t}{a}}}}\,.$$

Für dünnwandige Profile $t \ll a$ (Abb. 4.10c) können wir t/a und $(t/a)^2$ als klein gegen 1 vernachlässigen und erhalten dann

$$x_s = \frac{25}{26}\,a\,, \quad y_s = \frac{32}{13}\,a\,.$$

Beispiel 4.6: Aus einem gleichschenkligen Dreieck nach Abb. 4.11a ist ein Kreis ausgespart. Wo liegt der Schwerpunkt S dieser Fläche?

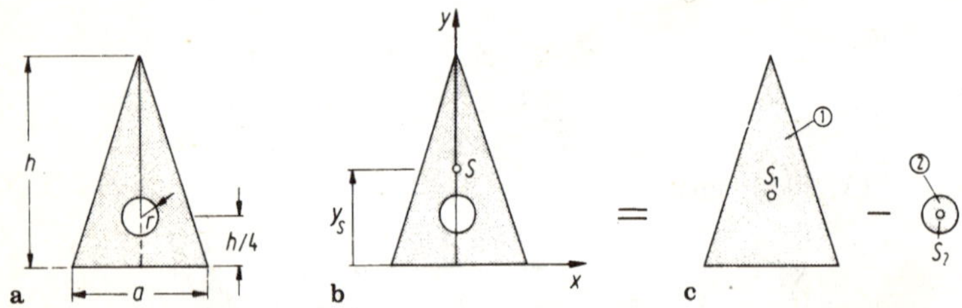

Abb. 4.11

Lösung: Wegen der Symmetrie liegt S für das in Abb. 4.11b gewählte Koordinatensystem auf der y-Achse. Wenn aus einer Fläche Teile ausgespart sind, arbeitet man zweckmäßig mit „negativen" Flächen: die gegebene Fläche wird als Differenz zweier Teilflächen mit bekannten Schwerpunktslagen aufgefasst. Im Beispiel muss daher vom Volldreieck ① der Kreis ② abgezogen werden (Abb. 4.11c).

Mit

$$A_1 = \frac{1}{2}\,a\,h\,, \quad y_1 = \frac{h}{3}\,, \quad A_2 = \pi\,r^2\,, \quad y_2 = \frac{h}{4}$$

wird

$$\underline{\underline{y_s}} = \frac{y_1\,A_1 - y_2\,A_2}{A_1 - A_2} = \frac{\frac{h}{3}\frac{1}{2}a\,h - \frac{h}{4}\pi\,r^2}{\frac{1}{2}a\,h - \pi\,r^2} = \underline{\underline{\frac{h}{3}\,\frac{1 - \frac{3}{2}\frac{\pi\,r^2}{a\,h}}{1 - \frac{2\pi\,r^2}{a\,h}}}}\,.$$

Für kleine Kreise $\pi\,r^2 \ll a\,h/2$ nähert sich der Gesamtschwerpunkt dem Dreiecksschwerpunkt bei $h/3$.

Schwerpunktskoordinaten

Fläche	Flächeninhalt	Lage des Schwerpunktes
rechtwinkliges Dreieck 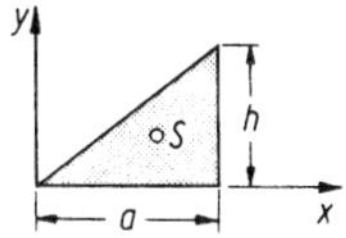	$A = \frac{1}{2}ah$	$x_s = \frac{2}{3}a,\ y_s = \frac{h}{3}$
beliebiges Dreieck 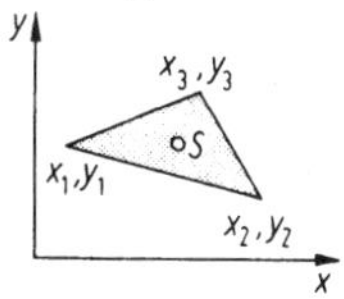	$A = \frac{1}{2}[(x_2 - x_1)(y_3 - y_1) - (x_3 - x_1)(y_2 - y_1)]$	$x_s = \frac{1}{3}(x_1 + x_2 + x_3)$ $y_s = \frac{1}{3}(y_1 + y_2 + y_3)$
Parallelogramm 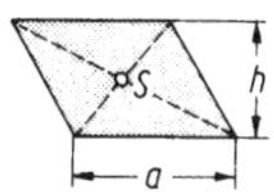	$A = a\,h$	S liegt im Schnittpunkt der Diagonalen
Trapez 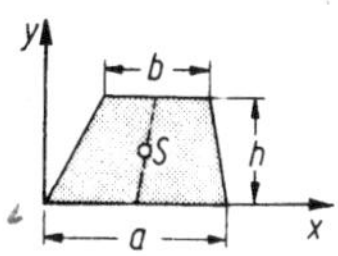	$A = \frac{h}{2}(a + b)$	S liegt auf der Seitenhalbierenden $y_s = \frac{h}{3}\,\frac{a + 2b}{a + b}$
Kreisausschnitt 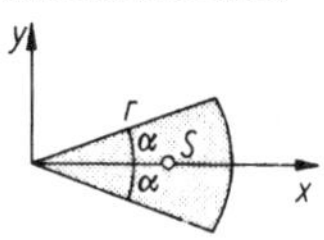	$A = \alpha\, r^2$	$x_s = \frac{2}{3}\,r\,\frac{\sin\alpha}{\alpha}$
Halbkreis 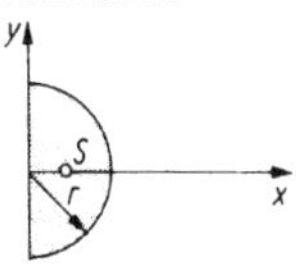	$A = \frac{\pi}{2}\,r^2$	$x_s = \frac{4\,r}{3\,\pi}$

Schwerpunktskoordinaten (Fortsetzung)

Fläche	Flächeninhalt	Lage des Schwerpunktes
Kreisabschnitt 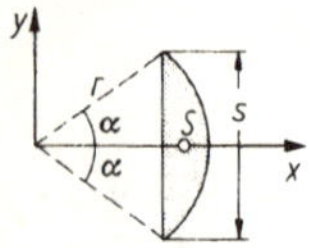	$A = \frac{1}{2} r^2 (2\alpha - \sin 2\alpha)$	$x_s = \frac{s^3}{12A} = \frac{4}{3} r \frac{\sin^3 \alpha}{2\alpha - \sin 2\alpha}$
quadratische Parabel 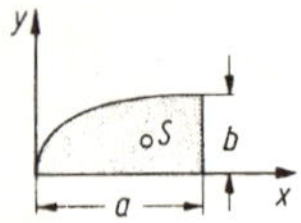	$A = \frac{2}{3} a b$	$x_s = \frac{3}{5} a$, $y_s = \frac{3}{8} b$

4.4 Linienschwerpunkt

Die Koordinaten des Schwerpunktes S einer Linie (Abb. 4.12) errechnen sich analog zu denen der Fläche. Ersetzt man in (4.9) das Flächenelement $\mathrm{d}A$ durch das Linienelement $\mathrm{d}s$ und die Fläche A durch die Länge l der Linie, so erhält man

$$\boxed{x_s = \frac{1}{l} \int x \,\mathrm{d}s\,, \quad y_s = \frac{1}{l} \int y \,\mathrm{d}s}\,. \tag{4.14}$$

Bei einer geraden Linie liegt der Schwerpunkt auf ihr in der Mitte; bei einer gekrümmten Linie liegt er im allgemeinen außerhalb. Die Gleichungen (4.14) können z.B. angewendet werden zur Berechnung des Schwerpunktes eines gebogenen homogenen Drahtes oder zur Ermittlung der Lage der Resultierenden von Kräften, die längs einer Linie gleichförmig verteilt sind.

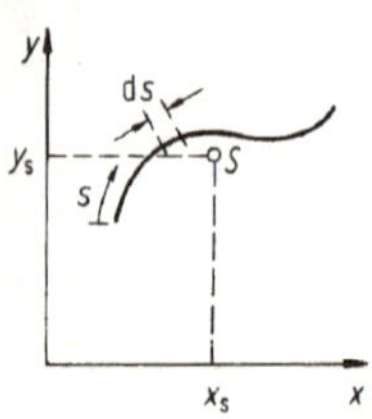

Abb. 4.12

Besteht die Linie aus Teilstücken bekannter Länge l_i mit bekannten Schwerpunktslagen x_i bzw. y_i, so folgt aus (4.14) analog zu (4.13) die Lage des Schwerpunktes aus

$$\boxed{x_s = \frac{\sum x_i\, l_i}{\sum l_i}\,, \quad y_s = \frac{\sum y_i\, l_i}{\sum l_i}}\,. \tag{4.15}$$

Wendet man diese Formeln z.B. zur Berechnung der Schwerpunktskoordinaten des linienförmigen Profils nach Abb. 4.10c an, so erhält man

$$x_s = \frac{0 \cdot 8\,a + \frac{5}{2}a\, 5\,a}{8\,a + 5\,a} = \frac{25}{26}\,a\,, \quad y_s = \frac{4\,a\, 8\,a + 0 \cdot 5\,a}{8\,a + 5\,a} = \frac{32}{13}\,a\,.$$

Dies stimmt mit dem Ergebnis in Beispiel 4.5 für das dünnwandige Profil überein.

Beispiel 4.7: Wo liegt der Schwerpunkt eines Kreisbogens (Abb. 4.13a) mit dem Öffnungswinkel 2α?

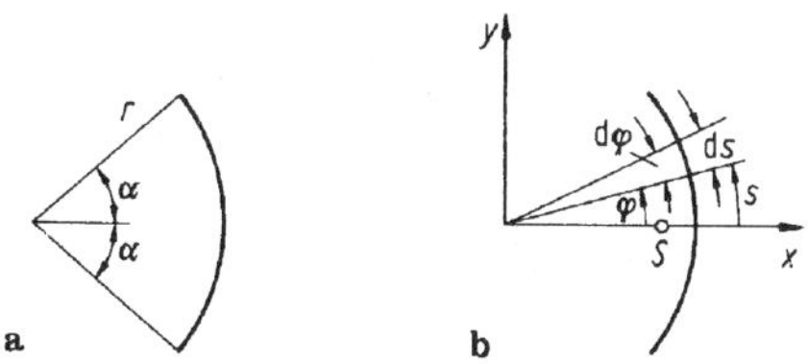

Abb. 4.13 a b

Lösung: Wegen der Symmetrie liegt S auf der x-Achse: $y_s = 0$ (Abb. 4.13b). Wir zählen einen Winkel φ von der x-Achse und können wegen des konstanten Radius r die Bogenlänge $\mathrm{d}s$ durch $r\,\mathrm{d}\varphi$ ersetzen. Mit $x = r\cos\varphi$ folgt dann aus (4.14)

$$\underline{\underline{x_s}} = \frac{\int x\,\mathrm{d}s}{\int \mathrm{d}s} = \frac{\int\limits_{-\alpha}^{+\alpha} r\cos\varphi\; r\,\mathrm{d}\varphi}{\int\limits_{-\alpha}^{+\alpha} r\,\mathrm{d}\varphi} = \frac{2\,r^2 \sin\alpha}{2\,r\,\alpha} = \underline{\underline{r\,\frac{\sin\alpha}{\alpha}}}\,.$$

Im Sonderfall des *Halbkreisbogens* folgt hieraus mit $\alpha = \frac{\pi}{2}$ die Lage

$$x_s = \frac{2\,r}{\pi}\,.$$

Der Schwerpunkt einer *Halbkreisfläche* ($x_s = 4\,r/(3\pi)$, vgl. Tabelle auf S. 75) liegt wesentlich näher zum Kreismittelpunkt hin.

5 Lagerreaktionen

5.1 Ebene Tragwerke

5.1.1 Lager

Tragwerke werden nach ihrer geometrischen Form und nach der Belastung in verschiedene Klassen eingeteilt. Ein Bauteil, dessen Querschnittsabmessungen sehr viel kleiner sind als seine Längsabmessung und das nur in Richtung seiner Achse (Zug oder Druck) beansprucht wird, heißt *Stab* (vgl. Abschnitt 2.4). Beansprucht man ein solches Bauteil quer zu seiner Achse, so nennt man es einen *Balken*. Ein gekrümmter Balken heißt *Bogen*. Tragwerke, die aus abgewinkelten, starr miteinander verbundenen Balken zusammengesetzt sind, werden als *Rahmen* bezeichnet. Ebene Bauteile (Dicke klein gegen Längen der Seiten) heißen *Scheiben*, wenn sie in ihrer Ebene und *Platten*, wenn sie quer dazu belastet werden. Ein gekrümmtes Flächentragwerk nennt man *Schale*.

Tragwerke sind durch *Lager* mit ihrer Umgebung verbunden. Die Lager dienen einerseits dazu, eine gewünschte Lage des Tragwerkes im Raum zu erzeugen, andererseits übertragen sie Kräfte. Als Beispiel betrachten wir in Abb. 5.1a ein „Dach", das im Punkt A mit einer lotrechten Wand gelenkig verbunden und im Punkt B über einen Stab S gegen den Boden abgestützt ist. Das Dach ist durch eingeprägte Kräfte F_i belastet. Über die Lager A und B werden Kräfte in die Wand und in den Boden übertragen. Die gleichen Kräfte werden nach dem Wechselwirkungsgesetz (actio = reactio) in entgegengesetzter Richtung von der Wand und vom Boden auf das Dach ausgeübt. Diese Kräfte von der Umgebung

a

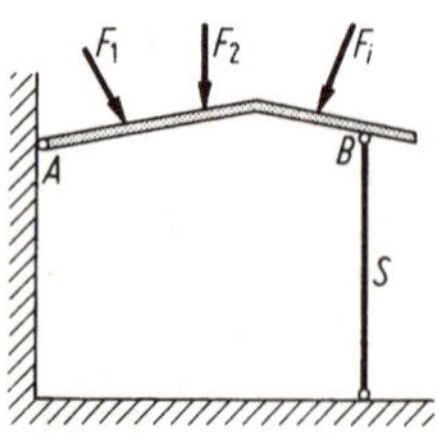

b

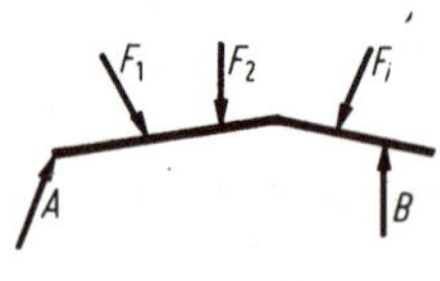

Abb. 5.1

auf das Tragwerk sind Reaktionskräfte (vgl. Abschnitt 1.4). Wir wollen sie als *Lagerreaktionen* bezeichnen. Sie werden im Freikörperbild (Abb. 5.1b) sichtbar gemacht. Man bezeichnet sie im allgemeinen wie die Lager selbst, d.h. im Beispiel mit A und B.

Im weiteren werden wir uns auf Tragwerke in der Ebene beschränken, die *in* ihrer Ebene belastet sind. Ein Körper, der *keiner* Bindung unterworfen ist, hat in der Ebene drei unabhängige Bewegungsmöglichkeiten oder Freiheitsgrade: je eine Translation in zwei Richtungen und eine Drehung um eine zur Ebene senkrechte Achse (vgl. Abschnitt 3.1.4). Durch Lager (Bindungen) werden die Bewegungsmöglichkeiten eingeschränkt: jede Lagerreaktion übt einen Zwang auf den Körper aus (wirkt als Fessel). Ist r die Anzahl der Lagerreaktionen, so gilt für die Anzahl f der Freiheitsgrade eines Körpers in der Ebene

$$f = 3 - r \tag{5.1}$$

(Ausnahmefälle in Abschnitt 5.1.2).

Wir wollen im folgenden verschiedene Arten der Lagerung betrachten und die Lagertypen nach der Anzahl der Reaktionen klassifizieren.

Einwertige Lager können nur eine einzige Reaktion übertragen ($r = 1$). Beispiele für diesen Lagertyp sind Rollenlager, Gleitlager und Stützstab (Pendelstütze), vgl. Abb. 5.2a–c. Die Richtung der Lagerkraft ist jeweils bekannt (hier vertikal), unbekannt ist ihr Betrag.

Abbildung 5.2f zeigt das Freikörperbild für das Rollenlager. Idealisieren wir die Berührungsflächen als glatt, so stehen alle Kontaktkräfte senkrecht zu den jeweiligen Berührungsebenen. Damit ist die Richtung der Lagerkraft A auf das Tragwerk gegeben. Abbildung 5.2e deutet die durch das Lager *nicht* eingeschränkten Bewegungsmöglichkeiten an: eine waagerechte Verschiebung und eine Drehung. Eine Bewegung in

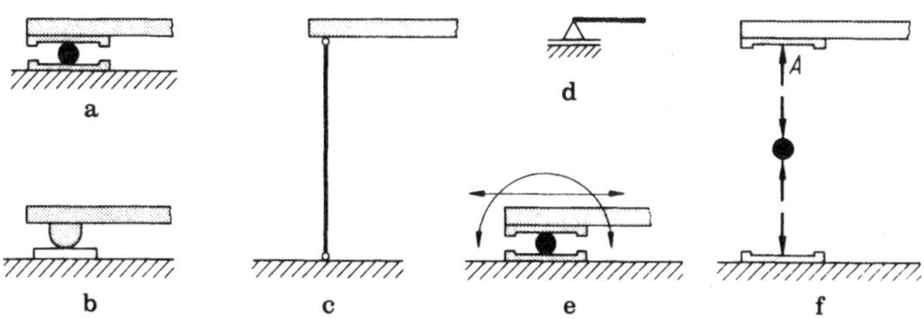

Abb. 5.2

vertikaler Richtung ist durch die Bindung ausgeschlossen. Falls die *Lagerkraft* A ihr Vorzeichen umkehrt, muss durch eine geeignete Konstruktion ein Abheben des Lagers verhindert werden. Einwertige Lager werden wir im weiteren durch das Symbol in Abb. 5.2d darstellen.

Zweiwertige Lager können zwei Reaktionen übertragen ($r = 2$). Als Beispiele dafür betrachten wir das gelenkige Lager (Festlager) oder die Doppelstütze (Abb. 5.3a, b), die symbolisch durch Abb. 5.3c dargestellt werden.

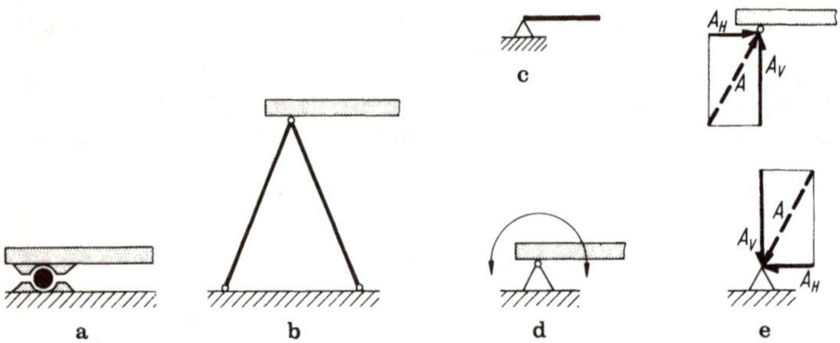

Abb. 5.3

Nach Abb. 5.3d lässt das gelenkige Lager nur eine Drehung, aber keinerlei Verschiebung zu. Es kann demnach eine Lagerkraft A beliebiger Größe und Richtung mit einer Horizontalkomponente A_H und einer Vertikalkomponente A_V aufnehmen (Abb. 5.3e).

Weitere Möglichkeiten eines zweiwertigen Lagers sind die Parallelführung und die Schiebehülse (Abb. 5.4a, b). Die Freikörperbilder (Abb. 5.4c, d) zeigen, dass in beiden Fällen je eine Kraftkomponente und ein Moment übertragen werden können. Eine Verschiebung der Lager in jeweils eine Richtung ist möglich, nicht jedoch eine Verschiebung in die andere Richtung oder eine Drehung.

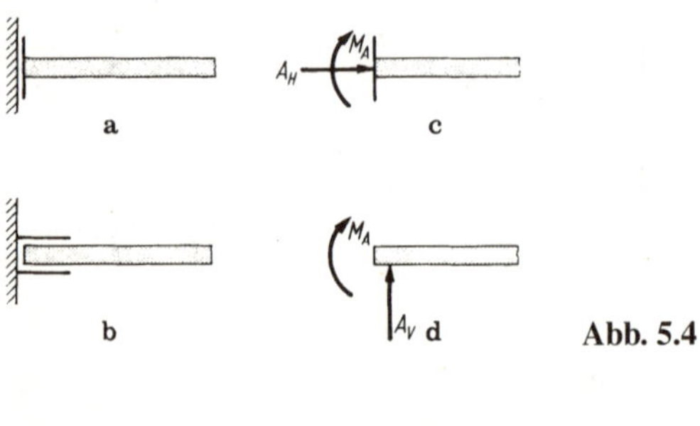

Abb. 5.4

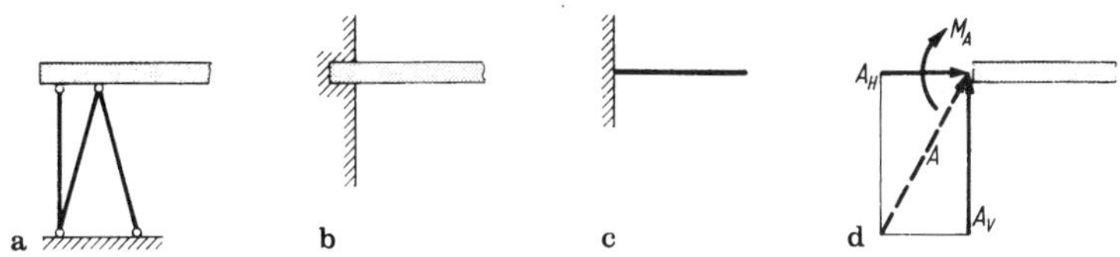

Abb. 5.5

Tritt zu einer Doppelstütze ein etwas versetzter dritter Stützstab hinzu (Abb. 5.5a), so geht der Freiheitsgrad der Drehung verloren: das Tragwerk wird unbeweglich. Das Lager kann zusätzlich zu den beiden Kraftkomponenten ein Kräftepaar (Moment) übertragen und ist daher ein *dreiwertiges Lager*: $r = 3$.

Gleiche Verhältnisse liegen bei der Einspannung nach Abb. 5.5b vor, die symbolisch in Abb. 5.5c dargestellt ist. Das Freikörperbild (Abb. 5.5d) zeigt, dass die Einspannung eine nach Größe und nach Richtung unbekannte Lagerkraft A (bzw. A_H und A_V) und ein Einspannmoment M_A aufnehmen kann.

5.1.2 Statische Bestimmtheit

Ein Tragwerk heißt *statisch bestimmt* gelagert, wenn die Lagerreaktionen aus den *drei* Gleichgewichtsbedingungen (3.12) berechenbar sind. Da dann die Anzahl der Unbekannten mit der Anzahl der Gleichungen übereinzustimmen hat, müssen in den Lagern *drei* unbekannte Reaktionen (d.h. Moment oder Kräfte) auftreten: $r = 3$. Dass diese notwendige Bedingung nicht auch hinreichend für die Bestimmbarkeit der Lagerreaktionen ist, werden wir noch erläutern.

Der Balken nach Abb. 5.6a besitzt ein zweiwertiges Lager A und ein einwertiges Lager B. Es treten also drei unbekannte Lagerreaktionen A_H, A_V und B auf. Mit $r = 3$ folgt aus (5.1), dass der Balken keine Bewegungsmöglichkeit hat: $f = 3 - r = 0$. Er ist statisch bestimmt gelagert.

Der Balken nach Abb. 5.6b ist am linken Ende eingespannt. Die drei Lagerreaktionen bestehen aus den Kraftkomponenten A_H und A_V sowie dem Einspannmoment M_A. In Abb. 5.6c ist eine durch drei einwertige Pendelstützen A, B und C gelagerte Scheibe dargestellt. Mit $r = 3$ und $f = 0$ ist in beiden Fällen die Lagerung statisch bestimmt.

Abbildung 5.6d zeigt dagegen einen Balken, der durch drei *parallele* Stützstäbe A, B und C gelagert ist. Auch hier ist die Anzahl der

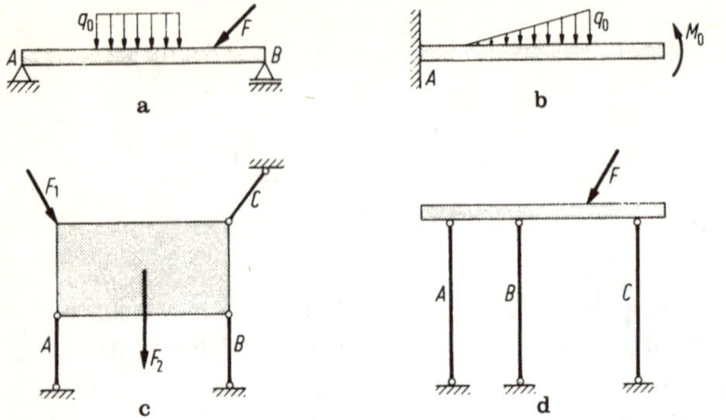

Abb. 5.6

unbekannten Lagerkräfte gleich der Anzahl der Gleichgewichtsbedingungen: die notwendige Bedingung für statische Bestimmtheit ist also erfüllt. Dennoch lassen sich die Lagerkräfte *nicht* aus den Gleichgewichtsbedingungen berechnen. Aus $r = 3$ folgt hier nicht $f = 0$ (Ausnahmefall!): der Balken ist in waagerechter Richtung verschieblich. Solche Ausnahmefälle müssen wir ausschließen. Ein Tragwerk, das endliche oder infinitesimale Bewegungen ausführen kann, nennen wir *kinematisch unbestimmt* (vgl. auch Abschnitt 6.1). Es sei darauf hingewiesen, dass die statische Bestimmtheit nur von der Lagerung und nicht von der Belastung eines Tragwerks abhängt.

Ein Tragwerk ist im ebenen Fall genau dann statisch und kinematisch bestimmt gelagert, wenn als Lagerreaktionen auftreten:

a) drei Kräfte, die nicht alle parallel und nicht zentral sind,
b) zwei Kräfte und ein Moment, wobei die Kräfte nicht parallel sind.

Bringen wir an einem statisch bestimmt gelagerten Tragwerk weitere Lager an, so treten mehr als drei Lagerreaktionen auf. Eine Berechnung der Reaktionen aus den drei Gleichgewichtsbedingungen allein ist dann nicht mehr möglich. Wir nennen ein solches Tragwerk *statisch unbestimmt* gelagert.

Wird zum Beispiel der einseitig eingespannte Balken in Abb. 5.6b durch ein zusätzliches einwertiges Lager B nach Abb. 5.7a unterstützt, so erhöht sich die Anzahl der unbekannten Reaktionen von drei auf vier: der Balken ist dann *einfach* statisch unbestimmt gelagert.

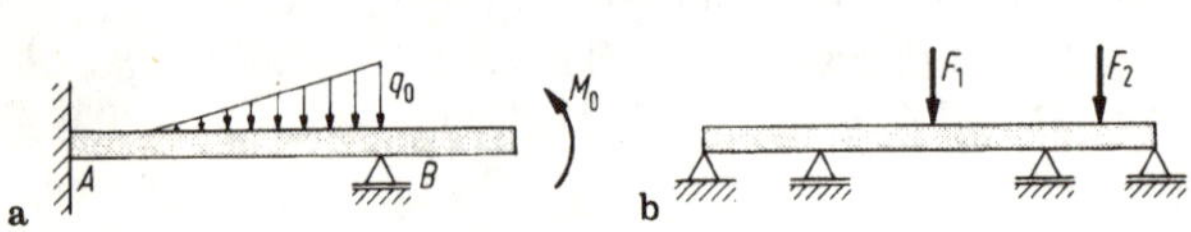

Abb. 5.7

Allgemein heißt ein Tragwerk n-fach statisch unbestimmt gelagert, wenn die Anzahl der unbekannten Lagerreaktionen um n größer ist als die Anzahl der zur Verfügung stehenden Gleichgewichtsbedingungen. Demnach ist der Balken in Abb. 5.7b wegen $r = 2 + 3 \cdot 1 = 5$ zweifach statisch unbestimmt gelagert.

Die Lagerreaktionen statisch unbestimmt gelagerter Tragwerke können bestimmt werden, wenn die Tragwerke nicht als starr angesehen, sondern ihre Verformungen berücksichtigt werden. Die entsprechenden Verfahren werden in der Elastostatik (Band 2) behandelt.

5.1.3 Berechnung der Lagerreaktionen

Zur Ermittlung der Lagerreaktionen wenden wir das Schnittprinzip (vgl. Abschnitt 1.4) an: wir entfernen die Lager und ersetzen ihre Wirkung auf das Tragwerk durch die unbekannten Reaktionen.

Als Beispiel betrachten wir den in Abb. 5.8a dargestellten Balken, der mit einer Pendelstütze A und zwei Rollenlagern B und C gelagert ist. Die Lagerreaktionen machen wir im Freikörperbild (Abb. 5.8b) sichtbar. Ihre Richtungssinne können wir dabei beliebig wählen. Bei Pendelstützen halten wir uns allerdings an die Konvention für Stäbe: Zugkräfte positiv. Liefert die Rechnung einen positiven Zahlenwert, so war die entsprechende Annahme richtig, während bei einem negativen Vorzeichen die Reaktion in Wirklichkeit entgegengesetzt gerichtet ist.

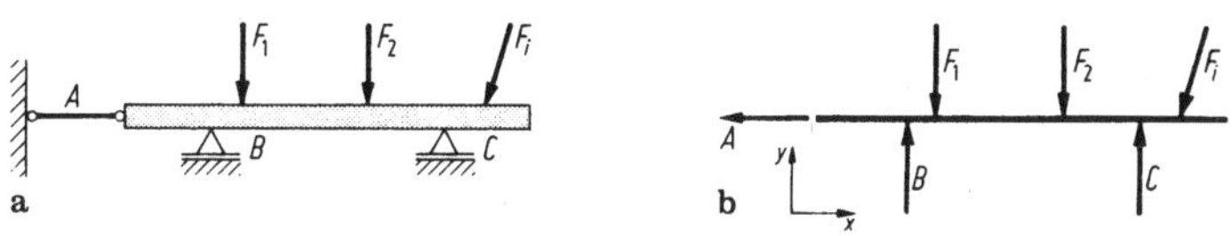

Abb. 5.8

Alle am freigeschnittenen Tragwerk angreifenden Kräfte (d.h. eingeprägte Kräfte und Reaktionskräfte) müssen als Gleichgewichtsgruppe die Gleichgewichtsbedingungen (3.12) erfüllen:

$$\sum F_{ix} = 0\,, \quad \sum F_{iy} = 0\,, \quad \sum M_i^{(P)} = 0\,. \tag{5.2}$$

Dabei ist P ein beliebiger Bezugspunkt. Aus (5.2) lassen sich die Lagerreaktionen berechnen.

Beispiel 5.1: Der in Abb. 5.9a dargestellte Balken ist durch eine Kraft F belastet, die unter dem Winkel α angreift.

Gesucht sind die Lagerkräfte in A und B.

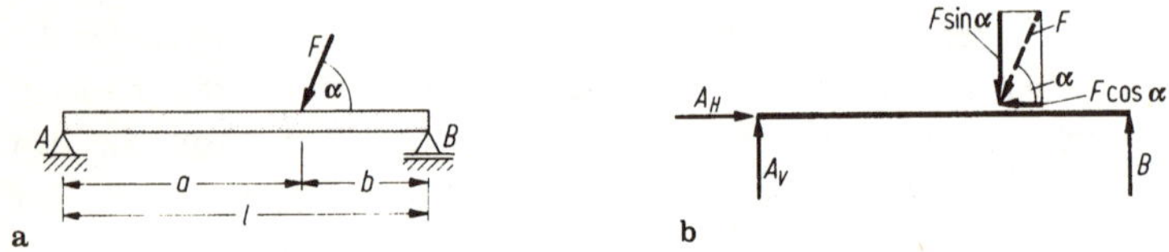

Abb. 5.9

Lösung: Das Lager A ist zweiwertig, das Lager B einwertig. Es treten also die drei unbekannten Lagerreaktionen A_H, A_V und B auf: der Balken ist statisch bestimmt gelagert. Wir entfernen die Lager und zeichnen die Reaktionskräfte in das Freikörperbild (Abb. 5.9b) ein, wobei wir den Richtungssinn jeweils frei wählen. Damit lauten die Gleichgewichtsbedingungen:

$$\uparrow: \quad A_V - F\sin\alpha + B = 0\,, \tag{a}$$

$$\rightarrow: \quad A_H - F\cos\alpha = 0 \quad \rightarrow \quad \underline{\underline{A_H = F\cos\alpha}}\,,$$

$$\stackrel{\curvearrowleft}{A}: \quad -a\,F\sin\alpha + l\,B = 0 \quad \rightarrow \quad \underline{\underline{B = \frac{a}{l}\,F\sin\alpha}}\,. \tag{b}$$

Mit der Kraft B nach (b) und $a + b = l$ folgt aus (a)

$$\underline{\underline{A_V}} = F\sin\alpha - B = \left(1 - \frac{a}{l}\right)F\sin\alpha = \underline{\underline{\frac{b}{l}\,F\sin\alpha}}\,.$$

Als Probe können wir eine weitere Momentengleichung verwenden:

$$\stackrel{\curvearrowleft}{B}: \quad -l\,A_V + b\,F\sin\alpha = 0 \quad \rightarrow \quad A_V = \frac{b}{l}\,F\sin\alpha\,.$$

Diese Momentengleichung liefert im Gegensatz zur Kräftegleichung (a) direkt die Lagerkraft A_V. Die Anwendung der Gleichgewichtsbedingungen (3.14) an Stelle von (3.12) wäre hier also zweckmäßiger gewesen.

Beispiel 5.2: Ein einseitig eingespannter Balken nach Abb. 5.10a ist durch zwei Kräfte F_1 und F_2 belastet.

Gesucht sind die Lagerreaktionen.

Lösung: Das Lager A ist dreiwertig. Als Lagerreaktionen treten daher die zwei Kraftkomponenten A_H und A_V sowie das Einspannmoment

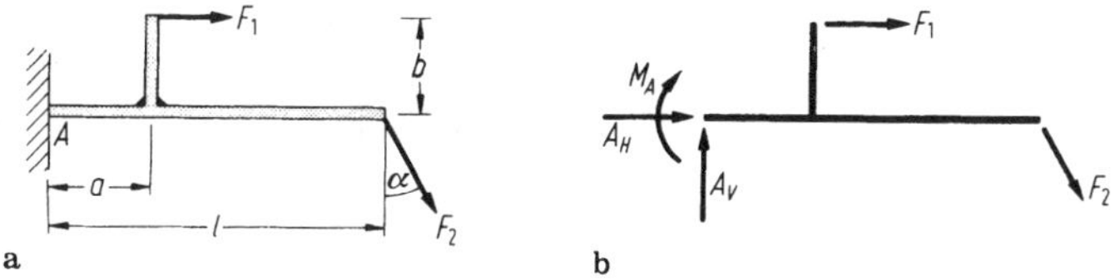

Abb. 5.10

M_A auf. Die Reaktionen sind im Freikörperbild (Abb. 5.10b) sichtbar gemacht, wobei die Richtungssinne beliebig angenommen wurden. Aus den Gleichgewichtsbedingungen (5.2) folgt:

$$\uparrow: \quad A_V - F_2 \cos\alpha = 0 \quad \to \quad \underline{\underline{A_V = F_2 \cos\alpha}}\,,$$

$$\to: \quad A_H + F_1 + F_2 \sin\alpha = 0 \quad \to \quad \underline{\underline{A_H = -(F_1 + F_2 \sin\alpha)}}\,,$$

$$\overset{\curvearrowright}{A}: \quad M_A + b\,F_1 + l\,F_2 \cos\alpha = 0 \quad \to \quad \underline{\underline{M_A = -(b\,F_1 + l\,F_2 \cos\alpha)}}\,.$$

Die negativen Vorzeichen bei A_H und bei M_A zeigen, dass diese Reaktionen in Wirklichkeit entgegengesetzt zu den Richtungen wirken, die im Freikörperbild angenommen wurden.

5.2 Räumliche Tragwerke

Ein Körper, der im Raum frei beweglich ist, hat sechs Freiheitsgrade: je eine Translation in x-, y- und z-Richtung und je eine Drehung um jede der drei Achsen. Durch Lager werden die Bewegungsmöglichkeiten eingeschränkt. Wie in der Ebene werden dabei die verschiedenen Lagertypen nach der Anzahl der Reaktionen klassifiziert.

Die Pendelstütze nach Abb. 5.11a kann nur *eine* Kraft in Richtung ihrer Achse übertragen und ist daher auch im Raum ein einwertiges Lager ($r = 1$). Dagegen überträgt das gelenkige Lager nach Abb. 5.11b

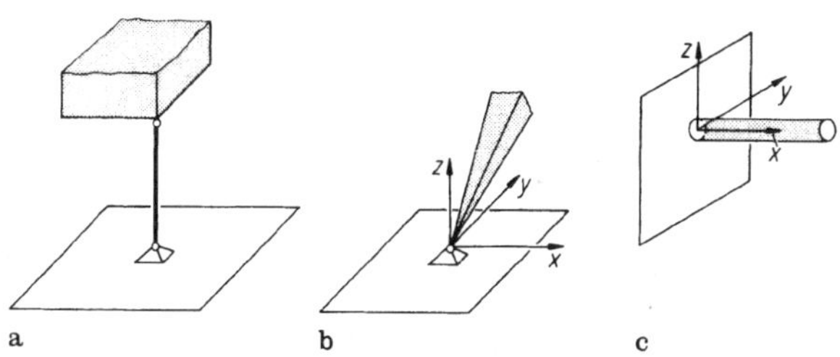

Abb. 5.11

im Raum *drei* Kraftkomponenten (in x-, y- und z-Richtung) und ist somit dreiwertig ($r = 3$). Die Einspannung (Abb. 5.11c) ist im Raum ein sechswertiges Lager ($r = 6$). Sie ist in der Lage, sowohl Kräfte in den drei Koordinatenrichtungen als auch Momente um die drei Achsen aufzunehmen.

Ein räumliches Tragwerk ist statisch bestimmt gelagert, wenn die Lagerreaktionen aus den *sechs* Gleichgewichtsbedingungen (3.34) berechnet werden können. Daher müssen in den Lagern *sechs* Reaktionen auftreten. Sie werden wie bei einem ebenen Tragwerk durch Freischneiden ermittelt.

Beispiel 5.3: Der in A eingespannte rechtwinklige Hebel (Abb. 5.12a) wird durch eine Streckenlast q_0, zwei Kräfte F_1 und F_2 sowie ein Moment M_0 belastet.

Gesucht sind die Lagerreaktionen.

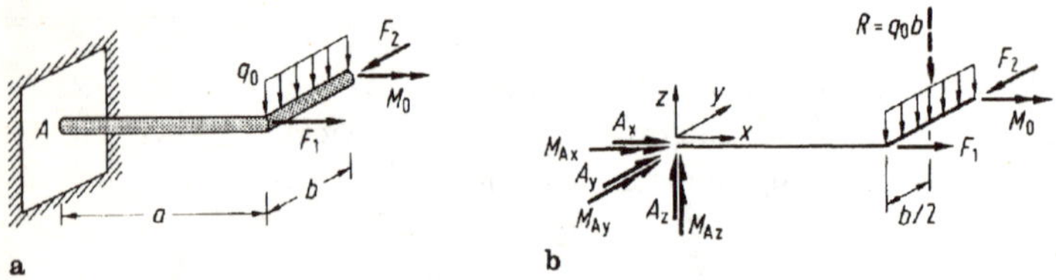

Abb. 5.12

Lösung: Die Einspannung ist im Raum ein sechswertiges Lager. Als Lagerreaktionen treten die drei Kraftkomponenten A_x, A_y und A_z sowie die Komponenten M_{Ax}, M_{Ay} und M_{Az} des Einspannmomentes auf (Abb. 5.12b). Die Richtungssinne werden entsprechend den positiven Koordinatenrichtungen gewählt. Die Streckenlast ersetzen wir durch ihre Resultierende $R = q_0\, b$. Aus den Gleichgewichtsbedingungen (3.34) folgt dann:

$$\sum F_{ix} = 0: \ A_x + F_1 = 0 \qquad \rightarrow \underline{\underline{A_x = -F_1}}\,,$$

$$\sum F_{iy} = 0: \ A_y - F_2 = 0 \qquad \rightarrow \underline{\underline{A_y = F_2}}\,,$$

$$\sum F_{iz} = 0: \ A_z - q_0\, b = 0 \qquad \rightarrow \underline{\underline{A_z = q_0\, b}}\,,$$

$$\sum M_{ix}^{(A)} = 0: \ M_{Ax} + M_0 - \frac{b}{2}(q_0\, b) = 0 \rightarrow \underline{\underline{M_{Ax} = \frac{q_0\, b^2}{2} - M_0}}\,,$$

$$\sum M_{iy}^{(A)} = 0: \ M_{Ay} + a(q_0\, b) = 0 \qquad \rightarrow \underline{\underline{M_{Ay} = -q_0\, a\, b}}\,,$$

$$\sum M_{iz}^{(A)} = 0: \ M_{Az} - a\, F_2 = 0 \qquad \rightarrow \underline{\underline{M_{Az} = a\, F_2}}\,.$$

Beispiel 5.4: Ein räumlicher Rahmen ist in A, B und C gelagert (Abb. 5.13a). Er wird durch eine Streckenlast q_0, die Kräfte F_1, F_2 und ein Moment M_0 belastet.

Gesucht sind die Lagerreaktionen.

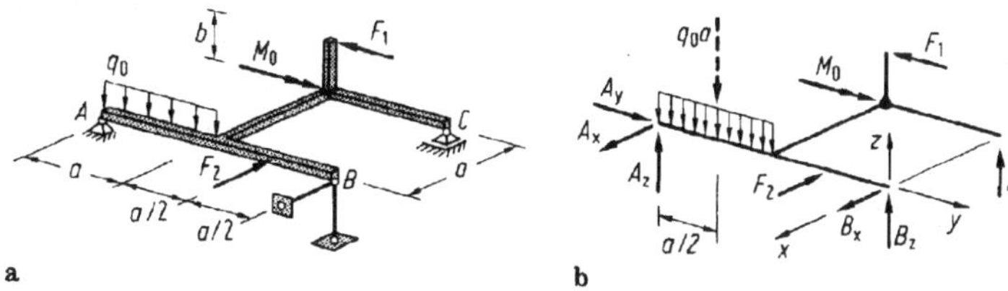

Abb. 5.13

Lösung: Das gelenkige Lager A überträgt die drei Kraftkomponenten A_x, A_y, A_z (Abb. 5.13b). Am Lager B wirken in Richtung der beiden Pendelstützen die Kräfte B_x und B_z, während am beweglichen Lager C nur eine Kraft C senkrecht zur Bewegungsebene, d.h. in Richtung der z-Achse, auftritt. Damit lauten die Gleichgewichtsbedingungen für die Kräfte

$$\sum F_{ix} = 0: \quad A_x + B_x - F_2 = 0\,, \qquad \text{(a)}$$

$$\sum F_{iy} = 0: \quad A_y - F_1 = 0 \quad \rightarrow \quad \underline{\underline{A_y = F_1}}\,,$$

$$\sum F_{iz} = 0: \quad A_z + B_z + C - q_0\, a = 0\,. \qquad \text{(b)}$$

Beim Momentengleichgewicht wählen wir zweckmäßig Achsen durch den Punkt B:

$$\sum M_{ix}^{(B)} = 0: -2\,a\,A_z + \frac{3}{2}a\,(q_0\,a) + b\,F_1 = 0 \rightarrow \underline{\underline{A_z = \frac{3}{4}q_0\,a + \frac{b}{2\,a}F_1}}\,,$$

$$\sum M_{iy}^{(B)} = 0: a\,C + M_0 = 0 \rightarrow \underline{\underline{C = -\frac{1}{a}M_0}}\,,$$

$$\sum M_{iz}^{(B)} = 0: 2\,a\,A_x + a\,F_1 - \frac{a}{2}F_2 = 0 \rightarrow \underline{\underline{A_x = -\frac{1}{2}F_1 + \frac{1}{4}F_2}}\,.$$

Mit den Ergebnissen für A_x, A_z und C erhält man aus (a) und (b)

$$\underline{\underline{B_x}} = -A_x + F_2 = \underline{\underline{\frac{1}{2}F_1 + \frac{3}{4}F_2}}\,,$$

$$\underline{\underline{B_z}} = q_0\,a - A_z - C = \underline{\underline{\frac{1}{4}q_0\,a - \frac{b}{2\,a}F_1 + \frac{1}{a}M_0}}\,.$$

5.3 Mehrteilige Tragwerke

5.3.1 Statische Bestimmtheit

Tragwerke bestehen oft nicht nur aus einem einzigen, sondern aus einer Anzahl von starren Körpern, die in geeigneter Weise miteinander verbunden sind. Die Verbindungselemente übertragen Kräfte bzw. Momente, die man durch Schnitte sichtbar machen kann. Wir wollen uns hier auf *ebene* Tragwerke beschränken.

Die Verbindung zwischen je zwei starren Teilkörpern ① und ② kann zum Beispiel durch einen Pendelstab S, ein Gelenk G oder eine Parallelführung P erfolgen (Abb. 5.14a–c). Der *Pendelstab* überträgt nur eine Kraft S in seiner Längsrichtung. Die Zahl v der Verbindungsreaktionen ist in diesem Fall $v = 1$. Das *Gelenk* kann dagegen eine Kraft in beliebiger Richtung (d.h. die beiden Kraftkomponenten G_H und G_V) übertragen. Da es als reibungsfrei angenommen wird, setzt es einer Drehung keinen Widerstand entgegen: die Übertragung eines Momentes ist daher nicht möglich. Die Zahl der Verbindungsreaktionen ist hier demnach $v = 2$. Die *Parallelführung* (Querkraftgelenk) verhindert eine gegenseitige Verdrehung der beiden angeschlossenen Teilkörper und eine Verschiebung aufeinander zu, nicht aber eine vertikale Verschiebung. Deshalb kann sie nur eine horizontale Kraft N und ein Moment M übertragen. Auch hier gilt $v = 2$. Die Verbindungsreaktionen wirken nach dem Prinzip actio = reactio entgegengesetzt auf die Teilkörper.

Zur Bestimmung der Lagerreaktionen und der in den Verbindungselementen übertragenen Kräfte bzw. Momente verwenden wir das Schnittprinzip: wir trennen die einzelnen Teilkörper und entfernen die Lager. Die Wirkungen der Verbindungselemente und der Lager auf das Tragwerk ersetzen wir dabei durch die Verbindungs- und die Lagerreaktionen.

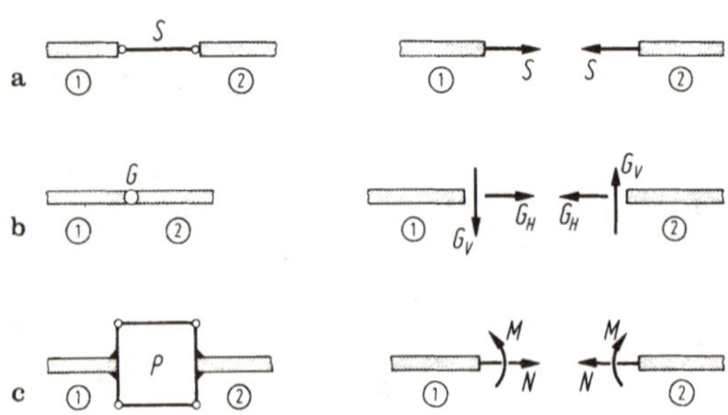

Abb. 5.14

Für jeden freigeschnittenen Teilkörper können wir drei Gleichgewichtsbedingungen anschreiben. Besteht das Tragwerk aus n Teilkörpern, so stehen insgesamt $3\,n$ Gleichungen zur Verfügung. Die Anzahl der in den Lagern auftretenden Reaktionen sei r, in den Verbindungselementen werden v Reaktionen übertragen. Wir nennen das Tragwerk statisch bestimmt, wenn wir aus den $3\,n$ Gleichgewichtsbedingungen die r Lagerreaktionen und die v Bindekräfte (und evtl. Bindemomente) berechnen können. Notwendig dafür ist, dass die Anzahl der Gleichungen mit der Anzahl der Unbekannten übereinstimmt:

$$\boxed{r + v = 3\,n}\,. \tag{5.3}$$

Wenn darüber hinaus das Tragwerk unbeweglich ist, dann ist es statisch bestimmt. Mit $n = 1$ und $v = 0$ ist in (5.3) auch der Sonderfall des statisch bestimmt gelagerten einteiligen ebenen Tragwerks enthalten ($r = 3$, vgl. Abschnitt 5.1.2).

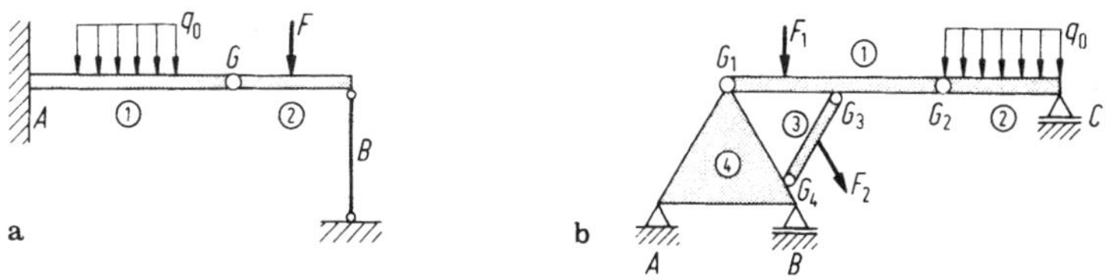

Abb. 5.15

Als Beispiele betrachten wir die in Abb. 5.15 dargestellten mehrteiligen Tragwerke. Das Tragwerk nach Abb. 5.15a besteht aus $n = 2$ Balken ① und ② , die durch das Gelenk G miteinander verbunden sind. Das Gelenk kann $v = 2$ Kräfte übertragen. Mit der Einspannung A und der Pendelstütze B sind $r = 3 + 1 = 4$ Lagerreaktionen vorhanden. Daher ist wegen $4 + 2 = 3 \cdot 2$ die Bedingung (5.3) für statische Bestimmtheit erfüllt. Für das Tragwerk in Abb. 5.15b aus den drei Balken ① bis ③ und der Scheibe ④ gilt $n = 4$. Die vier Gelenke G_1 bis G_4 übertragen $v = 4 \cdot 2 = 8$ Verbindungsreaktionen. Das Lager A ist zweiwertig, die Lager B und C sind je einwertig; demnach wird $r = 2+1+1 = 4$. Einsetzen zeigt, dass die Bedingung (5.3) wieder erfüllt ist: $4+8 = 3 \cdot 4$. Da beide Tragwerke zudem unbeweglich sind, sind sie statisch bestimmt.

Beispiel 5.5: Das Tragwerk nach Abb. 5.16a besteht aus dem Balken ① und dem Winkel ② , die durch das Gelenk G verbunden sind. Der Winkel ist bei A eingespannt; der Balken ist durch das Lager B gestützt. Das System wird durch eine Kraft F belastet.

Gesucht sind die Lagerreaktionen und die Gelenkkraft.

Lösung: Es gilt $r = 3 + 1 = 4$, $v = 2$ und $n = 2$. Daher ist wegen $4 + 2 = 3 \cdot 2$ die Bedingung (5.3) erfüllt. Das Tragwerk ist statisch bestimmt.

Wir trennen die Teilkörper ① und ②, entfernen die Lager und zeichnen das Freikörperbild (Abb. 5.16b). Gleichgewicht am Teilkörper ① liefert

$$\rightarrow: \quad \underline{\underline{G_H = 0}}\,,$$

$$\overset{\curvearrowleft}{G}: \quad (a+b)F - b\,B = 0 \quad \rightarrow \quad \underline{\underline{B = \frac{a+b}{b}F}}\,,$$

$$\overset{\curvearrowleft}{B}: \quad a\,F + b\,G_V = 0 \quad \rightarrow \quad \underline{\underline{G_V = -\frac{a}{b}F}}\,.$$

Aus dem Gleichgewicht am Teilkörper ② und den Ergebnissen für G_H und G_V folgen

$$\uparrow: \quad -G_V + A_V = 0 \quad \rightarrow \quad \underline{\underline{A_V}} = G_V = \underline{\underline{-\frac{a}{b}F}}\,,$$

$$\rightarrow: \quad -G_H + A_H = 0 \quad \rightarrow \quad \underline{\underline{A_H}} = G_H = \underline{\underline{0}}\,,$$

$$\overset{\curvearrowleft}{A}: \quad M_A + h\,G_H + c\,G_V = 0 \quad \rightarrow \quad \underline{\underline{M_A}} = -h\,G_H - c\,G_V = \underline{\underline{\frac{a\,c}{b}F}}\,.$$

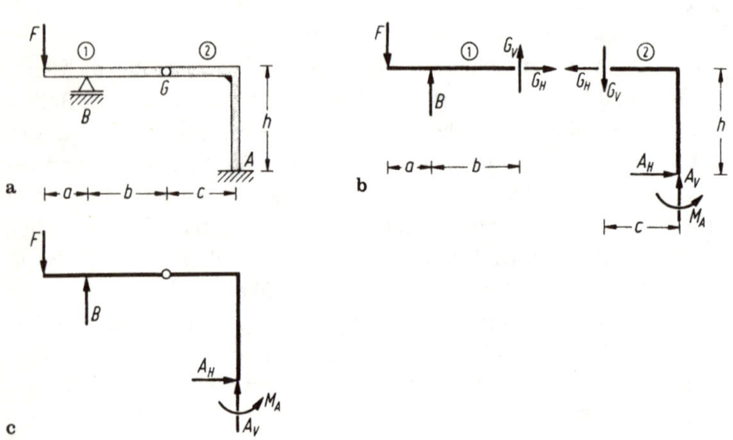

Abb. 5.16

Die negativen Vorzeichen bei G_V und A_V zeigen, dass diese Kräfte in Wirklichkeit entgegengesetzt zu den in den Freikörperbildern angenommenen Richtungen wirken.

Zur Probe können wir noch die Gleichgewichtsbedingungen für das Gesamtsystem (Abb. 5.16c) anwenden (Erstarrungsprinzip):

$$\uparrow: \quad -F + B + A_V = 0 \quad \to \quad -F + \frac{a+b}{b}F - \frac{a}{b}F = 0\,,$$

$$\to: \quad A_H = 0\,,$$

$$\stackrel{\curvearrowleft}{B}: \quad a\,F + M_A + h\,A_H + (b+c)A_V = 0$$

$$\to \quad a\,F + \frac{a\,c}{b}F - (b+c)\frac{a}{b}F = 0\,.$$

Beispiel 5.6: Der symmetrische Bock in Abb. 5.17a besteht aus zwei Balken, die in C drehbar miteinander verbunden sind und die durch ein Seil S gehalten werden. Er ist durch einen glatten Zylinder vom Gewicht G belastet.

Gesucht sind die Lagerreaktionen in A und B, sowie die Seilkraft S und die Gelenkkraft in C.

Lösung: Da nur drei Lagerreaktionen auftreten (Abb. 5.17b), können wir sie durch Anwenden der Gleichgewichtsbedingungen am Gesamtsystem ermitteln:

$$\begin{aligned} &\to: && \underline{\underline{A_H = 0}}\,, && \\ &\stackrel{\curvearrowleft}{A}: && -2\,a\,G + 4\,a\,B = 0 && \to \quad \underline{\underline{B = G/2}}\,, \\ &\stackrel{\curvearrowleft}{B}: && -4\,a\,A_V + 2\,a\,G = 0 && \to \quad \underline{\underline{A_V = G/2}}\,. \end{aligned} \qquad \text{(a)}$$

Zur Ermittlung der Seilkraft und der Gelenkkraft in C zerlegen wir das Tragwerk in die beiden Teilkörper ($n = 2$). Im Gelenk C und im Seil S werden $v = 2 + 1 = 3$ Kräfte übertragen (Abb. 5.17c). Mit $r = 3$ ist die notwendige Bedingung (5.3) für statische Bestimmtheit erfüllt: $3 + 3 = 3 \cdot 2$.

Da die Oberfläche des Zylinders glatt ist, wirken die Kontaktkräfte N_1 und N_2 zwischen den Balken und dem Zylinder normal zu den Berührungsebenen. Mit $\sin 45° = \sqrt{2}/2$ folgt aus dem Gleichgewicht am Zylinder:

$$\begin{aligned} &\to: && \frac{\sqrt{2}}{2}N_2 - \frac{\sqrt{2}}{2}N_1 = 0 && \to \quad N_1 = N_2\,, \\ &\uparrow: && -G + \frac{\sqrt{2}}{2}N_2 + \frac{\sqrt{2}}{2}N_1 = 0 && \to \quad N_1 = N_2 = \frac{\sqrt{2}}{2}G\,. \end{aligned} \qquad \text{(b)}$$

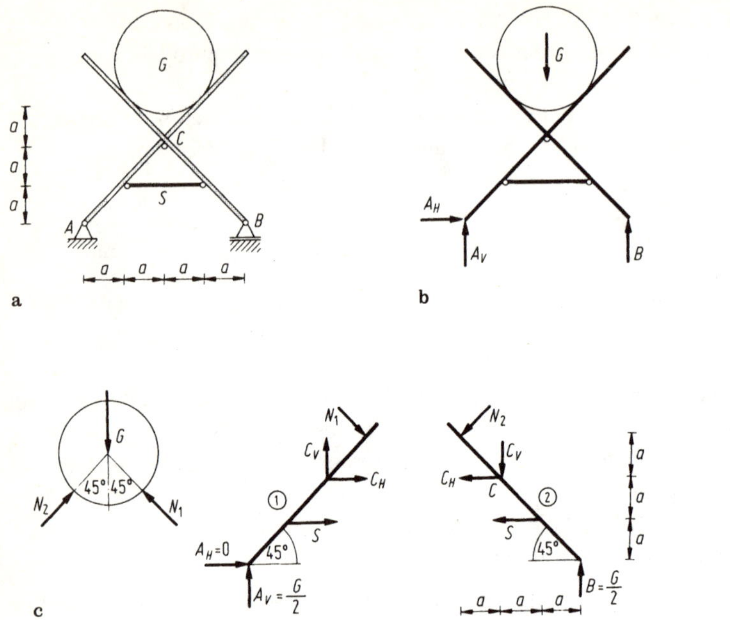

Abb. 5.17

Gleichgewicht am Balken ② liefert mit (a) und (b):

$$\overset{\curvearrowleft}{C}: \quad \sqrt{2}\,a\,N_2 - a\,S + 2\,a\,B = 0 \quad \rightarrow \quad \underline{\underline{S}} = 2\,B + \sqrt{2}\,N_2 = \underline{\underline{2\,G}}\,,$$

$$\uparrow: \quad -\frac{\sqrt{2}}{2}N_2 - C_V + B = 0 \quad \rightarrow \quad \underline{\underline{C_V}} = B - \frac{\sqrt{2}}{2}\,N_2 = \underline{\underline{0}}\,,$$

$$\rightarrow: \quad -\frac{\sqrt{2}}{2}\,N_2 - C_H - S = 0 \quad \rightarrow \quad \underline{\underline{C_H}} = -\frac{\sqrt{2}}{2}\,N_2 - S = \underline{\underline{-\frac{5}{2}\,G}}\,.$$

Gleichgewicht am Balken ① führt auf dieselben Ergebnisse. Aus Abb. 5.17c kann man durch Symmetriebetrachtungen ohne Rechnung erkennen: $N_1 = N_2$ und $C_V = 0$.

5.3.2 Dreigelenkbogen

Der Träger nach Abb. 5.18a heißt Zweigelenkbogen, da er in A und B gelenkig gelagert ist. Bei einer technischen Konstruktion ist der Bogen AB nicht starr, sondern verformt sich unter dem Einfluss von Kräften.

Wenn B ein Rollenlager ist, kann dies zu einer großen, in der Praxis meist nicht zulässigen Verschiebung des Lagers führen.

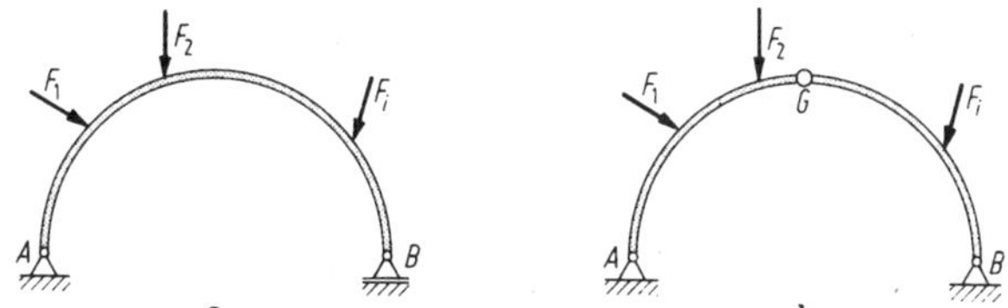

Abb. 5.18 a b

Diese Verschiebung wird verhindert, wenn man zwei zweiwertige gelenkige Lager A und B anbringt. Damit geht zunächst die statische Bestimmtheit des Trägers verloren. Wir können sie wieder herstellen, wenn wir an einer beliebigen Stelle ein Gelenk G anbringen (Abb. 5.18b). Das so entstandene Tragwerk heißt *Dreigelenkbogen*. Es besteht aus $n = 2$ Teilkörpern. Das Gelenk G kann $v = 2$ Kräfte übertragen, und in den Lagern A und B treten $r = 2 + 2 = 4$ Lagerkräfte auf. Wegen $4 + 2 = 3 \cdot 2$ ist die Bedingung (5.3) erfüllt: der Dreigelenkbogen ist statisch bestimmt.

Die beiden Teilkörper eines Dreigelenkbogens müssen nicht unbedingt die Form von Bögen besitzen. Ein Tragwerk, das aus zwei Teilkörpern beliebiger Form besteht, die jeweils gelenkig miteinander verbunden sind (insgesamt: *drei* Gelenke), nennen wir ebenfalls Dreigelenkbogen. In Abb. 5.19 sind zwei Beispiele dargestellt: a) ein Rahmen und b) ein Fachwerk, das aus zwei in G verbundenen Teilfachwerken besteht.

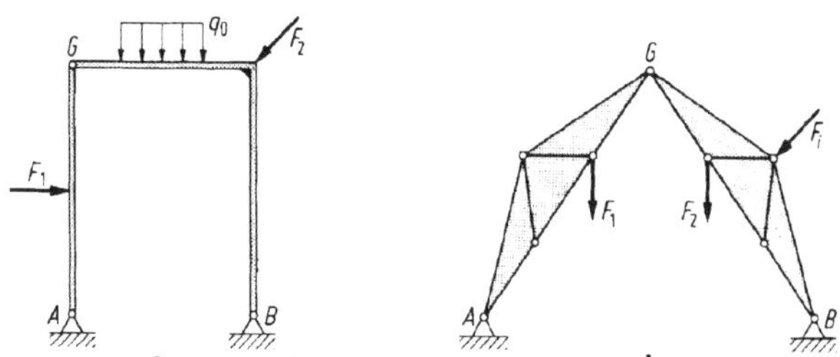

Abb. 5.19 a b

Zur Ermittlung der Lager- und der Gelenkkräfte eines Dreigelenkbogen zerlegen wir ihn in die beiden Teilkörper ① und ② (vgl. Abb. 5.20a,b) und wenden auf jedes Teil die drei Gleichgewichtsbedingungen an. Aus den $2 \cdot 3 = 6$ Gleichungen können die sechs Unbekannten A_H, A_V, B_H, B_V, G_H und G_V berechnet werden. Gleichgewichtsbedingungen für das Gesamtsystem können als Rechenkontrollen dienen (Erstarrungsprinzip).

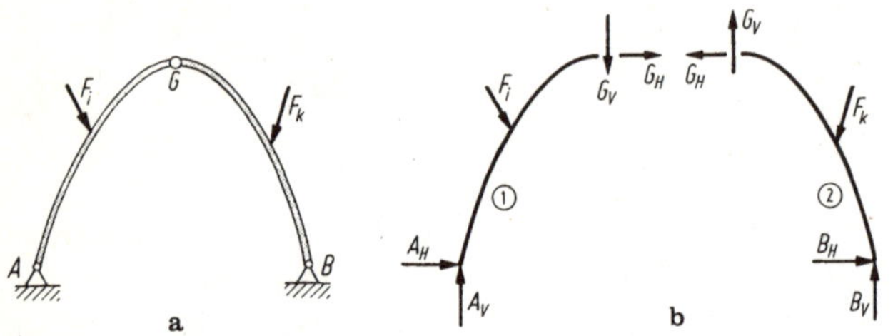

Abb. 5.20

Beispiel 5.7: Das Tragwerk in Abb. 5.21a besteht aus zwei Balken, die in G gelenkig miteinander verbunden und in A und B gelenkig gelagert sind. Es wird durch die Kräfte $F_1 = F$ und $F_2 = 2\,F$ belastet.

Wie groß sind die Lager- und die Gelenkkräfte?

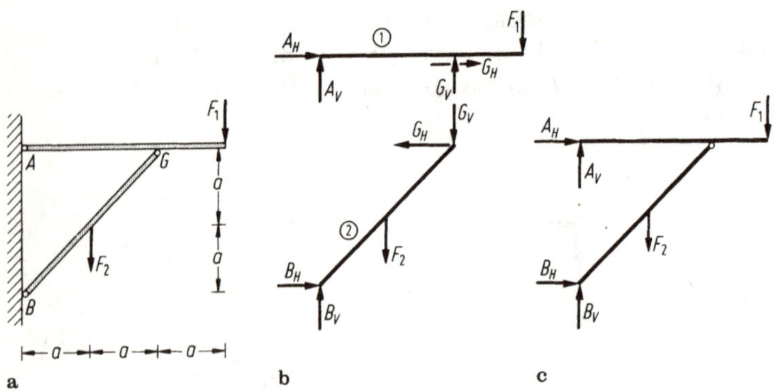

Abb. 5.21

Lösung: Das gegebene Tragwerk ist ein Dreigelenkbogen. Zur Ermittlung der gesuchten Lager- und Gelenkkräfte trennen wir die beiden Teilkörper ① und ② und zeichnen das Freikörperbild (Abb. 5.21b). Damit lauten die Gleichgewichtsbedingungen am Balken ①

$$\overset{\curvearrowleft}{A}: \quad 2\,a\,G_V - 3\,a\,F_1 = 0 \quad \rightarrow \quad \underline{\underline{G_V}} = \frac{3}{2}\,F_1 = \underline{\underline{\frac{3}{2}\,F}}\,,$$

$$\overset{\curvearrowleft}{G}: \quad -2\,a\,A_V - a\,F_1 = 0 \quad \rightarrow \quad \underline{\underline{A_V}} = -\frac{1}{2}\,F_1 = \underline{\underline{-\frac{1}{2}\,F}}\,,$$

$$\rightarrow: \quad A_H + G_H = 0$$

und am Balken ②

$$\overset{\curvearrowleft}{B}: \quad -a\,F_2 - 2\,a\,G_V + 2\,a\,G_H = 0\,,$$

$$\overset{\curvearrowleft}{G}: \quad 2\,a\,B_H - 2\,a\,B_V + a\,F_2 = 0\,,$$

$$\rightarrow: \quad B_H - G_H = 0\,.$$

Durch Auflösen erhält man

$$\underline{\underline{G_H}} = \frac{1}{2}\,F_2 + G_V = \underline{\underline{\frac{5}{2}\,F}}\,, \qquad \underline{\underline{B_H}} = G_H = \underline{\underline{\frac{5}{2}\,F}}\,,$$

$$\underline{\underline{B_V}} = \frac{1}{2}\,F_2 + B_H = \underline{\underline{\frac{7}{2}\,F}}\,, \qquad \underline{\underline{A_H}} = -G_H = \underline{\underline{-\frac{5}{2}\,F}}\,.$$

Zur Kontrolle bilden wir das Kräftegleichgewicht am Gesamtsystem nach Abb. 5.21c (Erstarrungsprinzip):

$$\uparrow: \quad A_V + B_V - F_1 - F_2 = 0 \quad \rightarrow \quad -\frac{1}{2}\,F + \frac{7}{2}\,F - F - 2\,F = 0\,,$$

$$\rightarrow: \quad A_H + B_H = 0 \quad \rightarrow \quad -\frac{5}{2}\,F + \frac{5}{2}\,F = 0\,.$$

5.3.3 Gelenkbalken

Bei der Konstruktion von Tragwerken mit großer Spannweite ist es oft nötig, mehr als zwei Lager anzubringen. Als Beispiel diene der Träger in Abb. 5.22a. Er ist nach Abschnitt 5.1.2 wegen $r = 5$ zweifach statisch unbestimmt gelagert. Die Berechnung der Lagerkräfte aus den Gleichgewichtsbedingungen allein ist also nicht möglich.

Wenn wir (ähnlich wie beim Dreigelenkbogen) den durchlaufenden Träger durch geeignetes Einfügen von Gelenken in mehrere Teilkörper zerlegen, erhalten wir ein aus Balken bestehendes, mehrteiliges Trag-

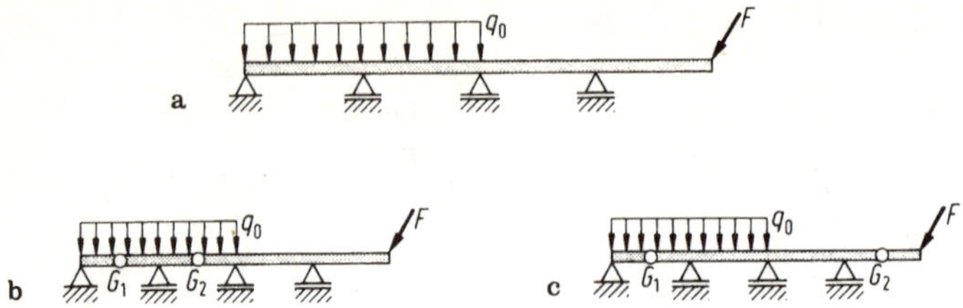

Abb. 5.22

werk, das dann statisch bestimmt ist. Wir nennen dieses Tragwerk *Gelenkbalken* oder Gerber-Träger (nach G. Gerber 1832–1912).

Ist die Anzahl der Gelenke g, so wird der Durchlaufträger in $n = g+1$ Teilkörper (Balken) zerlegt. Da jedes Gelenk zwei Kräfte übertragen kann, ist die Anzahl der Verbindungsreaktionen $v = 2\,g$. Die notwendige Bedingung für statische Bestimmtheit folgt damit aus (5.3) zu

$$r + v = r + 2\,g = 3\,n = 3(g+1)\,. \tag{5.4}$$

Daraus ergibt sich für die Anzahl der notwendigen Gelenke

$$g = r - 3\,. \tag{5.5}$$

Für den Träger in Abb. 5.22a gilt $r = 5$. Damit werden nach (5.5) $g = 5 - 3 = 2$ Gelenke benötigt. Es gibt verschiedene Möglichkeiten, diese Gelenke anzubringen; von ihrer Lage hängen die Lager- und die Gelenkkräfte ab. Eine mögliche Anordnung ist in Abb. 5.22b dargestellt. Dagegen zeigt Abb. 5.22c eine Anordnung der Gelenke, die auf ein bewegliches (kinematisch unbestimmtes) Tragwerk führt und daher unzulässig ist.

Zur Ermittlung der Lager- und der Gelenkkräfte zerlegen wir den Gelenkbalken in seine Teilkörper und wenden auf jeden Balken die Gleichgewichtsbedingungen an.

Beispiel 5.8: Der in Abb. 5.23a dargestellte Gelenkbalken wird durch eine Einzelkraft F und eine Streckenlast q_0 belastet.

Wie groß sind die Lager- und die Gelenkkräfte?

Lösung: Wir trennen die beiden Teilkörper und zeichnen das Freikörperbild (Abb. 5.23b). Die Streckenlast ersetzen wir durch die statisch äquivalente Einzelkraft $R = 2\,q_0\,l$, die in der Mitte des Balkens ① angreift.

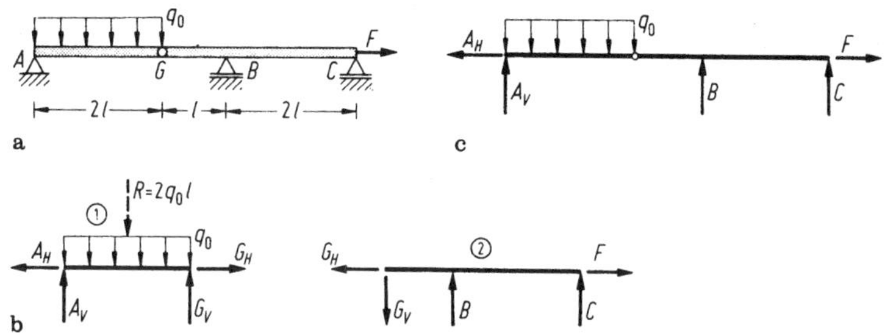

Abb. 5.23

Es ist meist zweckmäßig, Momentengleichungen um die Gelenke und um die Lager zu verwenden. Dann lassen sich der Reihe nach die Unbekannten aus jeweils *einer* Gleichung berechnen. Damit lauten die Gleichgewichtsbedingungen am Teilsystem ①

$$\stackrel{\curvearrowleft}{A}: \quad -l\,R + 2\,l\,G_V = 0 \quad \rightarrow \quad \underline{\underline{G_V}} = \frac{1}{2}R = \underline{\underline{q_0\,l}}\,,$$

$$\stackrel{\curvearrowleft}{G}: \quad -2\,l\,A_V + l\,R = 0 \quad \rightarrow \quad \underline{\underline{A_V}} = \frac{1}{2}R = \underline{\underline{q_0\,l}}\,,$$

$$\rightarrow: \quad -A_H + G_H = 0$$

und am Teilsystem ②

$$\stackrel{\curvearrowleft}{B}: \quad l\,G_V + 2\,l\,C = 0\,,$$

$$\stackrel{\curvearrowleft}{C}: \quad 3\,l\,G_V - 2\,l\,B = 0\,,$$

$$\rightarrow: \quad -G_H + F = 0 \quad \rightarrow \quad \underline{\underline{G_H = F}}\,.$$

Auflösen liefert

$$\underline{\underline{A_H}} = G_H = \underline{\underline{F}}\,, \quad \underline{\underline{B}} = \frac{3}{2}G_V = \underline{\underline{\frac{3}{2}q_0\,l}}\,,$$

$$\underline{\underline{C}} = -\frac{1}{2}G_V = \underline{\underline{-\frac{1}{2}q_0 l}}\,.$$

Zur Kontrolle bilden wir das Kräftegleichgewicht am Gesamtsystem (Abb. 5.23c):

$$\rightarrow: \quad -A_H + F = 0 \quad \rightarrow \quad -F + F = 0\,,$$

$$\uparrow: \quad A_V - 2\,q_0\,l + B + C = 0$$

$$\rightarrow \quad q_0\,l - 2\,q_0\,l + \frac{3}{2}q_0\,l - \frac{1}{2}q_0\,l = 0\,.$$

6 Fachwerke

6.1 Statische Bestimmtheit

Ein Tragwerk, das nur aus (geraden) Stäben besteht, die in sogenannten Knoten miteinander verbunden sind, heißt Stabwerk oder *Fachwerk*. Um die in den Stäben auftretenden Kräfte berechnen zu können, machen wir folgende idealisierende Annahmen:

1. die Stäbe sind an den Knoten zentrisch und gelenkig miteinander verbunden (die Knoten sind reibungsfreie Gelenke),
2. die äußeren Kräfte greifen nur in den Knoten an.

Durch diese Voraussetzungen für das „ideale Fachwerk“ ist gewährleistet, dass alle Stäbe nur auf Zug oder Druck beansprucht werden.

In realen Konstruktionen sind diese Idealisierungen nur angenähert erfüllt. So sind zum Beispiel die Stabenden miteinander oder mit Knotenblechen verschweißt. Dadurch treten an den Knoten örtlich begrenzte Störeffekte auf, die allerdings keinen Einfluss auf das globale Tragverhalten haben. Zum anderen greifen im wirklichen Fachwerk auch längs der Stäbe verteilte Lasten (z.B. das Eigengewicht der Stäbe) an. Diese Kräfte werden im idealisierten Fachwerk entweder vernachlässigt oder ihre Resultierenden werden näherungsweise durch statisch gleichwertige Kräftegruppen an den benachbarten Knoten ersetzt.

Wir beschränken uns in diesem Abschnitt im wesentlichen auf *ebene* Fachwerke. Als Beispiel betrachten wir in Abb. 6.1 ein Fachwerk aus 11 Stäben, die in 7 Knoten miteinander verbunden sind (Knoten, an denen Lagerkräfte angreifen, werden mitgezählt). Es ist üblich, die Stäbe mit arabischen Zahlen und die Knoten mit römischen Zahlen zu numerieren.

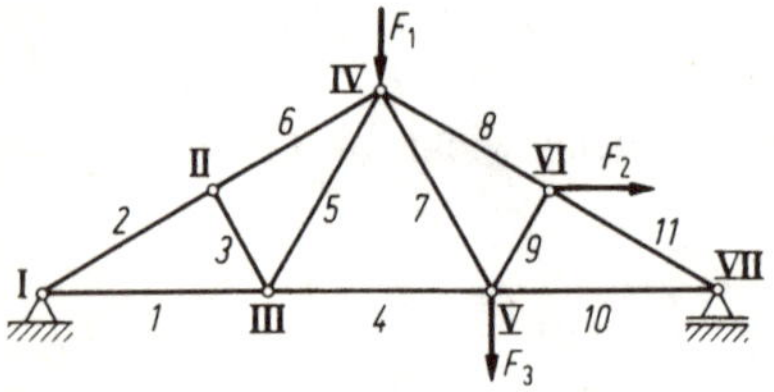

Abb. 6.1

Zur Ermittlung der Stabkräfte schneiden wir alle Knoten frei. Für die zentrale Kräftegruppe an jedem Knoten stehen zwei Kräftegleichgewichtsbedingungen zur Verfügung (vgl. Abschnitt 2.3). Damit erhalten wir im Beispiel insgesamt $7 \cdot 2 = 14$ Gleichungen zur Bestimmung der 14 Unbekannten (11 Stabkräfte und 3 Lagerkräfte).

Ein Fachwerk heißt *statisch bestimmt*, wenn die Lager- und die Stabkräfte allein aus den Gleichgewichtsbedingungen (d.h. aus der Statik) bestimmbar sind. Allgemein erhält man bei einem *ebenen* Fachwerk mit k Knoten, s Stäben und r Lagerreaktionen $2\,k$ Gleichungen für die $s+r$ Unbekannten. Damit die Stab- und die Lagerkräfte ermittelt werden können, muss daher die *notwendige Bedingung*

$$\boxed{2\,k = s + r} \qquad (6.1)$$

erfüllt sein.

Bei einem *räumlichen* Fachwerk stehen an jedem Knoten drei Gleichgewichtsbedingungen, d.h. insgesamt $3\,k$ Gleichungen zur Verfügung. Die notwendige Bedingung für statische Bestimmtheit lautet dann

$$\boxed{3\,k = s + r}\,. \qquad (6.2)$$

Das Fachwerk nach Abb. 6.2a ist statisch bestimmt. Mit $k = 7$, $s = 10$ und $r = 2 \cdot 2$ (zwei Festlager) ist wegen $2 \cdot 7 = 10 + 4$ die Bedingung (6.1) erfüllt.

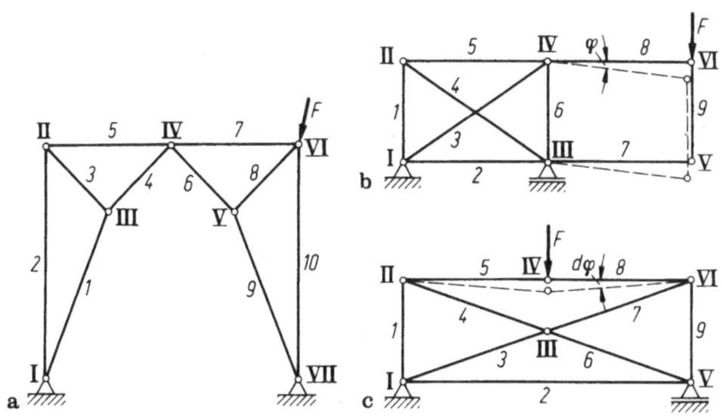

Abb. 6.2

Ein Fachwerk heißt *kinematisch bestimmt*, wenn die Lage aller Knotenpunkte festliegt. Bewegliche Fachwerke sind kinematisch unbestimmt und müssen ausgeschlossen werden. Die Abb. 6.2b und c zeigen solche „Ausnahmefachwerke“. Auch hier ist jeweils mit $k = 6$, $s = 9$ und $r = 3$ die notwendige Bedingung (6.1) für statische Bestimmtheit erfüllt. Dennoch lassen sich die Stabkräfte nicht aus den Gleichgewichtsbedingungen berechnen: Gleichung (6.1) ist nicht hinreichend für statische Bestimmtheit. Die Stäbe 7 und 8 des Fachwerks nach Abb. 6.2b lassen sich um einen endlichen Winkel φ drehen (Gelenkviereck, Beweglichkeit im Großen), während sich die Stäbe 5 und 8 des Fachwerks in Abb. 6.2c um einen infinitesimalen Winkel $\mathrm{d}\varphi$ drehen können (Beweglichkeit im Kleinen).

6.2 Aufbau eines Fachwerks

Im folgenden werden drei Möglichkeiten zum Aufbau von statisch und kinematisch bestimmten Fachwerken gegeben.

1. Bildungsgesetz: An einem Einzelstab werden zwei weitere Stäbe so angefügt, dass ein Dreieck entsteht. Dann schließt man an zwei beliebigen Knoten des Dreiecks je einen weiteren Stab an und verbindet diese Stäbe zu einem neuen Knoten. Dieses Verfahren ist in Abb. 6.3 illustriert und lässt sich beliebig fortsetzen.

Ein in dieser Form aufgebautes Fachwerk heißt *einfaches Fachwerk*. Die Lage der Knotenpunkte liegt eindeutig fest. Dabei muss allerdings vermieden werden, zwei Stäbe so anzuschließen, dass sie auf einer Geraden liegen (gestrichelte Stäbe in Abb. 6.3: Ausnahmefachwerk).

Für die Fachwerke in Abb. 6.3 gilt die Beziehung

$$2\,k = s + 3\,. \tag{6.3}$$

Bei jedem weiteren Schritt erhöht sich die Anzahl der Stäbe um zwei und die Anzahl der Knoten um eins, so dass (6.3) gültig bleibt. Bei einem

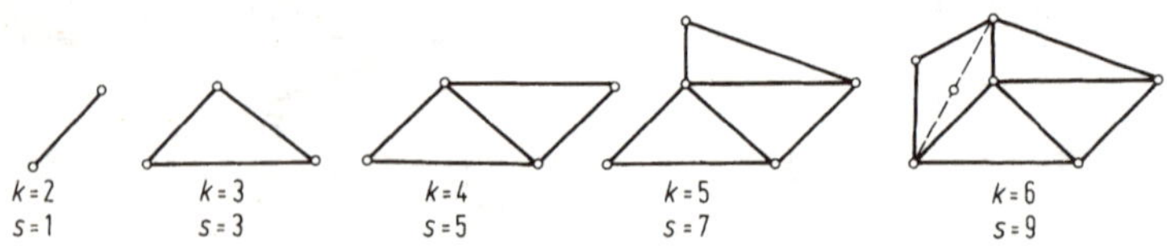

Abb. 6.3

statisch bestimmt gelagerten einfachen Fachwerk treten $r = 3$ Lagerreaktionen auf. Durch Vergleich mit (6.3) erkennt man, dass in diesem Fall die Bedingung (6.1) erfüllt ist.

2. Bildungsgesetz: Zwei nach dem ersten Bildungsgesetz konstruierte Fachwerke werden durch drei Stäbe verbunden (Abb. 6.4a), die nicht alle parallel und nicht zentral sein dürfen. An die Stelle von zwei Stäben kann auch ein beiden Teilfachwerken gemeinsamer Knoten treten. So sind in Abb. 6.4b die beiden Stäbe 2 und 3 aus Abb. 6.4a durch den Knoten I ersetzt worden.

Verbinden wir zwei einfache Fachwerke *nur* in einem einzigen Knoten, so erhalten wir ein bewegliches Tragwerk. Die kinematische und die statische Bestimmtheit müssen dann durch eine zusätzliche Lagerung erzeugt werden. In Abb. 6.4c sind die beiden einfachen Teilfachwerke nur im Knoten I zusammengeschlossen, d.h. der Stab 1 in Abb. 6.4b ist entfernt worden. Damit das so entstandene Fachwerk nicht beweglich ist, wird das einwertige Lager aus Abb. 6.4b jetzt durch ein zweiwertiges Lager ersetzt. Das Fachwerk ist dann ein Dreigelenkbogen.

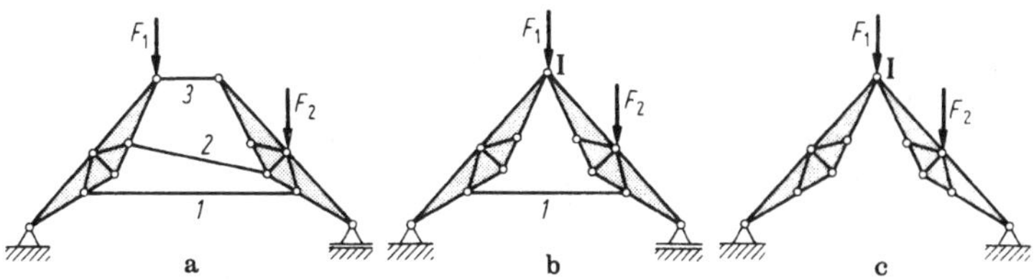

Abb. 6.4

Wie man durch Abzählen leicht nachprüfen kann, ist in allen Fällen nach Abb. 6.4 die Bedingung (6.1) für statische Bestimmtheit erfüllt.

3. Bildungsgesetz: Entfernen wir einen Stab aus einem Fachwerk, das nach dem ersten oder dem zweiten Bildungsgesetz aufgebaut ist, so wird

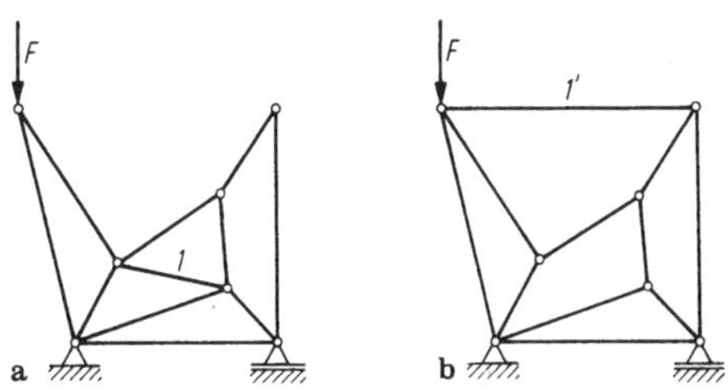

Abb. 6.5

es beweglich. Wir müssen daher einen neuen Stab an einer anderen Stelle des Fachwerks so einfügen, dass es wieder starr wird. Da sich dann weder die Anzahl der Stäbe noch die Anzahl der Knoten ändert, ist die Bedingung (6.1) auch für das neue Fachwerk erfüllt.

Ein Beispiel ist in Abb. 6.5 dargestellt. Entfernen wir aus dem einfachen Fachwerk in Abb. 6.5a den Stab 1, so wird das Fachwerk beweglich. Durch Einfügen des neuen Stabes $1'$ erhalten wir dann das statisch und kinematisch bestimmte nichteinfache Fachwerk nach Abb. 6.5b.

6.3 Ermittlung der Stabkräfte

6.3.1 Knotenpunktverfahren

Ein Verfahren zur Bestimmung der Stabkräfte besteht darin, sämtliche Knoten freizuschneiden und an jedem Knoten die Gleichgewichtsbedingungen aufzustellen. Diese Methode heißt *Knotenpunktverfahren*. Es ist ein systematisches Verfahren, das bei statisch und kinematisch bestimmten Fachwerken immer zum Ziel führt.

Bei der praktischen Durchführung ist es zweckmäßig, zuerst nach Stäben mit der Stabkraft Null zu suchen. Wir nennen solche Stäbe *Nullstäbe*. Wenn Nullstäbe vor Beginn der Rechnung erkannt werden, reduziert sich die Anzahl der Unbekannten.

Die folgenden Regeln helfen beim Auffinden der Nullstäbe:

1. Sind an einem *unbelasteten* Knoten zwei Stäbe angeschlossen, die nicht in gleicher Richtung liegen („unbelasteter Zweischlag“), so sind beide Stäbe Nullstäbe (Abb. 6.6a).
2. Sind an einem *belasteten* Knoten zwei Stäbe angeschlossen und greift die äußere Kraft in Richtung des einen Stabes an, so ist der andere Stab ein Nullstab (Abb. 6.6b).
3. Sind an einem *unbelasteten* Knoten drei Stäbe angeschlossen, von denen zwei in gleicher Richtung liegen, so ist der dritte Stab ein Nullstab (Abb. 6.6c).

Diese drei Regeln folgen aus den Gleichgewichtsbedingungen an den Knoten.

Führen wir nach Abb. 6.7a an den Knoten I und II Schnitte durch einen Stab, so müssen wir an den freigeschnittenen Stabenden jeweils die Stabkraft S anbringen (Abb. 6.7b). Wegen actio = reactio wirkt die Kraft S auch auf die Knoten I und II. Entsprechend der Vereinbarung,

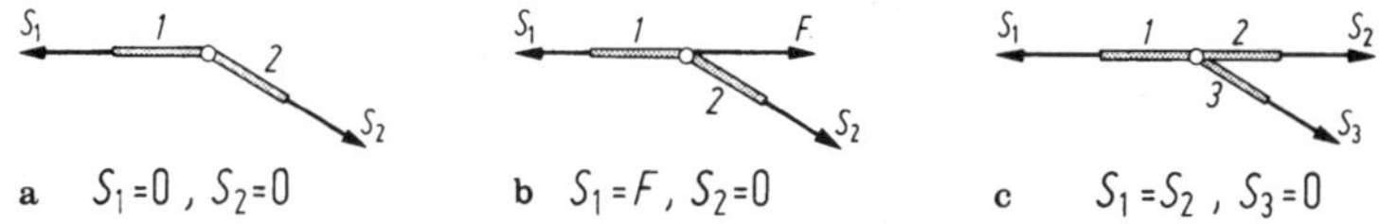

Abb. 6.6

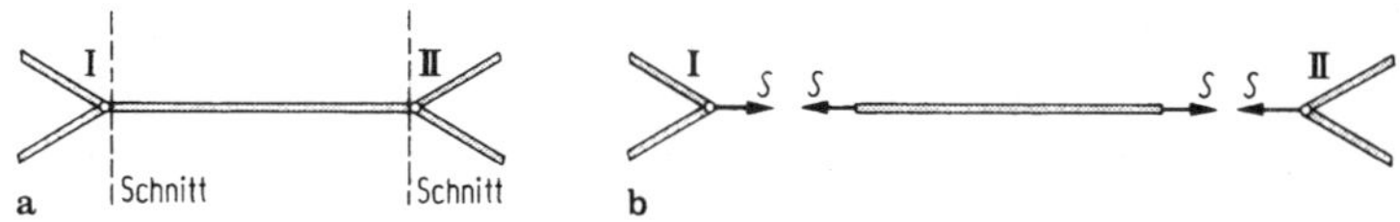

Abb. 6.7

dass Zugkräfte positiv sind, wirken positive Stabkräfte von den Knoten weg; negative Stabkräfte zeigen Druck an und wirken auf die Knoten zu.

Beispiel 6.1: Das Fachwerk nach Abb. 6.8a wird durch die Kraft F belastet.

Gesucht sind die Lager- und die Stabkräfte.

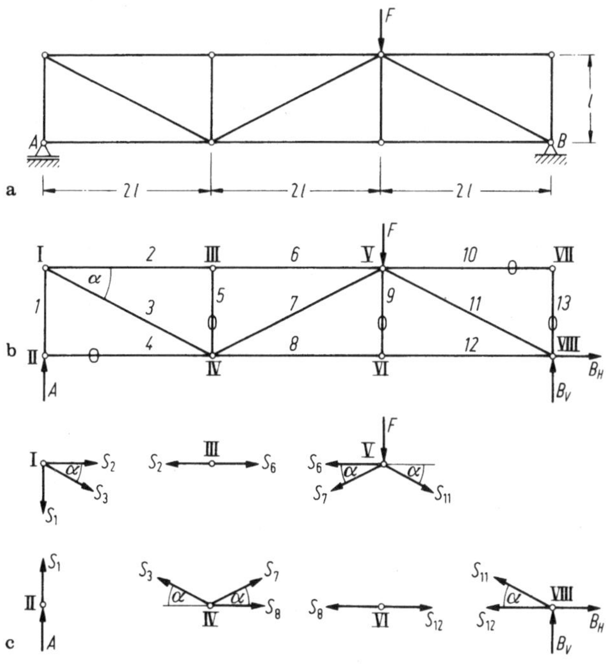

Abb. 6.8

Lösung: Das Fachwerk ist nach dem ersten Bildungsgesetz aufgebaut. Da drei Lagerkräfte auftreten, ist das Fachwerk nach Abschnitt 6.2 statisch und kinematisch bestimmt.

Im Freikörperbild (Abb. 6.8b) numerieren wir Stäbe und Knoten. Nullstäbe kennzeichnen wir durch Nullen: Stab 4 (nach Regel 2), die Stäbe 5 und 9 (nach Regel 3) und die Stäbe 10 und 13 (nach Regel 1).

Um die Anzahl der Unbekannten zu reduzieren, ist es zweckmäßig, die Lagerkräfte vorab zu berechnen. Aus dem Kräfte- und dem Momentengleichgewicht am Gesamtsystem folgen

$$
\begin{aligned}
\rightarrow: &\quad \underline{\underline{B_H = 0}}\,, \\
\stackrel{\curvearrowleft}{A}: &\quad -4\,l\,F + 6\,l\,B_V = 0 \quad \rightarrow \quad \underline{\underline{B_V = \frac{2}{3}F}}\,, \\
\stackrel{\curvearrowleft}{B}: &\quad -6\,l\,A + 2\,l\,F = 0 \quad \rightarrow \quad \underline{\underline{A = \frac{1}{3}F}}\,.
\end{aligned}
$$

Abbildung 6.8c zeigt die freigeschnittenen Knoten, wobei alle Stabkräfte als Zugkräfte angenommen werden. Die bereits erkannten Nullstäbe werden weggelassen. Aus diesem Grund braucht Knoten VII nicht mehr betrachtet zu werden. Kräftegleichgewicht an den Knoten liefert:

$$
\begin{aligned}
&\text{I)} && \rightarrow: && S_2 + S_3\cos\alpha = 0\,, \\
& && \downarrow: && S_1 + S_3\sin\alpha = 0\,, \\
&\text{II)} && \uparrow: && S_1 + A = 0\,, \\
&\text{III)} && \rightarrow: && S_6 - S_2 = 0\,, \\
&\text{IV)} && \rightarrow: && S_8 + S_7\cos\alpha - S_3\cos\alpha = 0\,, \\
& && \uparrow: && S_7\sin\alpha + S_3\sin\alpha = 0\,, \\
&\text{V)} && \rightarrow: && S_{11}\cos\alpha - S_6 - S_7\cos\alpha = 0\,, \\
& && \downarrow: && S_7\sin\alpha + S_{11}\sin\alpha + F = 0\,, \\
&\text{VI)} && \rightarrow: && S_{12} - S_8 = 0\,, \\
&\text{VIII)} && \rightarrow: && B_H - S_{11}\cos\alpha - S_{12} = 0\,, \\
& && \uparrow: && B_V + S_{11}\sin\alpha = 0\,.
\end{aligned}
$$

Dies sind elf Gleichungen zur Berechnung der acht noch unbekannten Stabkräfte und der drei Lagerkräfte. Da die Lagerkräfte aber bereits durch Gleichgewichtsüberlegungen am Gesamtsystem bestimmt wurden, vereinfacht sich die Auflösung des Gleichungssystems, und drei Gleichungen können als Probe verwendet werden. Man erhält mit $\sin\alpha = l/\sqrt{5\,l^2} = 1/\sqrt{5}$, $\cos\alpha = 2\,l/\sqrt{5\,l^2} = 2/\sqrt{5}$:

$$\underline{\underline{S_1 = -\frac{1}{3}\,F}}\,, \qquad \underline{\underline{S_2 = S_6 = -\frac{2}{3}\,F}}\,, \qquad \underline{\underline{S_3 = \frac{\sqrt{5}}{3}\,F}}\,,$$

$$\underline{\underline{S_7 = -\frac{\sqrt{5}}{3}\,F}}\,, \qquad \underline{\underline{S_8 = S_{12} = \frac{4}{3}\,F}}\,, \qquad \underline{\underline{S_{11} = -\frac{2}{3}\sqrt{5}\,F}}\,.$$

Es ist zweckmäßig, die Stabkräfte einschließlich der Vorzeichen in einer *Stabkrafttabelle* zusammenzustellen, wobei wir auf den gemeinsamen Faktor F beziehen:

Stabkrafttabelle

i	1	2	3	4	5	6	7	8	9	10	11	12	13
$\frac{S_i}{F}$	$-\frac{1}{3}$	$-\frac{2}{3}$	$\frac{\sqrt{5}}{3}$	0	0	$-\frac{2}{3}$	$-\frac{\sqrt{5}}{3}$	$\frac{4}{3}$	0	0	$-\frac{2}{3}\sqrt{5}$	$\frac{4}{3}$	0

Die Minuszeichen bei den Stabkräften S_1, S_2, S_6, S_7 und S_{11} zeigen an, dass diese Stäbe Druckstäbe sind.

6.3.2 Cremona-Plan

Die Ermittlung der Stabkräfte kann auch zeichnerisch erfolgen. Dabei gehen wir davon aus, dass in einem ersten Schritt die Lagerkräfte bereits bestimmt wurden. Wir wollen das Vorgehen an Hand des Fachwerks in Abb. 6.9a erläutern.

Aus den Gleichgewichtsbedingungen für das Gesamtsystem (Abb. 6.9b) finden wir zunächst

$$A_H = -\frac{1}{2}\sqrt{2}\,F\,, \quad A_V = -\frac{3}{2}\sqrt{2}\,F\,, \quad B = 2\sqrt{2}\,F\,.$$

Nach dem Numerieren der Stäbe und der Knoten denken wir uns zur Ermittlung der Stabkräfte wieder alle Knoten freigeschnitten. Bei der

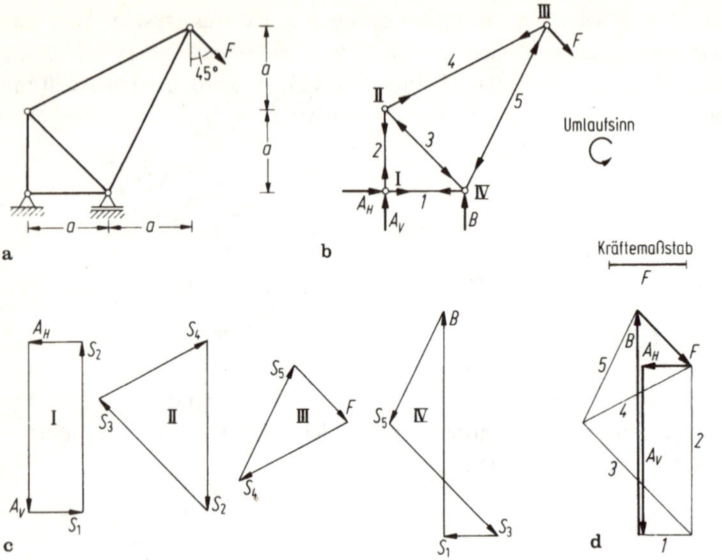

Abb. 6.9

zeichnerischen Lösung verlangt das Kräftegleichgewicht an den Knoten jeweils ein geschlossenes Krafteck (vgl. Abschnitt 2.3).

Wir beginnen am Knoten I. Um das Krafteck für diesen Knoten zu konstruieren, zeichnen wir zuerst die bereits berechneten Kraftkomponenten A_H und A_V maßstäblich nach ihrer Größe und in ihrem wirklichen Richtungssinn (Abb. 6.9c). Durch die Stabkräfte S_1 und S_2, deren Richtungen bekannt sind, wird das Krafteck geschlossen.

Damit liegen die Richtungssinne von S_1 und S_2 am Knoten I fest. Wir kennzeichnen sie in Abb. 6.9b durch Pfeile. Jeweils gleichgroße Gegenkräfte wirken wegen actio = reactio an den gegenüberliegenden Knoten II und IV. Sie werden durch Gegenpfeile markiert.

Entsprechend finden wir bei nun bekanntem S_2 durch das geschlossene Krafteck am Knoten II die Stabkräfte S_3 und S_4. Gleichgewicht am Knoten III liefert schließlich die Kraft S_5. Wir tragen die Kraftrichtungen von S_3 bis S_5 an den Knoten ebenfalls in das Fachwerk ein. Das Krafteck am Knoten IV dient abschließend als Kontrolle.

In Abb. 6.9c taucht jede Stabkraft in zwei Kraftecken auf. Man kann das Vorgehen systematisieren, indem man alle Kraftpläne so aneinander fügt, dass jede Stabkraft nur noch einmal gezeichnet werden muss. Der so entstehende Kräfteplan wird nach L. Cremona (1830–1903) benannt.

Folgende Schritte sind bei der Konstruktion eines Cremona-Plans durchzuführen:

1. Zeichnen des Freikörperbildes und Berechnung der Lagerkräfte.
2. Numerieren der Stäbe.
3. Ermittlung etwa vorhandener Nullstäbe. Kennzeichnen dieser Stäbe durch eine Null im Freikörperbild.
4. Festlegung eines Kräftemaßstabs und eines Umlaufsinns.
5. Zeichnen des geschlossenen Kraftecks aus den eingeprägten Kräften und den Lagerreaktionen. Dabei Kräfte in der Reihenfolge aneinanderfügen, wie sie beim Umlauf um das Fachwerk im gewählten Umlaufsinn auftreten.
6. Beginnend an einem Knoten mit höchstens *zwei* unbekannten Stabkräften für jeden Knoten das geschlossene Kräftepolygon zeichnen. Kräfte dabei ebenfalls in der Reihenfolge antragen, die durch den Umlaufsinn gegeben ist.
7. Da jede Stabkraft zweimal (mit entgegengesetzter Orientierung) auftritt, keine Pfeile in das Kräftepolygon einzeichnen (die Stabkraft im Polygon nur durch die entsprechende Stabnummer kennzeichnen). Einzeichnen der Pfeile und der Gegenpfeile an den Knoten.
8. Letzte Kraftecke als Kontrolle verwenden.
9. Angabe aller Stabkräfte mit Vorzeichen in einer Tabelle.

Um den Cremona-Plan für das Fachwerk in Abb. 6.9a zu konstruieren, wählen wir den Umlaufsinn entgegen dem Uhrzeiger. Anschließend zeichnen wir nach Punkt 5 das geschlossene Krafteck der äußeren Kräfte in der Reihenfolge A_H, A_V, B, F (Abb. 6.9d).

Die Ermittlung der Stabkräfte beginnen wir am Knoten I. Das Krafteck wird so konstruiert, dass es sich in der Reihenfolge A_H, A_V, S_1 und S_2 (Umlaufsinn!) schließt. Die Kraftrichtungen werden ins Freikörperbild eingetragen.

Anschließend gehen wir zum Knoten II weiter. Von den dort angreifenden Kräften S_2, S_3 und S_4 tritt S_2 bereits im Cremona-Plan auf. Die Richtung von S_2 folgt aus dem Pfeil am Knoten II. Das Krafteck wird nun mit S_3 und S_4 geschlossen, und die Kraftrichtungen werden wieder in das Fachwerk eingetragen. Am Knoten III sind schließlich F und S_4

bereits im Cremona-Plan enthalten, so dass das Krafteck nur mit S_5 geschlossen werden muss (Kontrolle: Richtung von S_5 muss mit Richtung von Stab 5 übereinstimmen). Das Krafteck für den Knoten IV dient als weitere Kontrolle.

Aus dem Cremona-Plan können wir die Beträge der Stabkräfte im Rahmen der Zeichengenauigkeit ablesen; die Vorzeichen folgen aus den Pfeilrichtungen im Freikörperbild:

i	1	2	3	4	5
S_i/F	0,7	2,1	$-2,0$	1,6	$-1,6$

Der Cremona-Plan lässt sich in der geschilderten Form nur für *einfache* Fachwerke zeichnen, wobei äußere Kräfte nur an Außenknoten angreifen dürfen. Die Kräfte sind dabei stets außerhalb des Fachwerks zu zeichnen (Abb. 6.10a) und *nicht* innerhalb (Abb. 6.10b).

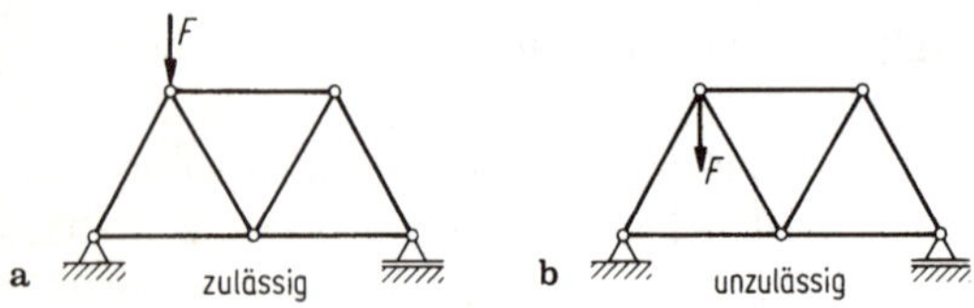

Abb. 6.10

Beispiel 6.2: Das Fachwerk nach Abb. 6.11a wird durch die beiden Kräfte $F_1 = 2F$ und $F_2 = F$ belastet.

Gesucht sind die Stabkräfte.

Lösung: Durch Anwenden der Gleichgewichtsbedingungen auf das Gesamtsystem (Abb. 6.11b) berechnen wir zuerst die Lagerkräfte:

$$\overset{\curvearrowleft}{\mathrm{I}}: \quad a\,F_1 - 2\,a\,F_2 - 2\sqrt{2}\,a\,B - 6\,a\,C = 0\,,$$

$$\overset{\curvearrowleft}{\mathrm{VII}}: \quad a\,F_1 + 6\,a\,A + 4\,a\,F_2 + \sqrt{2}\,a\,B = 0\,,$$

$$\rightarrow: \quad -F_1 + \frac{\sqrt{2}}{2}\,B = 0\,.$$

Auflösen liefert

$$A = -\frac{5}{3}\,F\,, \quad B = 2\sqrt{2}\,F\,, \quad C = -\frac{4}{3}\,F\,.$$

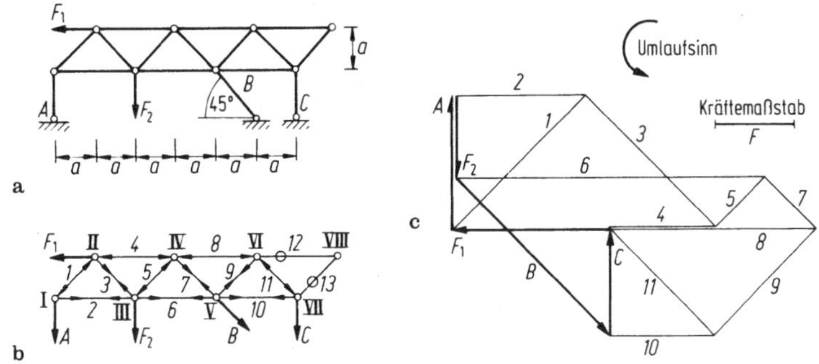

Abb. 6.11

Die Pendelstützen A, B und C sind im Freikörperbild als Zugstäbe angenommen worden. Die Ergebnisse zeigen, dass die Stäbe A und C in Wirklichkeit auf Druck beansprucht werden.

Wir numerieren die Stäbe und die Knoten und stellen fest, dass die Stäbe 12 und 13 Nullstäbe sind (vgl. Abschnitt 6.3.1, Regel 1). Sie werden im Freikörperbild durch eine Null gekennzeichnet. Nach Wahl des Umlaufsinns (entgegen dem Uhrzeiger) und des Kräftemaßstabs zeichnen wir zunächst das geschlossene Krafteck der äußeren Kräfte in der Reihenfolge A, F_2, B, C, F_1 (Abb. 6.11c). Dabei ist zu beachten, dass die Kräfte in den Pendelstützen jetzt im wirklichen Richtungssinn zu zeichnen sind.

Die Ermittlung der Stabkräfte beginnen wir am Knoten I: die bekannte Lagerkraft A und die unbekannten Stabkräfte S_2 und S_1 müssen in dieser Reihenfolge ein geschlossenes Krafteck bilden (Abb. 6.11c). Die entsprechenden Kraftrichtungen (Stab 1: Druck, Stab 2: Zug) werden in das Freikörperbild eingetragen.

Mit der nun bekannten Kraft S_1 können wir am Knoten II in gleicher Weise durch das geschlossene Krafteck F_1, S_1, S_3, S_4 die Stabkräfte S_3 und S_4 bestimmen. Durch Weiterschreiten zu den Knoten III bis VI lässt sich der Cremona-Plan vollständig konstruieren. Das Krafteck für den Knoten VII dient als Kontrolle.

Aus dem Kräfteplan entnehmen wir die Beträge der Stabkräfte; die Vorzeichen folgen aus den Pfeilrichtungen im Freikörperbild:

i	1	2	3	4	5	6	7	8	9	10	11	12	13
S_i/F	$-2,4$	1,7	$2,4$	$-1,3$	$-0,9$	4,0	0,9	$-2,7$	1,9	1,3	$-1,9$	0	0

6.3.3 Rittersches Schnittverfahren

Sind nur *einzelne* Stabkräfte eines Fachwerks zu bestimmen, so ist es oft vorteilhaft, das *Schnittverfahren* nach A. Ritter (1826–1908) anzuwenden. Bei diesem Verfahren zerlegen wir das Fachwerk durch einen Schnitt in zwei Teile. Dabei müssen *drei* Stäbe geschnitten werden, die nicht alle zum gleichen Knoten gehören dürfen, oder der Schnitt ist durch *einen* Stab und *ein* Gelenk zu führen.

Zur Erläuterung der Methode betrachten wir das Fachwerk nach Abb. 6.12a, bei dem die Kräfte in den Stäben 1 bis 3 gesucht sind. Nach Ermittlung der Lagerreaktionen denken wir uns das Fachwerk mit einem Schnitt durch die drei Stäbe 1 bis 3 in zwei Teile zerlegt. An den freigeschnittenen Stäben werden jeweils die entsprechenden Stabkräfte als Zugkräfte eingezeichnet (Abb. 6.12b).

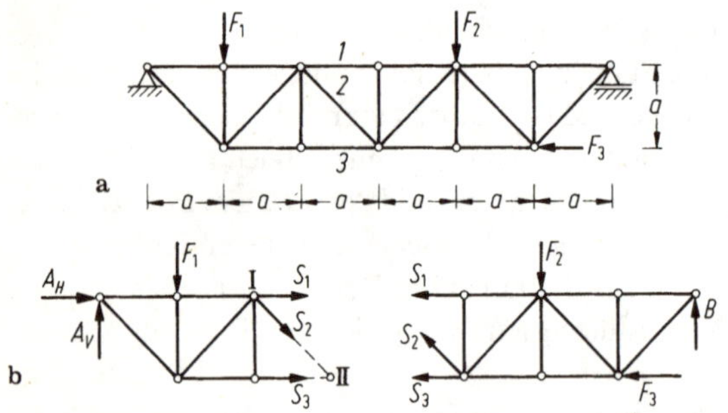

Abb. 6.12

Sowohl der rechte als auch der linke Teilkörper müssen für sich im Gleichgewicht sein. Wir können daher durch Anwenden der drei Gleichgewichtsbedingungen auf einen der beiden Teilkörper die drei unbekannten Stabkräfte berechnen. Dabei ist es sinnvoll, möglichst Momentengleichungen um die Schnittpunkte von je zwei Stabkräften zu verwenden. Dann gehen diese Kräfte nicht in die entsprechende Momentengleichung ein, und wir erhalten damit jeweils *eine* Gleichung für *eine* Stabkraft. Gleichgewicht am linken Teilkörper liefert auf diese Weise:

$$\stackrel{\curvearrowleft}{\text{I}}: \quad -2\,a\,A_V + a\,F_1 + a\,S_3 = 0 \qquad \to \qquad S_3 = 2\,A_V - F_1\,,$$

$$\stackrel{\curvearrowleft}{\text{II}}: \quad -3\,a\,A_V - a\,A_H + 2\,a\,F_1 - a\,S_1 = 0$$

$$\to \qquad S_1 = 2\,F_1 - 3\,A_V - A_H\,,$$

$$\uparrow: \quad A_V - F_1 - \frac{1}{2}\sqrt{2}\,S_2 = 0 \qquad \to \qquad S_2 = \sqrt{2}\,(A_V - F_1)\,.$$

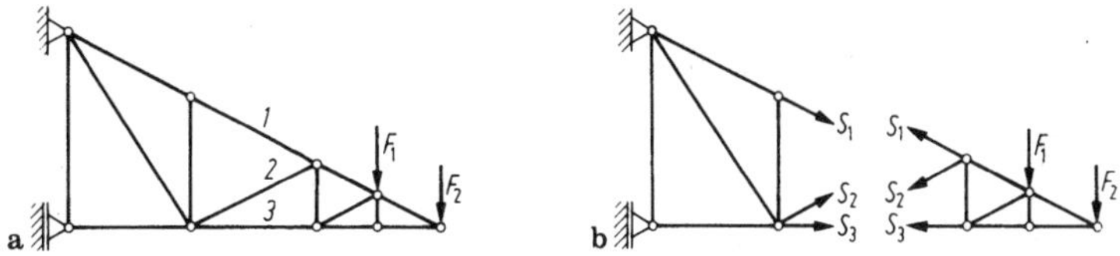

Abb. 6.13

Mit den bereits ermittelten Lagerkräften sind dann die Stabkräfte bekannt.

Das Schnittverfahren lässt sich oft auch anwenden, ohne dass die Lagerkräfte vorher berechnet werden müssen. So erhält man zum Beispiel die Stabkräfte S_1 bis S_3 des Fachwerks in Abb. 6.13a direkt nach Schneiden der entsprechenden Stäbe aus den Gleichgewichtsbedingungen für das rechte Teilsystem (Abb. 6.13b).

Beispiel 6.3: Das Fachwerk nach Abb. 6.14a wird durch zwei Kräfte $F_1 = 2\,F$ und $F_2 = F$ belastet.

Wie groß ist die Kraft im Stab 4?

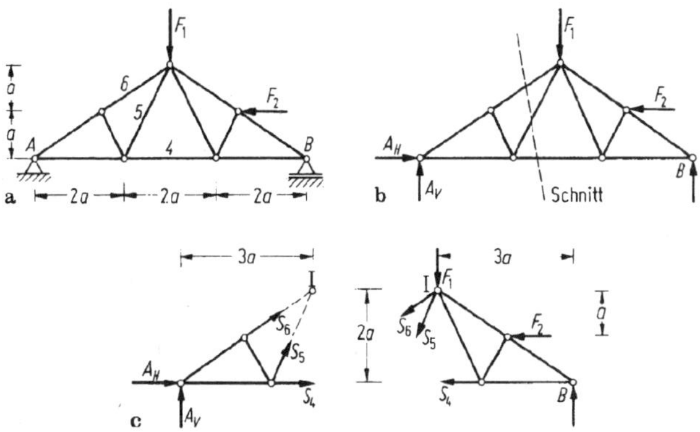

Abb. 6.14

Lösung: Zur Ermittlung der Lagerkräfte zeichnen wir das Freikörperbild (Abb. 6.14b) und wenden die Gleichgewichtsbedingungen an:

$$\stackrel{\curvearrowleft}{A}: \; -3\,a\,F_1 + a\,F_2 + 6\,a\,B = 0 \quad \rightarrow \quad B = \frac{3\,F_1 - F_2}{6} = \frac{5}{6}\,F\,,$$

$$\stackrel{\curvearrowleft}{B}: \; -6\,a\,A_V + 3\,a\,F_1 + a\,F_2 = 0 \quad \rightarrow \quad A_V = \frac{3\,F_1 + F_2}{6} = \frac{7}{6}\,F\,,$$

$$\rightarrow: \; A_H - F_2 = 0 \quad \rightarrow \quad A_H = F_2 = F\,.$$

Trennt man das Fachwerk mit einem Schnitt durch die Stäbe 4 bis 6 (Abb. 6.14c), so liefert das Momentengleichgewicht am linken Teil bezüglich I die gesuchte Kraft S_4:

$$\overset{\curvearrowleft}{\text{I}} : \; 2\,a\,S_4 + 2\,a\,A_H - 3\,a\,A_V = 0$$

$$\rightarrow \quad \underline{\underline{S_4}} = \frac{1}{2}(3\,A_V - 2\,A_H) = \underline{\underline{\frac{3}{4}\,F}}\,.$$

Zur Probe wenden wir die Momentenbedingung am rechten Teil bezüglich I an:

$$\overset{\curvearrowleft}{\text{I}} : \; -2\,a\,S_4 + 3\,a\,B - a\,F_2 = 0$$

$$\rightarrow \quad S_4 = \frac{1}{2}(3\,B - F_2) = \frac{3}{4}\,F\,.$$

6.3.4 Hennebergsches Stabtauschverfahren

Nach Abschnitt 6.3.2 lässt sich der Cremona-Plan nur auf Fachwerke anwenden, die nach dem ersten Bildungsgesetz aufgebaut sind. Er würde zum Beispiel am Fachwerk nach Abb. 6.15a versagen, da an allen Knoten mehr als zwei Stäbe auftreten. Eine Methode, die bei einem solchen nichteinfachen Fachwerk angewendet werden kann, ist das *Stabtauschverfahren* nach Henneberg (1850–1933).

Der Grundgedanke dieses Verfahrens besteht in folgendem: wir entfernen aus dem gegebenen Fachwerk einen Stab (*Tauschstab* T) und führen dafür an einer geeigneten anderen Stelle einen *Ersatzstab* E so ein, dass wir ein einfaches Fachwerk erhalten (Abb. 6.15a). Dieses Ersatzfachwerk unter der gegebenen Belastung nennen wir „0“-System. In einem Cremona-Plan ermitteln wir seine Stabkräfte $S_i^{(0)}$. Anschließend

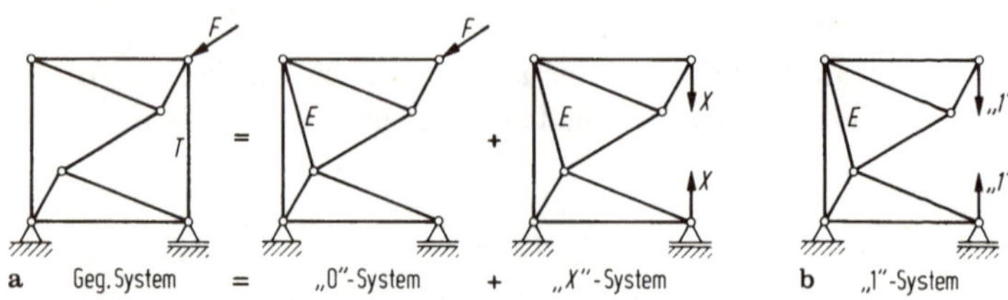

Abb. 6.15

wird das Ersatzfachwerk *allein* durch zwei entgegengesetzt gerichtete, gleich große Kräfte mit unbestimmtem Betrag X belastet, die an Stelle des herausgenommenen Stabes wirken. Dieses System nennen wir „X“-System. Die entsprechenden Stabkräfte $S_i^{(x)}$ werden in einem weiteren Cremona-Plan bestimmt. Wir überlagern nun beide Lastfälle (Superposition) und erhalten die resultierenden Stabkräfte

$$S_i = S_i^{(0)} + S_i^{(x)} \,. \tag{6.4}$$

Da im ursprünglichen Fachwerk der Ersatzstab E nicht vorhanden ist, muss die noch unbestimmte Kraft X so gewählt werden, dass bei der Superposition die Kraft S_E im Ersatzstab verschwindet:

$$S_E = S_E^{(0)} + S_E^{(x)} = 0 \,. \tag{6.5}$$

Bei der praktischen Durchführung des Verfahrens ist es zweckmäßig, im „X“-System statt einer Kraft mit unbestimmtem Betrag X eine Kraft mit dem Betrag „1“ anzubringen: „1“-System (Abb. 6.15b). Die Stabkräfte unter dieser Belastung bezeichnen wir mit $S_i^{(1)}$. Die Stabkräfte $S_i^{(x)}$ unter der Last X sind dann X-mal so groß:

$$S_i^{(x)} = X\, S_i^{(1)} \,. \tag{6.6}$$

Aus (6.4) bzw. (6.5) werden damit

$$\boxed{S_i = S_i^{(0)} + X\, S_i^{(1)}} \tag{6.7}$$

bzw.

$$S_E = S_E^{(0)} + X\, S_E^{(1)} = 0 \,. \tag{6.8}$$

Aus (6.8) folgt

$$\boxed{X = -\frac{S_E^{(0)}}{S_E^{(1)}}} \,. \tag{6.9}$$

Der Faktor X entspricht der Kraft im Tauschstab: $S_T = X$. Mit (6.9) und (6.7) lassen sich nun alle Stabkräfte des gegebenen Fachwerks berechnen.

Die einzelnen Schritte des Verfahrens bestehen demnach aus:

1. Herausnehmen eines Tauschstabes T.
2. Einführen eines Ersatzstabes E an geeigneter Stelle.
3. Ermitteln der Stabkräfte $S_i^{(0)}$ im „0“-System unter äußerer Last.
4. Ermitteln der Stabkräfte $S_i^{(1)}$ im „1“-System unter einer Kraft „1“ an Stelle des Tauschstabes.
5. Faktor X nach (6.9).
6. Stabkräfte nach (6.7).
7. Stabkrafttabelle mit Vorzeichen.

Beispiel 6.4: Das Fachwerk nach Abb. 6.16a wird durch eine Kraft F belastet.

Wie groß sind die Stabkräfte?

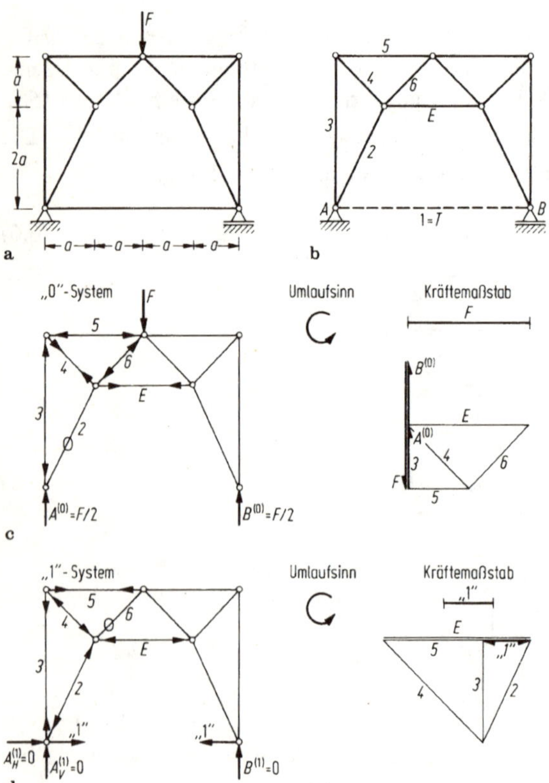

Abb. 6.16

Lösung: Wählt man den Tauschstab T und den Ersatzstab E nach Abb. 6.16b, so ist das Ersatzfachwerk ein einfaches Fachwerk. Wir bestimmen zuerst die Stabkräfte für das „0“-System in einem Cremona-Plan (Abb. 6.16c). Da sowohl Fachwerk als auch Belastung symmetrisch sind, können wir uns auf die linke Hälfte des Fachwerks beschränken. Die Stabkräfte $S_i^{(0)}$ werden einschließlich der Vorzeichen in die Stabkrafttabelle eingetragen.

In einem weiteren Cremona-Plan werden die Stabkräfte $S_i^{(1)}$ für das „1“-System ermittelt (Abb. 6.16d) und ebenfalls in die Stabkrafttabelle eingetragen (Stab 6 ist hier ein Nullstab).

Stabkrafttabelle

i	$S_i^{(0)}/F$	$S_i^{(1)}$	$X\,S_i^{(1)}/F$	S_i/F
1 (T)	0	$1,0$	$0,3$	$0,3$
2	0	$-2,2$	$-0,7$	$-0,7$
3	$-0,5$	$2,0$	$0,7$	$0,2$
4	$0,7$	$-2,8$	$-0,9$	$-0,2$
5	$-0,5$	$2,0$	$0,7$	$0,2$
6	$-0,7$	0	0	$-0,7$
E	$1,0$	$-3,0$	$-1,0$	0

Mit $S_E^{(0)} = F$ und $S_E^{(1)} = -3,0$ folgt aus (6.9)

$$X = -\frac{S_E^{(0)}}{S_E^{(1)}} = -\frac{F}{(-3)} = \frac{F}{3}\,.$$

Damit können wir den zweiten Summanden $XS_i^{(1)}$ aus (6.7) in der Tabelle anschreiben (abgerundet). Die gesuchten Stabkräfte S_i ergeben sich somit als Summe der ersten und der dritten Spalte. Sie sind in der vierten Spalte der Tabelle angegeben.

Bei diesem Beispiel versagt der Cremona-Plan, weil an jedem Knoten mehr als zwei Stäbe auftreten. Wir können also an keinem Knoten mit dem Cremona-Plan beginnen. Es wäre jedoch möglich, mit einem Schnitt durch den belasteten Knoten und den Stab 1 das Fachwerk in zwei Teile zu zerlegen (Ritter) und durch Gleichgewichtsbetrachtungen an einem der beiden Teile die Stabkraft S_1 zu berechnen. Anschließend kann der Cremona-Plan ohne Schwierigkeiten gezeichnet werden. Ein Schnitt nach Ritter empfiehlt sich auch als Kontrolle für die Ergebnisse des Stabtauschverfahrens.

7 Balken, Rahmen, Bogen

7.1 Schnittgrößen

Wir wollen uns in diesem Kapitel mit den inneren Kräften von Balkentragwerken befassen. Diese inneren Kräfte sind ein Maß für die Materialbeanspruchung im Balken. Ihre Kenntnis ist wichtig, wenn man die Tragfähigkeit von Tragwerken zu untersuchen oder Querschnitte zu dimensionieren hat (vgl. Band 2). Der Einfachheit halber beschränken wir uns zunächst auf ebene Tragwerke, die durch Kräftegruppen in ihrer Ebene belastet sind (Abb. 7.1a).

Nach Abschnitt 1.4 werden die inneren Kräfte durch Schneiden des Balkens freigelegt und somit der Berechnung zugänglich gemacht. Wir denken uns deshalb an der zu untersuchenden Stelle einen Schnitt senkrecht zur Balkenachse. An der Schnittstelle wirken dann die über die Querschnittsfläche verteilten inneren Kräfte p (Abb. 7.1b). Dieses System der Flächenkräfte p können wir nach Abschnitt 3.1.3 durch seine Resultierende R und das resultierende Moment $M^{(S)}$ ersetzen. Als Bezugspunkt für die Reduktion wählen wir den Schwerpunkt S der Querschnittsfläche. Eine Begründung für diese spezielle Wahl kann erst später gegeben werden (vgl. Band 2). Es ist üblich, den hochgestellten Index S bei $M^{(S)}$, der den Bezugspunkt kennzeichnet, wegzulassen: an Stelle von $M^{(S)}$ schreiben wir nur noch M. Die Resultierende R wird in ihre Komponenten N (normal zur Schnittebene) und Q (in der Schnitt-

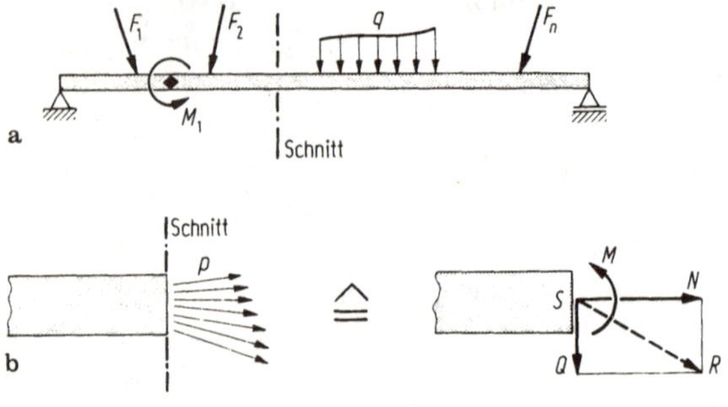

Abb. 7.1

ebene, senkrecht zur Balkenachse) zerlegt. Wir nennen N, Q und M die *Schnittgrößen* des Balkens; es heißen

> N die *Normalkraft*, Q die *Querkraft* und M das *Biegemoment*.

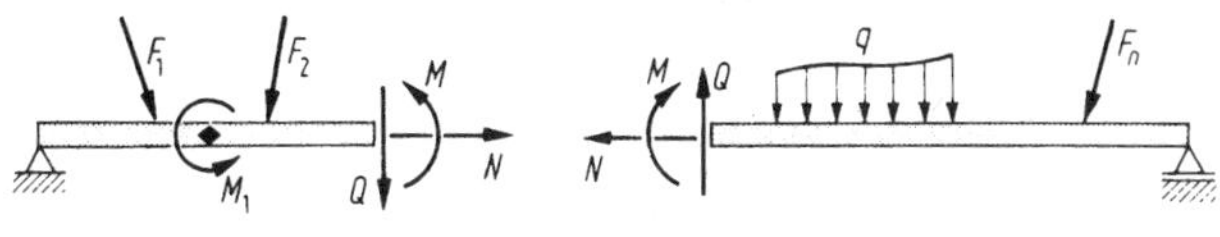

Abb. 7.2

Nach dem Schnitt besteht der Balken aus zwei Teilen, an deren Schnittflächen N, Q und M angreifen. Wegen des Wechselwirkungsgesetzes sind die Schnittgrößen an beiden Teilen jeweils entgegengesetzt gerichtet (Abb. 7.2).

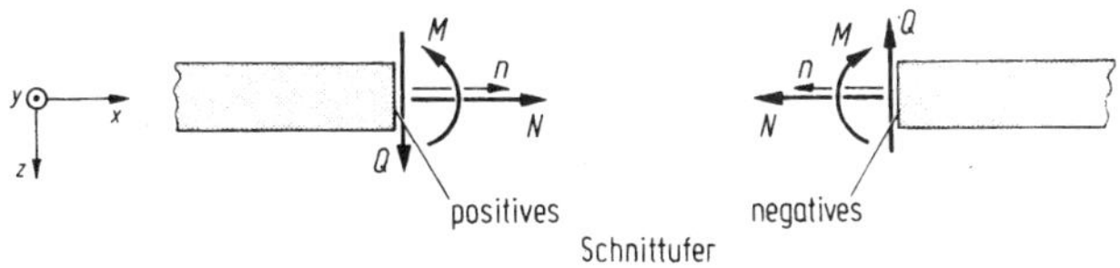

Abb. 7.3

Analog zu den Stabkräften hat sich bei den Schnittgrößen des Balkens eine Vorzeichenkonvention durchgesetzt. Dazu führen wir nach Abb. 7.3 ein Koordinatensystem ein, bei dem die x-Achse mit der Balkenlängsachse zusammenfällt und nach rechts zeigt, während z nach unten gerichtet ist. Durch das Trennen des Balkens erhalten wir ein linkes und ein rechtes „Schnittufer". Sie können durch je einen Normalenvektor $\boldsymbol{n}$ charakterisiert werden, der jeweils vom Körperinneren nach außen zeigt. Das Schnittufer, dessen Normalenvektor in positive (negative) x-Richtung zeigt, heißt positives (negatives) Schnittufer (Abb. 7.3). Die Vorzeichenfestlegung für die Schnittgrößen lautet nun:

> *Positive* Schnittgrößen zeigen am *positiven* Schnittufer in *positive* Koordinatenrichtungen.

Dabei ist das Biegemoment M als Momentenvektor in y-Richtung aufzufassen (positiv als Rechtsschraube). In Abb. 7.3 sind die Schnittgrößen mit ihren positiven Richtungen eingezeichnet. Bei der Berechnung der Schnittgrößen werden wir uns streng an diese Vorzeichenkonvention halten.

Bei horizontalen Balken gibt man meist nur die x-Koordinate an und verzichtet auf das Einzeichnen von y und z. Dabei wird stets angenommen, dass z nach unten zeigt.

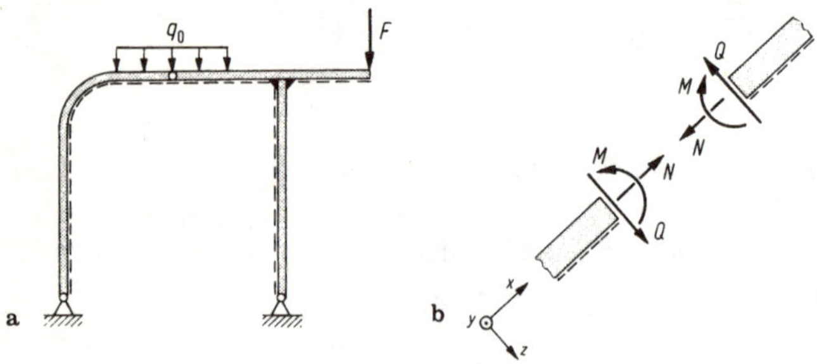

Abb. 7.4

Bei Rahmen und Bögen wird nach Abb. 7.4a zur Festlegung der Vorzeichen der Schnittgrößen eine Seite jedes Tragwerkteils durch eine gestrichelte Linie gekennzeichnet („gestrichelte Faser"). Die gestrichelte Seite kann man dann als „Unterseite" des entsprechenden Tragwerkteils auffassen und das Koordinatensystem entsprechend dem System beim horizontalen Balken einführen: x-Achse in Richtung der gestrichelten Faser, z-Achse zur gestrichelten Seite hin. Abbildung 7.4b zeigt die Schnittgrößen mit ihren positiven Richtungen.

7.2 Schnittgrößen am geraden Balken

Im folgenden nehmen wir an, dass die Belastung eines Balkens nur aus Momenten und aus Kräften *senkrecht* zur Längsachse besteht. Kraftkomponenten *in* Richtung der Längsachse bewirken Normalkräfte N wie beim Stab (Zug oder Druck), die wir mit den bereits bekannten Methoden bestimmen können.

7.2.1 Balken unter Einzellasten

Zur Bestimmung der Schnittgrößen Q und M wählen wir ein Koordinatensystem und schneiden den Balken an der zu untersuchenden Stelle. An der Schnittstelle werden die Schnittgrößen mit positivem Richtungssinn eingezeichnet. Nach dem Schnittprinzip (vgl. Abschnitt 1.4) müssen alle auf einen Teilbalken wirkenden Kräfte ein Gleichgewichtssystem bilden. Die Schnittgrößen folgen daher aus den Gleichgewichtsbedingungen am Teilbalken. Die Ergebnisse der Rechnung werden in der Regel in Diagrammen (Schnittkraftlinien) dargestellt.

Neben dieser elementaren Methode gibt es noch ein weiteres Verfahren zur Bestimmung der Schnittgrößen, das auf dem Zusammenhang zwischen Last und Schnittgrößen beruht. Dieses Verfahren werden wir in den Abschnitten 7.2.2 bis 7.2.5 erläutern.

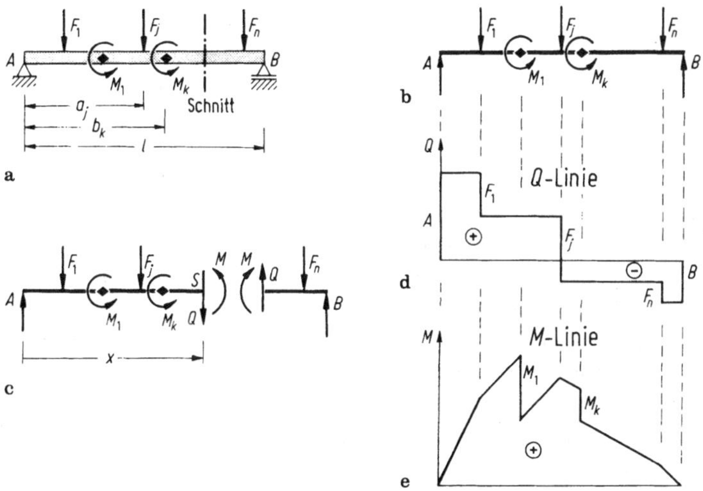

Abb. 7.5

Der Einfachheit halber beschränken wir uns zunächst auf Balken, an denen nur Einzelkräfte und Momente angreifen und betrachten als Beispiel einen beiderseits gelenkig gelagerten Balken nach Abb. 7.5a.

Die Lagerreaktionen folgen aus den Gleichgewichtsbedingungen am gesamten Balken (Abb. 7.5b):

$$\overset{\curvearrowleft}{A} : l\,B - \sum a_i\,F_i + \sum M_i = 0 \;\rightarrow\; B = \frac{1}{l}\left[\sum a_i\,F_i - \sum M_i\right],$$

$$\overset{\curvearrowleft}{B} : -l\,A + \sum (l - a_i)F_i + \sum M_i = 0$$

$$\rightarrow\; A = \frac{1}{l}\left[\sum (l - a_i)F_i + \sum M_i\right].$$

Schneiden wir an einer beliebigen Stelle x (Abb. 7.5c), so folgen aus den Gleichgewichtsbedingungen am linken Teilbalken

$$\uparrow: \quad A - \sum F_i - Q = 0\,,$$

$$\overset{\curvearrowleft}{S}: \quad -x\,A + \sum (x - a_i)F_i + \sum M_i + M = 0$$

die Querkraft und das Biegemoment in diesem Beispiel zu

$$Q = A - \sum F_i\,, \tag{7.1}$$

$$M = x\,A - \sum (x - a_i)F_i - \sum M_i\,. \tag{7.2}$$

Die Summationen sind dabei nur über die Kräfte F_i und die Momente M_i zu erstrecken, die auf den linken Teilbalken wirken.

Zur Berechnung von Biegemoment und Querkraft können auch die Gleichgewichtsbedingungen für den rechten Balkenteil herangezogen werden. Bei konkreten Aufgaben verwendet man zweckmäßig denjenigen Balkenteil, an dem weniger Lasten angreifen.

Abbildung 7.5d zeigt den Verlauf der Querkraft nach (7.1) über die Balkenachse. Wir erkennen, dass Q in diesem Beispiel stückweise konstant ist. An den Angriffspunkten der Kräfte F_i hat die Querkraftlinie Sprünge (Unstetigkeiten). Die Größe eines Sprungs ist gleich der dort wirkenden Kraft.

Der Verlauf des Biegemoments nach (7.2) ist in Abb. 7.5e dargestellt. Die Momentenlinie ist hier eine stückweise lineare Funktion von x. Sie hat Knicke an den Stellen der Angriffspunkte der Kräfte F_i und Sprünge der Größe M_i an den Angriffspunkten der Momente M_i. Auf die Balkenenden wirken nur die Lagerkräfte A und B (gelenkige Lager). Deshalb ist dort das Biegemoment gleich Null.

Zwischen Biegemoment und Querkraft besteht ein Zusammenhang. Differenziert man (7.2) nach x, so erhält man mit (7.1)

$$\frac{\mathrm{d}M}{\mathrm{d}x} = A - \sum F_i = Q\,. \tag{7.3}$$

Die Steigungen der einzelnen Geraden in der Momentenlinie sind also durch die entsprechenden Werte der Querkraft gegeben.

Beispiel 7.1: Man bestimme die Schnittkraftlinien für den Balken in Abb. 7.6a.

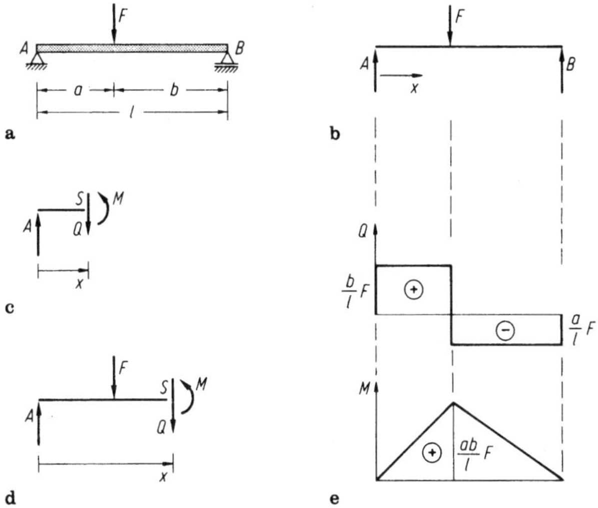

Abb. 7.6

Lösung: Wir ermitteln zuerst die Lagerkräfte A und B aus den Gleichgewichtsbedingungen am gesamten Balken (Abb. 7.6b):

$$\overset{\curvearrowleft}{A}: \quad l\,B - a\,F = 0 \quad \to \quad B = \frac{a}{l}\,F\,,$$

$$\overset{\curvearrowleft}{B}: \quad b\,F - l\,A = 0 \quad \to \quad A = \frac{b}{l}\,F\,.$$

Anschließend schneiden wir den Balken an einer beliebigen Stelle x im Bereich $0 < x < a$. Abbildung 7.6c zeigt den linken Teilbalken. An der Schnittstelle S sind die Schnittgrößen mit positivem Richtungssinn eingezeichnet. Aus den Gleichgewichtsbedingungen am Teilbalken folgt

$$\uparrow: \quad A - Q = 0 \quad \to \quad \underline{\underline{Q}} = A = \underline{\underline{\frac{b}{l}\,F}}\,,$$

$$\overset{\curvearrowright}{S}: \quad x\,A - M = 0 \quad \to \quad \underline{\underline{M}} = x\,A = \underline{\underline{x\,\frac{b}{l}\,F}}\,.$$

Entsprechend erhalten wir bei einen Schnitt an einer beliebigen Stelle im Bereich $a < x < l$ (Abb. 7.6d):

$$\uparrow: \quad A - F - Q = 0 \quad \to \quad \underline{\underline{Q}} = A - F = \underline{\underline{-\frac{a}{l}\,F}}\,,$$

$$\overset{\curvearrowright}{S}: \; xA - (x-a)F - M = 0 \quad \to \quad \underline{\underline{M}} = xA - (x-a)F = \underline{\underline{\left(1 - \frac{x}{l}\right) aF}}\,.$$

Die Schnittgrößen sind in Abb. 7.6e grafisch dargestellt. An der Angriffsstelle der Kraft F hat die Querkraftlinie einen Sprung und die Momentenlinie einen Knick.

Beispiel 7.2: Der Balken in Abb. 7.7a wird durch die drei Kräfte $F_1 = F$, $F_2 = 2\,F$, $F_3 = -F$ belastet.

Gesucht sind die Querkraft- und die Momentenlinie.

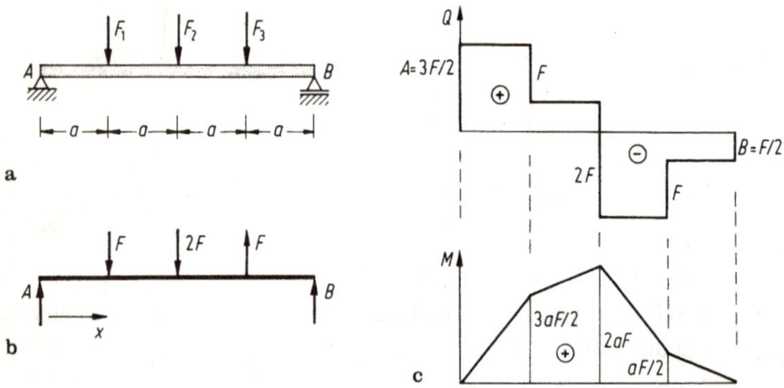

Abb. 7.7

Lösung: Zuerst berechnen wir die Lagerkräfte A und B aus den Gleichgewichtsbedingungen (vgl. Abb. 7.7b):

$$\curvearrowleft A: \quad -a\,F - 2\,a\,2\,F + 3\,a\,F + 4\,a\,B = 0 \quad \rightarrow \quad B = \frac{1}{2}\,F\,,$$

$$\curvearrowleft B: \quad -4\,a\,A + 3\,a\,F + 2\,a\,2\,F - a\,F = 0 \quad \rightarrow \quad A = \frac{3}{2}\,F\,.$$

Die Schnittgrößen folgen aus dem Gleichgewicht am geschnittenen Balken. Wir erhalten aus dem Kräftegleichgewicht die Querkraft in den einzelnen Bereichen:

$$Q = A = 3F/2 \qquad \text{für } 0 < x < a\,,$$

$$Q = A - F = F/2 \qquad \text{für } a < x < 2\,a\,,$$

$$Q = A - F - 2\,F = -3F/2 \qquad \text{für } 2\,a < x < 3\,a\,,$$

$$Q = A - F - 2\,F + F = -F/2 \qquad \text{für } 3\,a < x < 4\,a\,.$$

Aus dem Momentengleichgewicht ergibt sich das Biegemoment zu

$$M = xA = \tfrac{3}{2}\,xF \qquad \text{für} \quad 0 \le x \le a\,,$$

$$M = xA - (x-a)F = (a + \tfrac{1}{2}\,x)F \qquad \text{für} \quad a \le x \le 2a\,,$$

$$M = xA - (x-a)F - (x-2a)2F = (5a - \tfrac{3}{2}\,x)F \qquad \text{für} \quad 2a \le x \le 3a\,,$$

$$M = xA - (x-a)F - (x-2a)2F + (x-3a)F = (2a - \tfrac{1}{2}\,x)F \qquad \text{für} \quad 3a \le x \le 4a\,.$$

Die Querkraft- und die Momentenlinie sind in Abb. 7.7c dargestellt. Als Kontrollen können wir die Werte am rechten Rand ($x = 4\,a$) verwenden:

– die Querkraftlinie springt infolge der Lagerkraft B auf den Wert Null,
– die Momentenlinie hat den Wert Null (gelenkiges Lager B am Balkenende).

In den Bereichen positiver (negativer) Querkraft hat die Momentenlinie einen positiven (negativen) Anstieg.

Die Beziehungen für Q und M können rein formal auch aus (7.1) und (7.2) abgelesen werden, da der Balken beiderseits gelenkig gelagert ist.

Beispiel 7.3: Man bestimme die Schnittkraftlinien für den Kragträger in Abb. 7.8a.

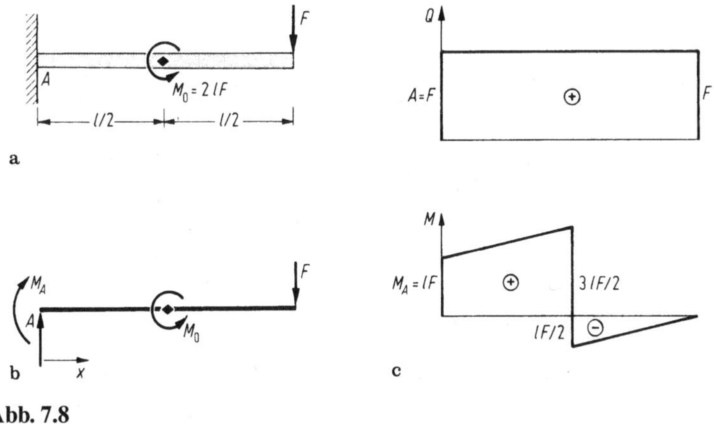

Abb. 7.8

Lösung: Anwenden der Gleichgewichtsbedingungen auf das Gesamtsystem liefert die Lagerreaktionen (Abb. 7.8b):

$$\uparrow: \quad A - F = 0 \qquad \rightarrow \qquad A = F\,,$$

$$\stackrel{\curvearrowleft}{A}: \quad -M_A + M_0 - l\,F = 0 \quad \rightarrow \quad M_A = M_0 - l\,F = l\,F\,.$$

Für den Querkraftverlauf erhalten wir aus dem Gleichgewicht am geschnittenen Balken

$$\underline{\underline{Q}} = A = \underline{\underline{F}} \quad \text{für} \quad 0 < x < l\,.$$

Der Momentenverlauf folgt zu

$$\underline{\underline{M}} = M_A + x\,A = \underline{\underline{(l + x)F}} \qquad \text{für} \quad 0 < x < \frac{l}{2}\,,$$

$$\underline{\underline{M}} = M_A + x\,A - M_0 = \underline{\underline{(x - l)F}} \quad \text{für} \quad \frac{l}{2} < x \leq l\,.$$

Querkraft und Biegemoment sind in Abb. 7.8c grafisch dargestellt. An der Angriffsstelle $x = l/2$ des äußeren Moments hat der Momentenverlauf einen Sprung der Größe $M_0 = 2\,l\,F$.

7.2.2 Zusammenhang zwischen Belastung und Schnittgrößen

Zwischen der Querkraft Q und dem Biegemoment M besteht ein Zusammenhang, den wir für Einzelkräfte mit (7.3) bereits hergeleitet haben. Wir wollen nun das Ergebnis auf Balken unter verteilten Lasten verallgemeinern. Dazu betrachten wir ein aus dem Balken (Abb. 7.9a) herausgeschnittenes Element der infinitesimalen Länge $\mathrm{d}x$ (Abb. 7.9b). Die am Balkenelement angreifende Streckenlast denken wir uns durch eine Einzellast vom Betrag $\mathrm{d}F = q\,\mathrm{d}x$ ersetzt. An der Schnittstelle x wirken die Querkraft Q und das Biegemoment M. An der Schnittstelle $x + \mathrm{d}x$ haben sich die Schnittgrößen durch das Fortschreiten in Balkenlängsrichtung um die infinitesimalen Werte $\mathrm{d}Q$ und $\mathrm{d}M$ geändert.

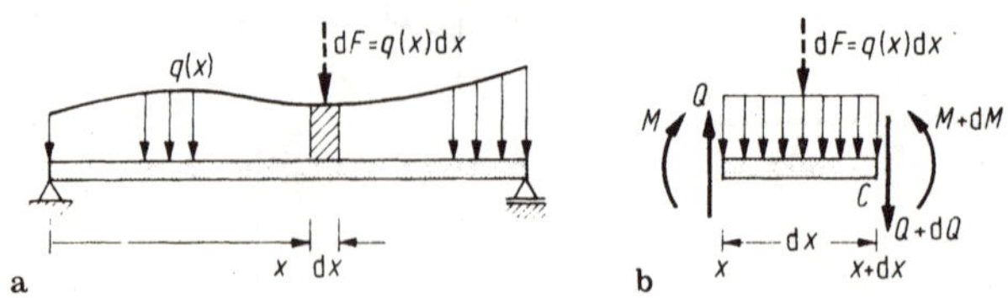

Abb. 7.9

Damit lauten die Gleichgewichtsbedingungen für das Balkenelement

$$\uparrow: \quad Q - q\,\mathrm{d}x - (Q + \mathrm{d}Q) = 0 \quad \to \quad q\,\mathrm{d}x + \mathrm{d}Q = 0\,, \tag{7.4}$$

$$\overset{\curvearrowleft}{C}: \quad -M - \mathrm{d}x\,Q + \frac{\mathrm{d}x}{2}\,q\,\mathrm{d}x + M + \mathrm{d}M = 0$$

$$\to \quad -Q\,\mathrm{d}x + \mathrm{d}M + \frac{1}{2}\,q\,\mathrm{d}x \cdot \mathrm{d}x = 0\,. \tag{7.5}$$

Aus (7.4) folgt

$$\boxed{\frac{\mathrm{d}Q}{\mathrm{d}x} = -q}\,. \tag{7.6}$$

Die Änderung der Querkraft ist demnach durch die negative Streckenlast gegeben.

In (7.5) ist das Glied mit $\mathrm{d}x \cdot \mathrm{d}x$ im Vergleich zu den Gliedern mit $\mathrm{d}x$ bzw. $\mathrm{d}M$ „klein von höherer Ordnung“ und kann daher vernachlässigt werden. Damit erhalten wir

$$\boxed{\frac{\mathrm{d}M}{\mathrm{d}x} = Q}\,. \tag{7.7}$$

Die Ableitung des Biegemoments nach der Koordinate x liefert somit die Querkraft. Den gleichen Zusammenhang haben wir mit (7.3) bereits für Einzelkräfte erhalten.

Differentiation von (7.7) und Einsetzen von (7.6) liefert ferner

$$\boxed{\frac{\mathrm{d}^2 M}{\mathrm{d}x^2} = -q}\,. \tag{7.8}$$

Die differentiellen Beziehungen (7.6) und (7.7) lassen sich unter anderem zur qualitativen Bestimmung von Schnittgrößenverläufen und bei Kontrollen verwenden. Ist zum Beispiel $q = \mathrm{const}$, so liefert (7.6) einen linearen Verlauf für Q (Ableitung einer linearen Funktion = Konstante!). Das Biegemoment verläuft dann wegen (7.7) quadratisch.

In der folgenden Tabelle sind die Zusammenhänge zwischen Belastung und Schnittgrößen für verschiedene q-Verläufe zusammengestellt:

q	Q	M
0	konstant	linear
konstant	linear	quadratische Parabel
linear	quadratische Parabel	kubische Parabel

Nach (7.7) ist Q ein Maß für den Anstieg der M-Linie. Verschwindet an einer Stelle die Querkraft, so hat das Biegemoment dort ein Extremum (Anstieg gleich Null).

7.2.3 Integration und Randbedingungen

Die Beziehungen (7.6) und (7.7) können wir auch zur Bestimmung der Schnittgrößen aus der Belastung q verwenden. Durch Integration folgt

$$Q = -\int q \, \mathrm{d}x + C_1 \,, \tag{7.9}$$

$$M = \int Q \, \mathrm{d}x + C_2 \,. \tag{7.10}$$

Die zwei Integrationskonstanten C_1 und C_2 müssen aus zwei *Randbedingungen* berechnet werden. Diese Bedingungen machen eine Aussage über die Größe von M und Q an den Rändern eines Balkens. Für die wichtigsten Lagerungsarten gilt:

Lager		Q	M
gelenkiges Lager		$\neq 0$	**0**
Parallelführung		**0**	$\neq 0$
Schiebehülse		$\neq 0$	$\neq 0$
Einspannung		$\neq 0$	$\neq 0$
freies Ende		**0**	**0**

(7.11)

Aus dieser Tabelle kann bei gegebener Lagerung eines Balkens entnommen werden, welche Schnittgrößen dort Null sind. Aussagen $Q \neq 0$ und/oder $M \neq 0$ lassen sich als Randbedingungen nicht verwenden.

Im Gegensatz zum bisherigen Vorgehen (Gleichgewicht am geschnittenen Balken, Abschnitt 7.2.1) müssen bei der Bestimmung von Q und

M durch Integration die Lagerreaktionen *nicht* ermittelt werden. Sie können vielmehr aus den Ergebnissen abgelesen werden.

Zur Illustration des Verfahrens betrachten wir in Abb. 7.10a–c drei gleiche Balken unter gleicher Last bei unterschiedlicher Lagerung. Mit $q = q_0 = \text{const}$ ergibt sich aus (7.9) und (7.10) für alle drei Fälle

$$Q = -q_0\, x + C_1\,,$$

$$M = -\frac{1}{2}\, q_0\, x^2 + C_1\, x + C_2\,.$$

Wegen der unterschiedlichen Lagerungen sind die Randbedingungen und damit auch die Integrationskonstanten C_1 und C_2 für die Fälle a) bis c) verschieden.

Aus den Randbedingungen

$$\text{a) } M(0) = 0\,, \qquad \text{b) } Q(l) = 0\,, \qquad \text{c) } Q(0) = 0\,,$$

$$M(l) = 0\,, \qquad M(l) = 0\,, \qquad M(l) = 0$$

folgen die Integrationskonstanten

$$\text{a) } 0 = C_2\,, \qquad \text{b) } 0 = -q_0\, l + C_1\,, \quad \text{c) } 0 = C_1\,,$$

$$\text{a), b), c)} \quad 0 = -\tfrac{1}{2}\, q_0\, l^2 + C_1\, l + C_2\,,$$

$$\rightarrow \quad \begin{cases} C_1 = \tfrac{1}{2}\, q_0\, l\,, \\ C_2 = 0\,, \end{cases} \quad \begin{cases} C_1 = q_0\, l\,, \\ C_2 = -\tfrac{1}{2}\, q_0\, l^2\,, \end{cases} \quad \begin{cases} C_1 = 0\,, \\ C_2 = \tfrac{1}{2}\, q_0\, l^2\,. \end{cases}$$

Damit erhält man die Schnittgrößen (Abb. 7.10a–c)

$$\text{a) } Q = \frac{1}{2}\, q_0\, l \left(1 - 2\,\frac{x}{l}\right), \qquad \text{b) } Q = q_0\, l \left(1 - \frac{x}{l}\right),$$

$$M = \frac{1}{2}\, q_0\, l^2\, \frac{x}{l} \left(1 - \frac{x}{l}\right), \qquad M = -\frac{1}{2}\, q_0\, l^2 \left(1 - \frac{x}{l}\right)^2,$$

$$\text{c) } Q = -q_0\, x\,,$$

$$M = \frac{1}{2}\, q_0\, l^2 \left[1 - \left(\frac{x}{l}\right)^2\right].$$

Dabei haben wir die Ausdrücke in den Klammern so umgeformt, dass sie dimensionslos sind. Beim beiderseits gelenkig gelagerten Balken tritt das maximale Biegemoment $M_{\max} = q_0\, l^2/8$ in der Balkenmitte ($Q = 0$) auf.

Aus Q und M an den Rändern kann man die Lagerreaktionen ablesen:

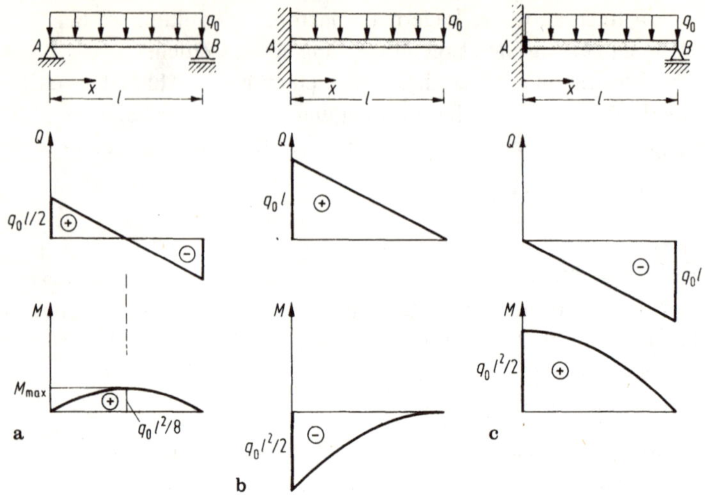

Abb. 7.10

$$\text{a) } A = Q(0) = \frac{1}{2}\, q_0\, l\,, \qquad \text{b) } A = Q(0) = q_0\, l\,,$$

$$B = -Q(l) = \frac{1}{2}\, q_0\, l\,, \qquad M_A = M(0) = -\frac{1}{2}\, q_0\, l^2\,,$$

$$\text{c) } M_A = M(0) = \frac{1}{2}\, q_0\, l^2\,,$$

$$B = -Q(l) = q_0\, l\,.$$

Der Schnittkraftverlauf kann auch bei Streckenlasten elementar durch Gleichgewicht am geschnittenen Balken bestimmt werden. Um dies zu zeigen, betrachten wir in Abb. 7.11a noch einmal Fall a). Schneiden wir an einer beliebigen Stelle x (Abb. 7.11b), so liefern die Gleichgewichtsbedingungen mit der bereits bekannten Lagerkraft A die Schnittgrößen

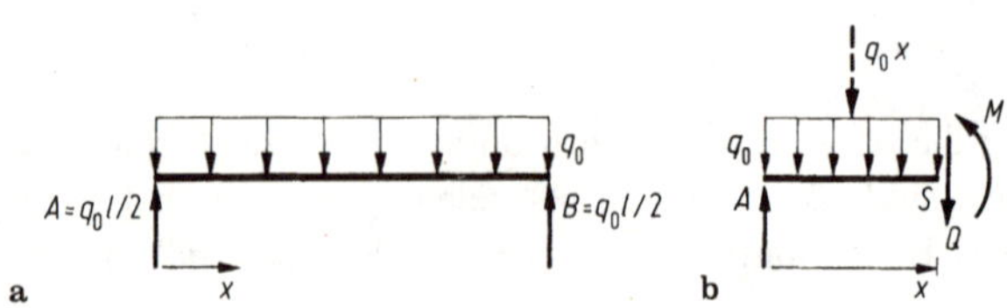

Abb. 7.11

$$\uparrow: \quad A - q_0\,x - Q = 0$$

$$\rightarrow \quad Q = A - q_0\,x = \frac{1}{2}\,q_0\,l\left(1 - 2\,\frac{x}{l}\right),$$

$$\curvearrowleft S: \quad -x\,A + \frac{1}{2}\,x\,q_0\,x + M = 0$$

$$\rightarrow \quad M = x\,A - \frac{1}{2}\,q_0\,x^2 = \frac{1}{2}\,q_0\,l^2\,\frac{x}{l}\left(1 - \frac{x}{l}\right).$$

Beispiel 7.4: Der einseitig eingespannte Balken nach Abb. 7.12a trägt eine dreieckförmige Streckenlast.

Man bestimme die Schnittgrößen durch Integration.

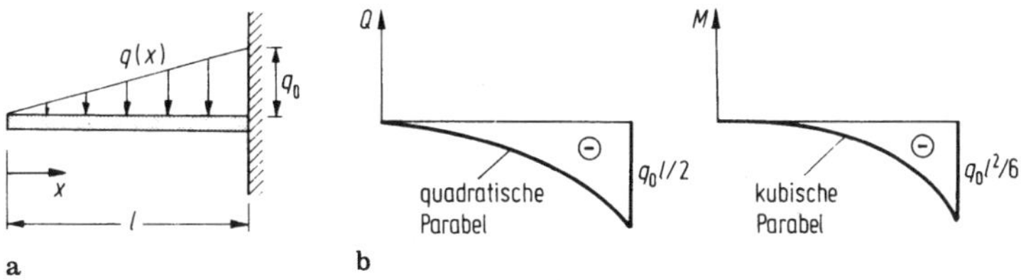

Abb. 7.12

Lösung: Die dreieckförmige Streckenlast genügt der Geradengleichung $q(x) = q_0\,x/l$. Daraus erhalten wir durch Integration entsprechend (7.9) und (7.10)

$$Q(x) = -q_0\,\frac{x^2}{2\,l} + C_1\,, \quad M(x) = -q_0\,\frac{x^3}{6\,l} + C_1\,x + C_2\,.$$

Die Randbedingungen $Q(0) = 0$ und $M(0) = 0$ liefern die Integrationskonstanten $C_1 = 0$ und $C_2 = 0$. Damit werden die Schnittgrößen (Abb. 7.12b)

$$\underline{\underline{Q(x) = -\frac{1}{2}\,q_0\,l\left(\frac{x}{l}\right)^2}}\,, \quad \underline{\underline{M(x) = -\frac{1}{6}\,q_0\,l^2\left(\frac{x}{l}\right)^3}}\,.$$

7.2.4 Übergangsbedingungen bei mehreren Feldern

Häufig ist die Belastung $q(x)$ nicht über den gesamten Balken durch eine einzige Funktion gegeben, sondern sie wird in Teilbereichen durch verschiedene Funktionen dargestellt. Dann muss der Balken in Felder unterteilt werden, und die Integration der differentiellen Beziehungen (7.6) und (7.7) hat bereichsweise zu erfolgen.

Zur Illustration betrachten wir den einseitig eingespannten Balken nach Abb. 7.13, dessen Belastung durch

$$q(x) = \begin{cases} 0 & \text{für} \quad 0 \leq x < a \\ q_0 & \text{für} \quad a < x < l \end{cases}$$

gegeben ist. Durch bereichsweise Integration in den Feldern I ($0 \leq x < a$) und II ($a < x < l$) erhalten wir

$$\begin{aligned} \text{I: } q_\text{I} &= 0\,, & \text{II: } q_\text{II} &= q_0\,, \\ Q_\text{I} &= C_1\,, & Q_\text{II} &= -q_0\,x + C_3\,, \\ M_\text{I} &= C_1 x + C_2\,, & M_\text{II} &= -\tfrac{1}{2}\,q_0\,x^2 + C_3\,x + C_4\,. \end{aligned} \tag{7.12}$$

Die *zwei* Randbedingungen

$$Q_\text{II}(l) = 0\,, \quad M_\text{II}(l) = 0 \tag{7.13}$$

reichen zur Berechnung der *vier* Integrationskonstanten C_1 bis C_4 nicht aus. Wir müssen daher zusätzliche Gleichungen verwenden, die das Verhalten der Schnittgrößen an der Stelle $x = a$ des Übergangs vom Bereich I zum Bereich II beschreiben. Diese Gleichungen heißen *Übergangsbedingungen*.

Da an der Stelle $x = a$ weder eine Einzelkraft noch ein Moment angreift, sind die Schnittgrößen unmittelbar links und rechts von der Übergangsstelle gleich, und damit sind die Schnittkraftlinien dort stetig (wegen $\mathrm{d}Q/\mathrm{d}x = -q$ hat Q bei unstetigem q einen Knick). Die Übergangsbedingungen lauten also

$$Q_\text{I}(a) = Q_\text{II}(a)\,, \quad M_\text{I}(a) = M_\text{II}(a)\,. \tag{7.14}$$

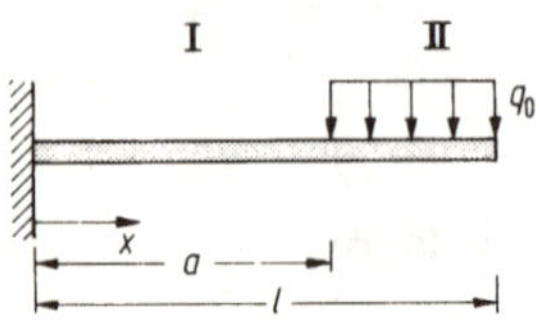

Abb. 7.13

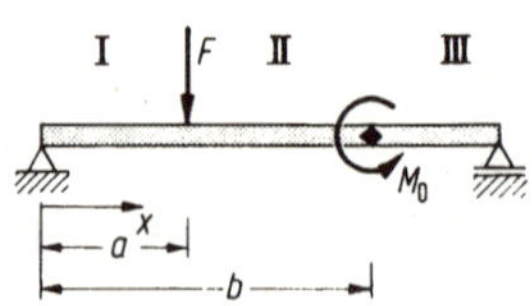

Abb. 7.14

Einsetzen von (7.12) in die Rand- und die Übergangsbedingungen (7.13) und (7.14) liefert die Integrationskonstanten

$$C_1 = q_0(l-a)\,, \qquad C_2 = -\tfrac{1}{2}\,q_0(l^2-a^2)\,,$$
$$C_3 = q_0\,l\,, \qquad C_4 = -\tfrac{1}{2}\,q_0\,l^2\,.$$

Betrachten wir nun einen Balken unter einer Einzelkraft F, die an der Stelle $x = a$ angreift (Abb. 7.14). In diesem Fall hat die Querkraftlinie dort einen Sprung der Größe F, während die Momentenlinie stetig ist. Auch hier muss eine Bereichseinteilung stattfinden. Die Übergangsbedingungen lauten dann

$$Q_{\mathrm{II}}(a) = Q_{\mathrm{I}}(a) - F\,, \quad M_{\mathrm{II}}(a) = M_{\mathrm{I}}(a)\,. \tag{7.15}$$

Entsprechend bewirkt ein Moment M_0 an der Stelle $x = b$ einen Sprung der Größe M_0 in der Momentenlinie. Daher gelten dort die Übergangsbedingungen

$$Q_{\mathrm{III}}(b) = Q_{\mathrm{II}}(b)\,, \quad M_{\mathrm{III}}(b) = M_{\mathrm{II}}(b) - M_0\,. \tag{7.16}$$

Die folgende Tabelle zeigt zusammenfassend, in welchen Fällen Sprünge oder Knicke in den Schnittkraftlinien infolge von Unstetigkeiten in der Belastung auftreten:

Last	Q	M
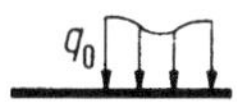	Knick	—
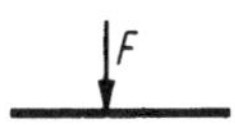	Sprung	Knick
	—	Sprung

Müssen wir einen Balken bei der Bestimmung der Schnittgrößen in n Bereiche einteilen, so ergeben sich bei der Integration der differentiellen Beziehungen $2\,n$ Integrationskonstanten. Sie sind aus $2\,n-2$ Übergangsbedingungen und 2 Randbedingungen zu bestimmen.

Bei mehrteiligen Tragwerken verschwindet an einem Gelenk das Biegemoment: $M = 0$. Die Querkraft ist dort im allgemeinen ungleich Null. Dagegen ist bei einer Parallelführung (Querkraftgelenk) $Q = 0$ und $M \neq 0$. An den Verbindungselementen gilt also für die Schnittgrößen:

Verbindungselement	Q	M
	$\neq 0$	0
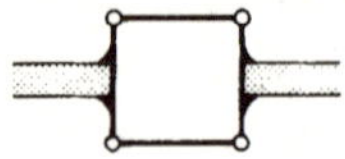	0	$\neq 0$

(7.17)

Bei der Bestimmung der Integrationskonstanten tritt dann *eine* Bedingung (Biegemoment oder Querkraft gleich Null) an die Stelle einer Übergangsbedingung.

Greifen an den Verbindungselementen keine Einzellasten an, so sind die Schnittkraftlinien stetig, und es ist dort keine zusätzliche Bereichseinteilung nötig. Entsprechendes gilt bei einer Streckenlast, die links und rechts von einem Verbindungselement durch die gleiche Funktion beschrieben wird.

Bei vielen Feldern müssen zur Bestimmung der Integrationskonstanten große Gleichungssysteme gelöst werden. Daher ist dieses Verfahren nur für Tragwerke mit wenigen Feldern zu empfehlen.

Beispiel 7.5: Ein beiderseits gelenkig gelagerter Balken wird durch eine Einzelkraft und durch eine dreieckförmige Streckenlast belastet (Abb. 7.15a).

Gesucht sind die Schnittgrößen.

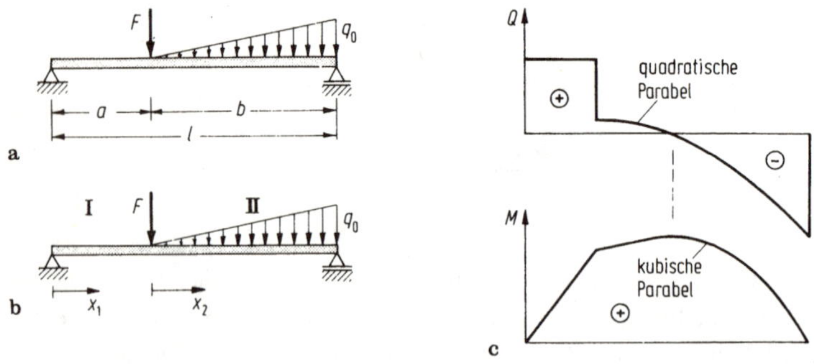

Abb. 7.15

Lösung: Wegen der unstetigen Belastung teilen wir den Balken in zwei Felder I und II (Abb. 7.15b). Statt der Koordinate x für den gesamten Balken verwenden wir im Feld I die Koordinate x_1 und im Feld II die

Koordinate x_2. Dann erhalten wir durch bereichsweise Integration nach (7.9) und (7.10):

$$\text{I: } q_{\mathrm{I}} = 0\,, \qquad \text{II: } q_{\mathrm{II}} = q_0\,\frac{x_2}{b}\,,$$

$$Q_{\mathrm{I}} = C_1\,, \qquad Q_{\mathrm{II}} = -q_0\,\frac{x_2^2}{2\,b} + C_3\,,$$

$$M_{\mathrm{I}} = C_1\,x_1 + C_2\,, \qquad M_{\mathrm{II}} = -q_0\,\frac{x_2^3}{6\,b} + C_3\,x_2 + C_4\,.$$

Die Rand- und die Übergangsbedingungen lauten

$$M_{\mathrm{I}}(x_1 = 0) = 0\,, \quad M_{\mathrm{II}}(x_2 = b) = 0\,,$$

$$Q_{\mathrm{II}}(x_2 = 0) = Q_{\mathrm{I}}(x_1 = a) - F\,, \; M_{\mathrm{II}}(x_2 = 0) = M_{\mathrm{I}}(x_1 = a)\,.$$

Einsetzen liefert nach Zwischenrechnung die Integrationskonstanten

$$C_1 = \left(\frac{1}{6}\,q_0\,b + F\right)\frac{b}{l}\,, \qquad C_2 = 0\,,$$

$$C_3 = \left(\frac{1}{6}\,q_0\,b - \frac{a}{b}\,F\right)\frac{b}{l}\,, \quad C_4 = \left(\frac{1}{6}\,q_0\,b + F\right)\frac{a\,b}{l}$$

und damit die Schnittgrößen (Abb. 7.15c)

$$\underline{\underline{Q_{\mathrm{I}}}} = \left(\frac{1}{6}\,q_0\,b + F\right)\frac{b}{l}\,,$$

$$\underline{\underline{Q_{\mathrm{II}}}} = -q_0\,\frac{x_2^2}{2\,b} + \left(\frac{1}{6}\,q_0\,b - \frac{a}{b}\,F\right)\frac{b}{l}\,,$$

$$\underline{\underline{M_{\mathrm{I}}}} = \left(\frac{1}{6}\,q_0\,b + F\right)\frac{b}{l}\,x_1\,,$$

$$\underline{\underline{M_{\mathrm{II}}}} = -q_0\,\frac{x_2^3}{6\,b} + \left(\frac{1}{6}\,q_0 b - \frac{a}{b}\,F\right)\frac{b}{l}\,x_2$$

$$+ \left(\frac{1}{6}\,q_0\,b + F\right)\frac{a\,b}{l}\,.$$

Beispiel 7.6: Für den Gerberträger nach Abb. 7.16a bestimme man die Schnittkraftlinien.

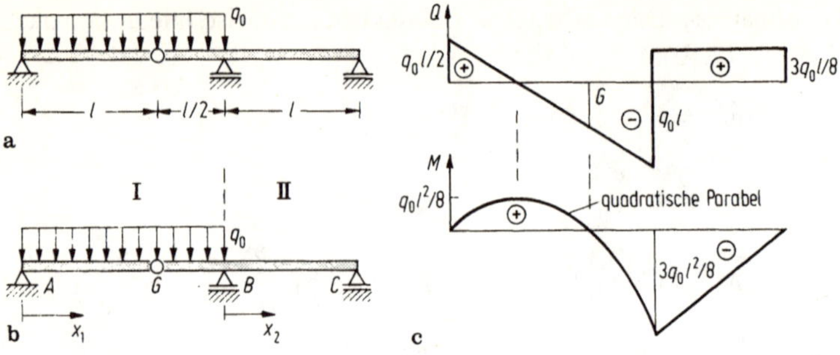

Abb. 7.16

Lösung: An der Stelle des Lagers B muss eine Bereichseinteilung vorgenommen werden (Lagerkraft B und unstetiges q). In den beiden Feldern I und II verwenden wir die Koordinaten x_1 und x_2 (Abb. 7.16b). Bereichsweise Integration liefert dann

$$\text{I: } q_{\text{I}} = q_0\,, \qquad\qquad \text{II: } q_{\text{II}} = 0,$$

$$Q_{\text{I}} = -q_0\,x_1 + C_1\,, \qquad\qquad Q_{\text{II}} = C_3\,,$$

$$M_{\text{I}} = -\frac{1}{2}\,q_0\,x_1^2 + C_1\,x_1 + C_2\,, \qquad M_{\text{II}} = C_3\,x_2 + C_4\,.$$

Aus den vier Bedingungen

$$M_{\text{I}}(x_1 = 0) = 0\,, \quad M_{\text{II}}(x_2 = l) = 0\,, \quad \text{(Randbedingungen)}$$

$$M_{\text{I}}(x_1 = \tfrac{3}{2}l) = M_{\text{II}}(x_2 = 0)\,, \quad \text{(Übergangsbedingung)}$$

$$M_{\text{I}}(x_1 = l) = 0 \quad \text{(Biegemoment am Gelenk gleich Null)}$$

können die vier Integrationskonstanten berechnet werden:

$$C_1 = \frac{1}{2}\,q_0\,l\,, \quad C_2 = 0\,, \quad C_3 = \frac{3}{8}\,q_0\,l\,, \quad C_4 = -\frac{3}{8}\,q_0\,l^2\,.$$

Damit lauten die Schnittgrößen (Abb. 7.16c)

$$\underline{\underline{Q_{\text{I}}}} = -q_0\,x_1 + \frac{1}{2}\,q_0\,l\,, \qquad \underline{\underline{Q_{\text{II}}}} = \frac{3}{8}\,q_0\,l\,,$$

$$\underline{\underline{M_{\text{I}}}} = -\frac{1}{2}\,q_0\,x_1^2 + \frac{1}{2}\,q_0\,l\,x_1\,, \quad \underline{\underline{M_{\text{II}}}} = \frac{3}{8}\,q_0\,l(x_2 - l)\,.$$

Zur Kontrolle lesen wir aus der Querkraftlinie die Lagerkräfte ab:

$$A = Q_{\mathrm{I}}(x_1 = 0) = \tfrac{1}{2}\, q_0\, l\,,$$

$$B = Q_{\mathrm{II}}(x_2 = 0) - Q_{\mathrm{I}}(x_1 = \tfrac{3}{2}\, l) = \tfrac{11}{8}\, q_0\, l\,,$$

$$C = -Q_{\mathrm{II}}(x_2 = l) = -\tfrac{3}{8}\, q_0\, l\,.$$

Ihre Summe hält der Gesamtbelastung $3\, q_0\, l/2$ das Gleichgewicht.

7.2.5 Föppl-Symbol

Die bereichsweise Integration nach Abschnitt 7.2.4 ist schon bei zwei Feldern mit größerem Aufwand verbunden. Die Arbeit lässt sich jedoch reduzieren, wenn man sich des *Klammer-Symbols* nach A. Föppl (1854–1924) bedient (im angelsächsischen Sprachraum wird das Klammer-Symbol meist nach Macauley benannt). Mit seiner Hilfe können Unstetigkeiten wie Sprünge oder Knicke einfach beschrieben werden. Das Föppl-Symbol, gekennzeichnet durch spitze Klammern, ist definiert durch

$$\boxed{\langle x - a\rangle^n = \begin{cases} 0 & \text{für} \quad x < a \\ (x-a)^n & \text{für} \quad x > a \end{cases}}\,. \tag{7.18}$$

Insbesondere beschreibt

$$\langle x - a\rangle^0 = \begin{cases} 0 & \text{für} \quad x < a \\ 1 & \text{für} \quad x > a \end{cases} \tag{7.19}$$

einen Sprung der Größe 1 an der Stelle a.

Bei der Differentiation und bei der Integration kann das Klammer-Symbol wie eine runde Klammer aufgefasst werden. Es gelten daher die Rechenregeln

$$\frac{\mathrm{d}}{\mathrm{d}x}\langle x - a\rangle^n = n\langle x - a\rangle^{n-1}\,,$$

$$\int \langle x - a\rangle^n\, \mathrm{d}x = \frac{1}{n+1}\langle x - a\rangle^{n+1} + C\,. \tag{7.20}$$

Eine konstante Streckenlast q_0, die an der Stelle $x = a$ beginnt (Abb. 7.17a), kann somit nach (7.19) im gesamten Bereich durch die

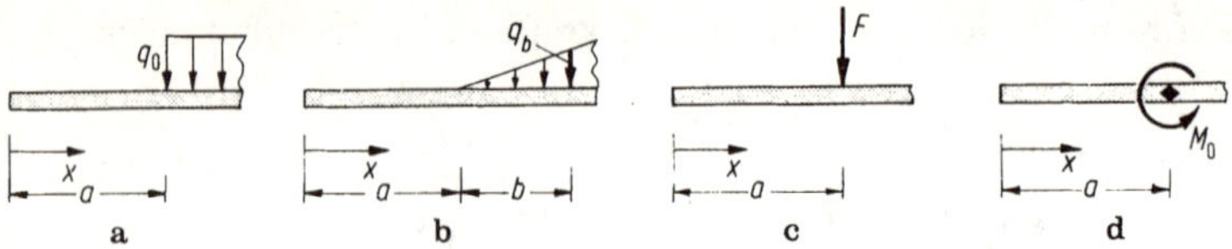

Abb. 7.17

eine Funktion

$$q(x) = q_0 \langle x - a \rangle^0 \tag{7.21}$$

beschrieben werden. Entsprechend stellt

$$q(x) = \frac{q_b}{b} \langle x - a \rangle^1 \tag{7.22}$$

nach (7.18) eine ab der Stelle $x = a$ linear wachsende Streckenlast dar (Abb. 7.17b).

Wirken Einzelkräfte (Einzelmomente), dann treten im Querkraftverlauf (Momentenverlauf) Sprünge auf. Diese müssen bei der Integration der differentiellen Beziehungen mit dem Föppl-Symbol zusätzlich berücksichtigt werden. So verursacht eine Einzelkraft F an der Stelle $x = a$ (Abb. 7.17c) einen Sprung der Größe F in der Querkraft, der sich als

$$Q(x) = -F \langle x - a \rangle^0 \tag{7.23}$$

schreiben lässt. Ein Sprung im Biegemoment infolge eines Einzelmoments M_0 an der Stelle $x = a$ (Abb. 7.17d) wird schließlich durch

$$M(x) = -M_0 \langle x - a \rangle^0 \tag{7.24}$$

erfasst.

Der Vorteil der Verwendung des Föppl-Symbols besteht darin, dass keine Einteilung in mehrere Felder mehr vorgenommen werden muss. Nach Aufstellen der Belastungsfunktion $q(x)$ kann die Integration formal nach (7.9) und (7.10) durchgeführt werden. Die zwei Integrationskonstanten werden aus zwei Randbedingungen bestimmt. Die Übergangsbedingungen an Unstetigkeitsstellen brauchen nicht berücksichtigt zu werden: sie sind automatisch erfüllt.

Beispiel 7.7: Der Balken nach Abb. 7.18a wird durch ein Einzelmoment und eine Dreieckslast belastet.

Gesucht sind die Schnittgrößen.

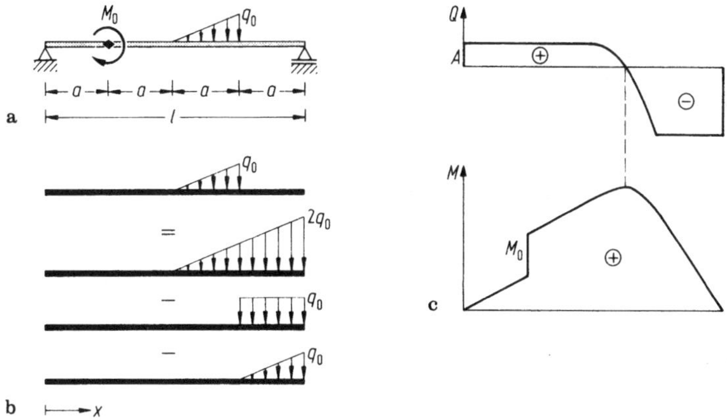

Abb. 7.18

Lösung: Zuerst stellen wir die Streckenlast mit Hilfe des Föppl-Symbols dar. Eine ab $x = 2\,a$ linear anwachsende Last wird analog zu (7.22) durch

$$q(x) = \frac{q_0}{a}\langle x - 2a\rangle^1 \tag{a}$$

beschrieben. Diese Gleichung liefert auch eine Belastung im Bereich $x > 3\,a$. Da am gegebenen Balken dort jedoch keine Belastung wirkt, müssen wir in diesem Bereich einen konstanten Anteil $q_0\langle x - 3\,a\rangle^0$ und einen linearen Anteil $q_0\langle x - 3\,a\rangle^1/a$ abziehen (Abb. 7.18b) und erhalten somit

$$q(x) = \frac{q_0}{a}\langle x - 2\,a\rangle^1 - q_0\langle x - 3\,a\rangle^0 - \frac{q_0}{a}\langle x - 3\,a\rangle^1\,. \tag{b}$$

Wir überzeugen uns davon, dass (b) im Bereich $x > 3\,a$ tatsächlich die Streckenlast $q = 0$ liefert:

$$q(x) = \frac{q_0}{a}(x - 2\,a) - q_0 - \frac{q_0}{a}(x - 3\,a) = 0 \quad \text{für} \quad x > 3\,a\,.$$

Unter Berücksichtigung des Sprunges im Momentenverlauf infolge M_0 (Drehrichtung beachten) an der Stelle $x = a$ liefert die Integration nach (7.9) und (7.10)

$$Q(x) = -\frac{q_0}{2\,a}\langle x-2\,a\rangle^2 + q_0\langle x-3\,a\rangle^1 + \frac{q_0}{2\,a}\langle x-3\,a\rangle^2 + C_1\,,$$

$$M(x) = -\frac{q_0}{6\,a}\langle x-2\,a\rangle^3 + \frac{q_0}{2}\langle x-3\,a\rangle^2 + \frac{q_0}{6\,a}\langle x-3\,a\rangle^3$$

$$+\,C_1\,x + C_2 + M_0\langle x-a\rangle^0\,.$$

Die Integrationskonstanten C_1 und C_2 bestimmen wir aus den Randbedingungen:

$$M(0)=0 \;\rightarrow\; C_2 = 0\,,$$

$$M(l)=0 \;\rightarrow\; -\frac{q_0}{6\,a}(l-2\,a)^3 + \frac{q_0}{2}(l-3\,a)^2 + \frac{q_0}{6\,a}(l-3\,a)^3$$

$$+\,C_1\,l + M_0 = 0 \quad\rightarrow\quad C_1 = \frac{q_0\,l}{24} - \frac{M_0}{l}\,.$$

Damit lauten die Schnittgrößen (Abb. 7.18c)

$$\underline{\underline{Q(x)}} = -\frac{q_0}{2\,a}\langle x-2\,a\rangle^2 + q_0\langle x-3\,a\rangle^1$$

$$+\frac{q_0}{2\,a}\langle x-3\,a\rangle^2 + \frac{q_0\,l}{24} - \frac{M_0}{l}\,,$$

$$\underline{\underline{M(x)}} = -\frac{q_0}{6\,a}\langle x-2\,a\rangle^3 + \frac{q_0}{2}\langle x-3\,a\rangle^2$$

$$+\frac{q_0}{6\,a}\langle x-3\,a\rangle^3 + \left(\frac{q_0\,l}{24} - \frac{M_0}{l}\right)x + M_0\langle x-a\rangle^0\,.$$

7.2.6 Punktweise Ermittlung der Schnittgrößen

In vielen Fällen ist es nicht erforderlich, die Schnittgrößenverläufe in analytischer Form zu ermitteln. Es ist dann hinreichend, die Schnittgrößen nur an ausgezeichneten Stellen des Balkens zu berechnen. Die berechneten Punkte der Schnittkraftlinien werden anschließend durch die der jeweiligen Belastung entsprechenden Kurven verbunden.

Zur Erläuterung des Verfahrens betrachten wir den Balken in Abb. 7.19a. Zuerst werden die Lagerkräfte aus den Gleichgewichtsbedingungen für den gesamten Balken berechnet (Abb. 7.19b):

$$\overset{\curvearrowleft}{B}: \quad -6\,a\,A + 5\,a\,F + 3\,a\,2\,q_0\,a + M_0 = 0$$

$$\rightarrow \quad A = \frac{1}{6}\left(5\,F + 6\,q_0\,a + \frac{M_0}{a}\right),$$

$$\overset{\curvearrowleft}{A}: \quad -a\,F - 3\,a\,2\,q_0\,a + M_0 + 6\,a\,B = 0$$

$$\rightarrow \quad B = \frac{1}{6}\left(F + 6\,q_0\,a - \frac{M_0}{a}\right).$$

An den Stellen $x = a$, $2\,a$, $4\,a$ und $5\,a$ treten Knicke oder Sprünge in den Schnittkraftlinien auf. Dort bestimmen wir nun die Schnittgrößen aus den Gleichgewichtsbedingungen für den jeweils freigeschnittenen Balkenteil. So erhalten wir durch Schneiden bei $x = a$ unmittelbar *vor* dem Angriffspunkt der Kraft F (Abb. 7.19c):

$$\uparrow: \ A - Q = 0 \qquad \rightarrow \qquad Q(a) = A = \frac{1}{6}\left(5\,F + 6\,q_0\,a + \frac{M_0}{a}\right)$$

links neben der Kraft F,

$$\overset{\curvearrowleft}{S}: \ -a\,A + M = 0 \quad \rightarrow \quad M(a) = a\,A$$

$$= \frac{1}{6}(5\,a\,F + 6\,q_0\,a^2 + M_0)\,.$$

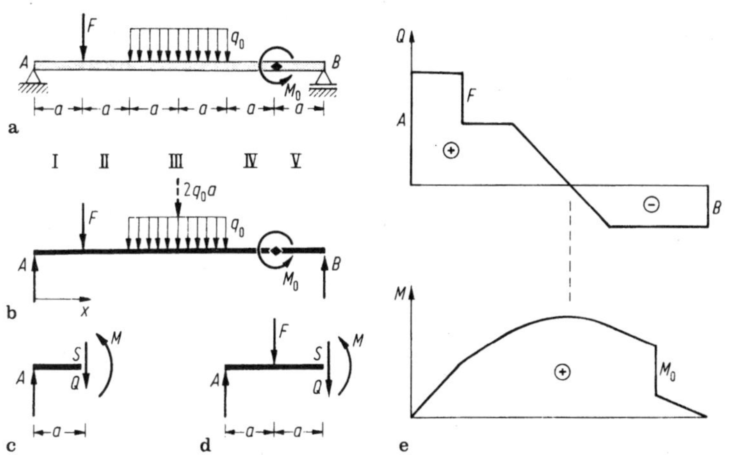

Abb. 7.19

Entsprechend liefert ein Schnitt bei $x = 2a$ (Abb. 7.19d):

$$\uparrow: \; A - F - Q = 0 \quad \rightarrow \quad Q(2\,a) = \frac{1}{6}\left(-F + 6\,q_0\,a + \frac{M_0}{a}\right),$$

$$\overset{\curvearrowleft}{S}: \; -2\,a\,A + a\,F + M = 0$$

$$\rightarrow \quad M(2\,a) = \frac{1}{3}(2\,a\,F + 6\,q_0\,a^2 + M_0)\,.$$

In gleicher Weise finden wir

$$Q(4\,a) = \frac{1}{6}\left(-F - 6\,q_0\,a + \frac{M_0}{a}\right),$$

$$M(4\,a) = \frac{1}{3}\,(a\,F + 6\,q_0\,a^2 + 2\,M_0)\,,$$

$$Q(5\,a) = Q(4\,a)\,,$$

$$M(5\,a) = \frac{1}{6}\,(a\,F + 6\,q_0\,a^2 - M_0)$$

rechts neben dem Moment M_0.

In den Bereichen I, II, IV und V ist die Streckenlast Null. Daher ist dort die Querkraft jeweils konstant. Wegen $q = q_0 = \text{const}$ ist Q im Bereich III linear veränderlich. An der Stelle $x = a$ tritt infolge der Einzelkraft F ein Sprung im Querkraftverlauf auf.

Entsprechend ist das Biegemoment in den Bereichen I, II, IV und V linear veränderlich und verläuft im Bereich III nach einer quadratischen Parabel (vgl. auch Tabelle in Abschnitt 7.2.2). Da der Querkraftverlauf an den Stellen $x = 2\,a$ und $x = 4\,a$ stetig ist, hat der Momentenverlauf wegen $Q = \mathrm{d}M/\mathrm{d}x$ an diesen Stellen keine Knicke. Bei $x = 5\,a$ bewirkt das Moment M_0 einen Sprung in der Momentenlinie.

Abbildung 7.19e zeigt die Schnittkraftlinien. Das maximale Biegemoment tritt an der Stelle auf, an der die Querkraft verschwindet.

Beispiel 7.8: Für das Tragwerk nach Abb. 7.20a ($a = 0{,}5\,\text{m}$, $q_0 = 60\,\text{kN/m}$, $F = 80\,\text{kN}$, $M_0 = 10\,\text{kNm}$) bestimme man die Schnittkraftlinien.

Lösung: Zuerst ermitteln wir die Lagerreaktionen und die Gelenkkraft (alle Horizontalkomponenten sind Null) aus dem Gleichgewicht an den freigeschnittenen Teilbalken (Abb. 7.20b):

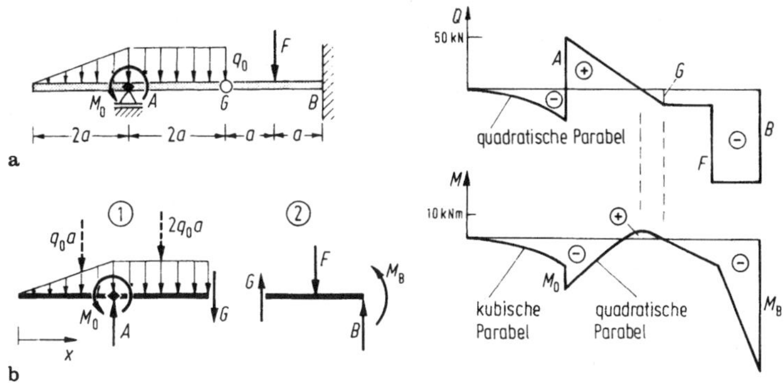

Abb. 7.20

$$①: \overset{\curvearrowleft}{A}: \quad \frac{2}{3}\,a\,q_0\,a + M_0 - a\,2\,q_0\,a - 2\,a\,G = 0$$

$$\rightarrow \quad G = -\frac{2}{3}\,q_0\,a + \frac{M_0}{2\,a} = -10\,\text{kN}\,,$$

$$\overset{\curvearrowleft}{G}: \quad \frac{8}{3}\,a\,q_0\,a + M_0 - 2\,a\,A + a\,2\,q_0\,a = 0$$

$$\rightarrow \quad A = \frac{7}{3}\,q_0\,a + \frac{M_0}{2\,a} = 80\,\text{kN}\,,$$

$$②: \overset{\curvearrowleft}{B}: \quad -2\,a\,G + a\,F + M_B = 0$$

$$\rightarrow \quad M_B = -\frac{4}{3}\,q_0\,a^2 + M_0 - a\,F = -50\,\text{kNm}\,,$$

$$\uparrow: \quad G - F + B = 0$$

$$\rightarrow \quad B = \frac{2}{3}\,q_0\,a - \frac{M_0}{2\,a} + F = 90\,\text{kN}\,.$$

Durch geeignete Schnitte berechnen wir anschließend folgende Schnittgrößen:

$$Q(2\,a) = \begin{cases} -q_0\,a = -30\,\text{kN} & \text{links neben dem Lager } A\,, \\ -q_0\,a + A = 50\,\text{kN} & \text{rechts neben dem Lager } A\,, \end{cases}$$

$$Q(4\,a) = -q_0\,a + A - 2\,q_0\,a = -10\,\text{kN}\,,$$

$$Q(5\,a) = \begin{cases} G = -10\,\mathrm{kN} & \text{links neben der Kraft } F, \\ G - F = -90\,\mathrm{kN} & \text{rechts neben der Kraft } F, \end{cases}$$

$$Q(6\,a) = -B = -90\,\mathrm{kN}\,,$$

$$M(2\,a) = \begin{cases} -\dfrac{2}{3}\,a\,q_0\,a = -10\,\mathrm{kNm} & \text{links neben dem Lager } A, \\ -\dfrac{2}{3}\,a\,q_0\,a - M_0 = -20\,\mathrm{kNm} & \text{rechts neben dem Lager } A, \end{cases}$$

$$M(5\,a) = a\,G = -5\,\mathrm{kNm}\,,$$

$$M(6\,a) = M_B = -50\,\mathrm{kNm}\,.$$

Mit $Q(0) = 0$, $M(0) = 0$ und $M(4\,a) = 0$ können wir nun durch Verbinden dieser Punkte mit den zutreffenden Geraden bzw. Parabeln die Schnittkraftlinien zeichnen (Abb. 7.20c). Dabei sind die differentiellen Beziehungen zu beachten:

- an der Stelle $x = 0$ haben wegen $q = 0$ bzw. $Q = 0$ die quadratische Parabel für Q bzw. die kubische Parabel für M jeweils eine horizontale Tangente,
- an der Stelle $x = 4\,a$ geht beim Momentenverlauf die quadratische Parabel ohne Knick in die Gerade über (Querkraftlinie ist dort stetig).

7.3 Schnittgrößen bei Rahmen und Bogen

Die Überlegungen zur Bestimmung der Schnittgrößen an Balken lassen sich auf Rahmen und Bögen verallgemeinern. Die differentiellen Beziehungen nach Abschnitt 7.2.2 gelten dabei allerdings nur für gerade Rahmenteile (*nicht* für Bögen).

Wir wollen uns hier vorzugsweise mit der punktweisen Ermittlung der Schnittgrößen beschäftigen. Entsprechend dem Vorgehen in Abschnitt 7.2.6 werden die Schnittgrößen an ausgezeichneten Punkten des Rahmens oder Bogens aus dem Gleichgewicht am geschnittenen Rahmen- oder Bogenteil berechnet. Die Vorzeichen werden dabei nach Abschnitt 7.1 über die gestrichelte Faser festgelegt. Da bei Rahmen in der Regel auch bei reiner Querbelastung der Rahmenteile Normalkräfte auftreten, berechnen wir hier stets alle drei Schnittgrößen.

Bei Rahmen ist der Übergang der Schnittgrößen an den Ecken besonders zu betrachten. Wir untersuchen dies an der unbelasteten recht-

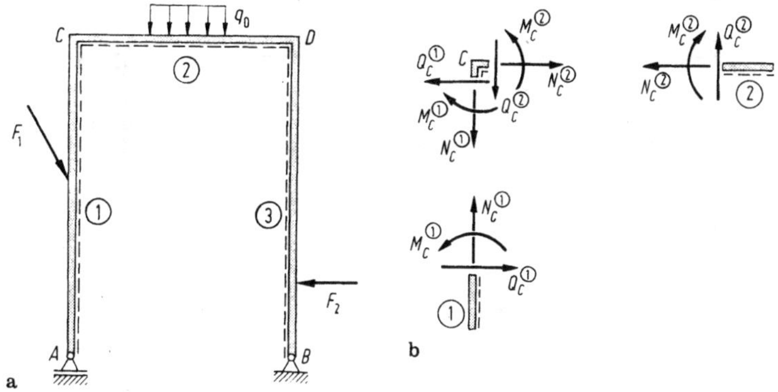

Abb. 7.21

winkligen Ecke C des Rahmens in Abb. 7.21a. Aus dem Gleichgewicht an der freigeschnittenen Ecke (Abb. 7.21b) folgt

$$N_C^{\textcircled{1}} = -Q_C^{\textcircled{2}}\,, \quad Q_C^{\textcircled{1}} = N_C^{\textcircled{2}}\,, \quad M_C^{\textcircled{1}} = M_C^{\textcircled{2}}\,. \tag{7.25}$$

Während die Biegemomente ohne Änderung übertragen werden, gehen die Querkraft in die Normalkraft und die Normalkraft in die Querkraft über. Tritt an einer Rahmenecke ein schiefer Winkel auf, so muss man die zu übertragenden Schnittkräfte nach den jeweiligen Richtungen zerlegen.

Beispiel 7.9: Für den Rahmen nach Abb. 7.22a bestimme man die Schnittgrößen.

Lösung: Aus den Gleichgewichtsbedingungen am gesamten Rahmen (Abb. 7.22b) erhält man die Lagerkräfte zu

$$A = \frac{5}{2}F\,, \quad B_V = -\frac{3}{2}F\,, \quad B_H = 2F\,.$$

Zur Festlegung der Vorzeichen der Schnittgrößen führen wir die gestrichelte Faser ein. Die Schnittkraftlinien werden durch punktweise Ermittlung konstruiert. Durch geeignete Schnitte berechnen wir folgende Schnittgrößen:

$$N_C^{\textcircled{1}} = 0\,, \quad Q_C^{\textcircled{1}} = -F\,, \quad M_C^{\textcircled{1}} = -aF\,,$$

$$N_C^{\textcircled{2}} = -A = -\frac{5}{2}F\,, \quad Q_C^{\textcircled{2}} = 0\,, \quad M_C^{\textcircled{2}} = 0\,,$$

$$N_D^{\textcircled{3}} = 0\,, \quad Q_D^{\textcircled{3}} = -F + A = \frac{3}{2}F\,, \quad M_D^{\textcircled{3}} = -3aF + 2aA = 2aF\,.$$

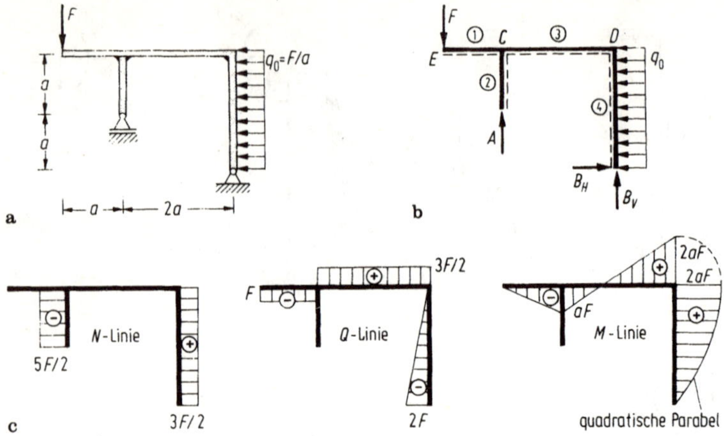

Abb. 7.22

Beim Übergang vom Bereich ③ zum Bereich ④ gilt analog zu (7.25)

$$N_D^{④} = Q_D^{③} = \frac{3}{2}F, \quad Q_D^{④} = -N_D^{③} = 0, \quad M_D^{④} = M_D^{③} = 2aF.$$

Unter Beachtung von

$$N_E^{①} = 0, \quad Q_E^{①} = -F, \quad M_E^{①} = 0,$$
$$N_A^{②} = -A = -\frac{5}{2}F, \quad Q_A^{②} = 0, \quad M_A^{②} = 0,$$
$$N_B^{④} = -B_V = \frac{3}{2}F, \quad Q_B^{④} = -B_H = -2F, \quad M_B^{④} = 0$$

erhält man die in Abb. 7.22c dargestellten Schnittkraftlinien.

Beispiel 7.10: Der Kreisbogenträger nach Abb. 7.23a wird durch eine Einzelkraft F belastet.

Gesucht sind die Schnittgrößen.

Lösung: Die Lagerkräfte folgen aus den Gleichgewichtsbedingungen am gesamten Bogen (Abb. 7.23b) zu

$$B = \frac{1}{4}F, \quad A_V = -B = -\frac{1}{4}F, \quad A_H = F.$$

Nach Einführen der gestrichelten Faser werden die Schnittgrößen durch Gleichgewichtsbetrachtungen an freigeschnittenen Bogenteilen

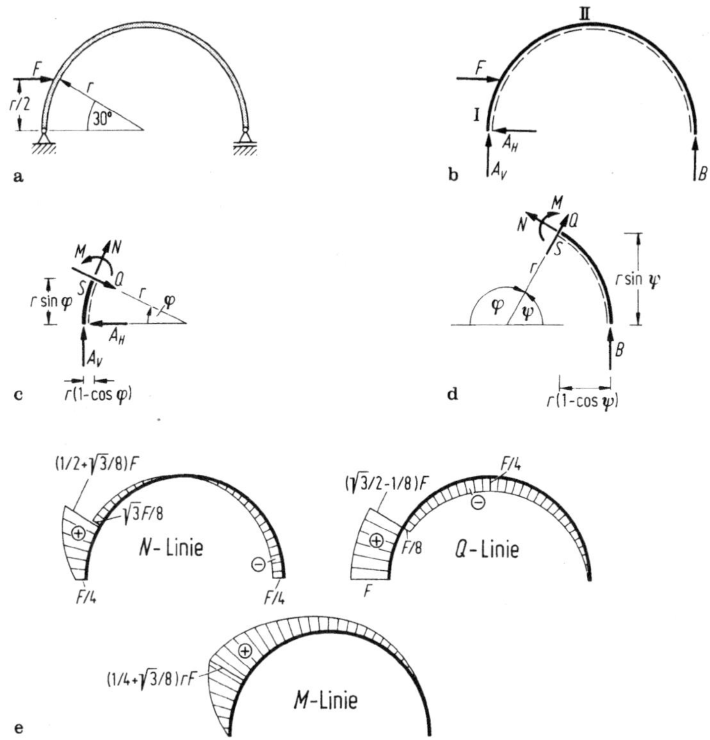

Abb. 7.23

bestimmt. Zunächst führen wir einen Schnitt an einer beliebigen Stelle φ im Bereich I $(0 < \varphi < 30°)$. Die Gleichgewichtsbedingungen liefern hier nach Abb. 7.23c

$$\nearrow: \quad N + A_V \cos\varphi - A_H \sin\varphi = 0$$

$$\rightarrow \quad \underline{\underline{N}} = \left(\sin\varphi + \frac{1}{4}\cos\varphi\right) F\,,$$

$$\searrow: \quad Q - A_V \sin\varphi - A_H \cos\varphi = 0$$

$$\rightarrow \quad \underline{\underline{Q}} = \left(\cos\varphi - \frac{1}{4}\sin\varphi\right) F\,,$$

$$\curvearrowleft S: \quad M - r\sin\varphi\, A_H - r(1-\cos\varphi) A_V = 0$$

$$\rightarrow \quad \underline{\underline{M}} = \left(\sin\varphi + \frac{1}{4}\cos\varphi - \frac{1}{4}\right) r\,F\,.$$

Da der Winkel φ beliebig ist, erhält man somit den Verlauf der Schnittgrößen im gesamten Bereich I. Entsprechend findet man mit dem Hilfswinkel $\psi = \pi - \varphi$ im Bereich II ($30° < \varphi < 180°$) nach Abb. 7.23d

$$\nwarrow: \quad N + B\cos\psi = 0$$

$$\rightarrow \quad \underline{\underline{N}} = -\frac{1}{4}\,F\cos\psi = \frac{1}{4}\,F\cos\varphi\,,$$

$$\nearrow: \quad Q + B\sin\psi = 0$$

$$\rightarrow \quad \underline{\underline{Q}} = -\frac{1}{4}\,F\sin\psi = -\frac{1}{4}\,F\sin\varphi\,,$$

$$\overset{\curvearrowleft}{S}: \quad -M + r(1-\cos\psi)B = 0$$

$$\rightarrow \quad \underline{\underline{M}} = \frac{1}{4}\,(1-\cos\psi)r\,F = \frac{1}{4}\,(1+\cos\varphi)r\,F\,.$$

Die Schnittgrößen sind in Abb. 7.23e senkrecht zum Bogen aufgetragen. Die Sprünge $\Delta N = F/2$ in der Normalkraft und $\Delta Q = \sqrt{3}\,F/2$ in der Querkraft bei $\varphi = 30°$ entsprechen den Komponenten von F normal und tangential zum Bogen.

7.4 Schnittgrößen bei räumlichen Tragwerken

Wir haben uns bisher bei der Ermittlung der Schnittgrößen der Einfachheit halber auf ebene Tragwerke beschränkt, die durch Kräftegruppen in ihrer Ebene belastet sind. Nunmehr wollen wir auch *räumlich belastete ebene* Tragwerke sowie *räumliche* Tragwerke untersuchen.

Als Beispiel betrachten wir einen einseitig eingespannten Balken, der durch beliebig gerichtete Kräfte $\boldsymbol{F}_j$ und Momente $\boldsymbol{M}_j$ belastet wird (Abb. 7.24a). Wie in Abschnitt 7.1 legen wir die inneren Kräfte durch einen Schnitt senkrecht zur Balkenachse frei. Die über die Querschnittsfläche verteilten Kräfte können wieder durch ihre Resultierende $\boldsymbol{R}$ und ihr resultierendes Moment $\boldsymbol{M}$ (bezüglich des Schwerpunkts S der Querschnittsfläche) ersetzt werden (Abb. 7.24b). Dabei besitzen $\boldsymbol{R}$ und $\boldsymbol{M}$ nun im allgemeinen Komponenten in allen *drei* Koordinatenrichtungen:

$$\boldsymbol{R} = \begin{bmatrix} N \\ Q_y \\ Q_z \end{bmatrix}\,, \quad \boldsymbol{M} = \begin{bmatrix} M_T \\ M_y \\ M_z \end{bmatrix}\,. \tag{7.26}$$

a

b

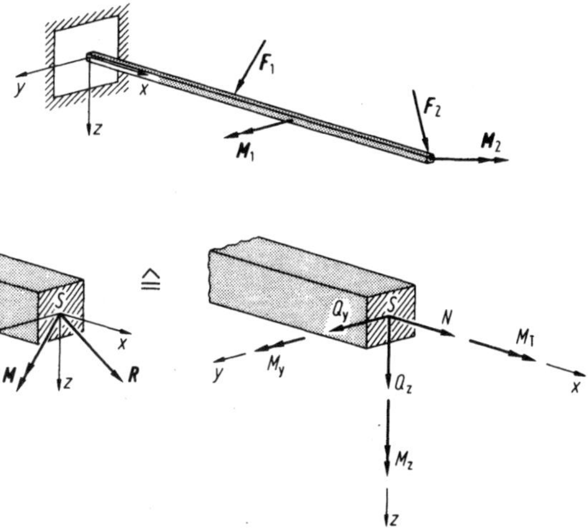

Abb. 7.24

Die Kraftkomponente in x-Richtung (*normal* zur Schnittebene) ist wie in Abschnitt 7.1 die Normalkraft N. Die Schnittkräfte in y- und in z-Richtung (*senkrecht* zur Balkenachse) sind die Querkräfte Q_y und Q_z.

Die Komponente des Momentes um die x-Achse heißt *Torsionsmoment* M_T; sie führt beim *elastischen* Balken (vgl. Band 2) zu einer Verdrehung. Daneben treten im Querschnitt noch die beiden Biegemomente M_y und M_z auf.

Die Vorzeichenkonvention der Schnittgrößen lautet wie in Abschnitt 7.1: Positive Schnittgrößen zeigen am positiven Schnittufer in positive Koordinatenrichtungen. In Abb. 7.24b sind alle Schnittgrößen mit ihrem positiven Richtungssinn eingezeichnet. Bei abgewinkelten Tragwerken verwendet man zweckmäßigerweise ein eigenes Koordinatensystem für jeden Teilbereich.

Die Schnittgrößen werden wie bisher aus den Gleichgewichtsbedingungen am geschnittenen System bestimmt.

Beispiel 7.11: Das räumliche Tragwerk nach Abb. 7.25a wird durch eine Kraft F belastet.

Gesucht sind die Schnittgrößen.

Lösung: Bei einem Schnitt an einer beliebigen Stelle durch das Tragwerk greifen am abgeschnittenen Teilsystem keine Lagerreaktionen an. Wenn man die Gleichgewichtsbedingungen zur Ermittlung der Schnittgrößen für dieses Teilsystem aufstellt, dann ist es nicht nötig, die Lagerreaktionen vorab zu bestimmen.

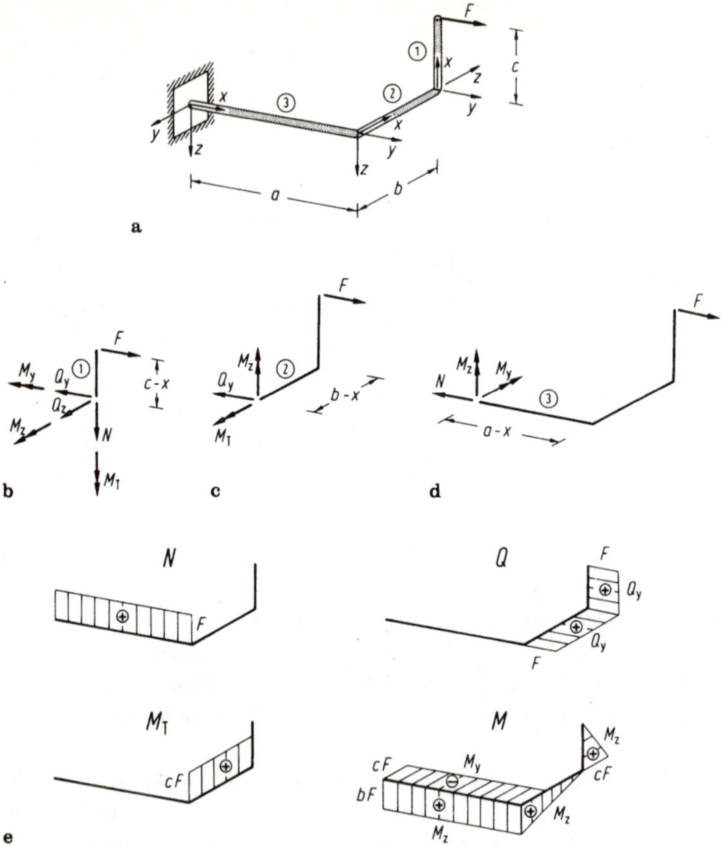

Abb. 7.25

Zur Festlegung der Vorzeichen der Schnittgrößen in den drei Bereichen ① bis ③ verwenden wir drei Koordinatensysteme (Abb. 7.25a). Zunächst führen wir einen Schnitt an einer beliebigen Stelle x im Bereich ① . An der Schnittstelle werden die Schnittgrößen mit positivem Richtungssinn (negatives Schnittufer!) eingezeichnet, vgl. Abb. 7.25b. Aus den Gleichgewichtsbedingungen (3.34) folgt:

$$\sum F_{iy} = 0 : \qquad F - Q_y = 0 \quad \rightarrow \quad \underline{\underline{Q_y = F}} \,,$$

$$\sum M_{iz} = 0 : (c-x)F - M_z = 0 \quad \rightarrow \quad \underline{\underline{M_z = (c-x)F}} \,.$$

Alle anderen Schnittgrößen sind im Bereich ① gleich Null.

Entsprechend erhält man bei einem Schnitt an einer Stelle x im Bereich ② , vgl. Abb. 7.25c (die Schnittgrößen, die Null sind, sind dabei der Übersichtlichkeit halber weggelassen worden),

$$\begin{aligned}
\sum F_{iy} &= 0: & F - Q_y &= 0 & \rightarrow \quad & \underline{\underline{Q_y = F}}\,, \\
\sum M_{ix} &= 0: & c\,F - M_T &= 0 & \rightarrow \quad & \underline{\underline{M_T = c\,F}}\,, \\
\sum M_{iz} &= 0: & (b-x)F - M_z &= 0 & \rightarrow \quad & \underline{\underline{M_z = (b-x)F}}\,,
\end{aligned}$$

bzw. im Bereich ③ , vgl. Abb. 7.25d,

$$\begin{aligned}
\sum F_{ix} &= 0: & F - N &= 0 & \rightarrow \quad & \underline{\underline{N = F}}\,, \\
\sum M_{iy} &= 0: & -c\,F - M_y &= 0 & \rightarrow \quad & \underline{\underline{M_y = -c\,F}}\,, \\
\sum M_{iz} &= 0: & b\,F - M_z &= 0 & \rightarrow \quad & \underline{\underline{M_z = b\,F}}\,.
\end{aligned}$$

Die Schnittkraftlinien sind in Abb. 7.25e zusammengestellt. Aus den Schnittgrößen an der Einspannstelle kann man die Lagerreaktionen ablesen.

8 Arbeit

8.1 Arbeitsbegriff und Potential

Der Arbeitsbegriff ist mit Verschiebungen verknüpft und gehört daher eigentlich in die Kinetik (vgl. Band 3), da in der Statik ja gerade *keine* Bewegungen auftreten sollen. Trotzdem kann man auch in der Statik Aufgaben mit Hilfe des Arbeitsbegriffes lösen, wie wir in Abschnitt 8.2 zeigen werden. Hierzu müssen wir zunächst die mechanische Größe „Arbeit" einführen.

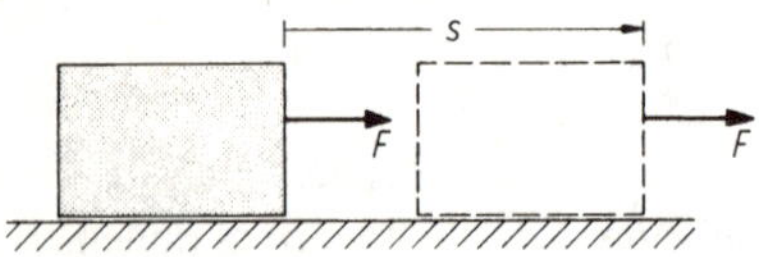

Abb. 8.1

Wenn ein Körper nach Abb. 8.1 durch eine konstante Kraft F in Richtung von F um eine Strecke s verschoben wird, definieren wir als *Arbeit* der Kraft F das Produkt

$$W = Fs\,.$$

Wir verallgemeinern diese Definition mit Hilfe der Vektorrechnung. In Abb. 8.2a bewegt sich der Angriffspunkt P einer Kraft $\boldsymbol{F}$ längs einer beliebigen Bahn. Bei einer infinitesimalen Verschiebung $\mathrm{d}\boldsymbol{r}$ von der durch den Ortsvektor $\boldsymbol{r}$ gekennzeichneten augenblicklichen Lage zu

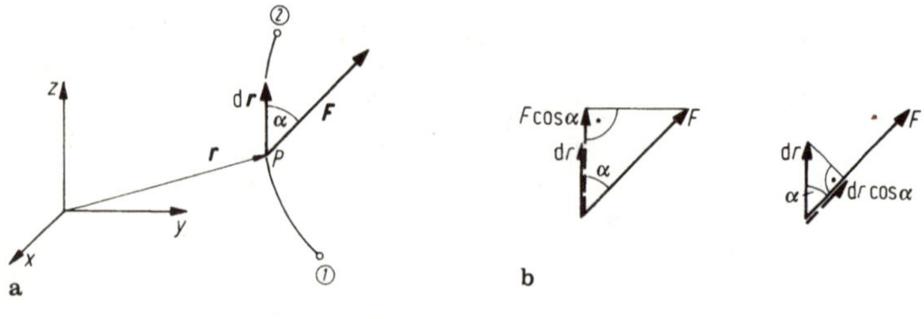

Abb. 8.2

einer Nachbarlage leistet die Kraft $\boldsymbol{F}$ eine Arbeit $\mathrm{d}W$, die definiert ist durch das Skalarprodukt

$$\boxed{\mathrm{d}W = \boldsymbol{F} \cdot \mathrm{d}\boldsymbol{r}}\,. \tag{8.1}$$

Dieses Produkt aus den Vektoren $\boldsymbol{F}$ und $\mathrm{d}\boldsymbol{r}$ ist nach (A.18) ein Skalar der Größe

$$\mathrm{d}W = |\boldsymbol{F}||\mathrm{d}\boldsymbol{r}|\cos\alpha = (F\cos\alpha)\mathrm{d}r = F(\mathrm{d}r\cos\alpha)\,. \tag{8.2}$$

Die Arbeit ist daher das Produkt aus der Kraftkomponente $(F\cos\alpha)$ in Richtung des Weges mal dem Weg $\mathrm{d}r$ bzw. das Produkt aus der Kraft F mal der Komponente des Weges $(\mathrm{d}r\cos\alpha)$ in Richtung der Kraft (Abb. 8.2b). Wenn Kraft und Wegelement senkrecht aufeinander stehen $(\alpha = \pi/2)$, wird keine Arbeit geleistet: $\mathrm{d}W = 0$.

Die Arbeit über einen endlichen Weg (Abb. 8.2a) vom Punkt ① bis zum Punkt ② ergibt sich zu

$$\boxed{W = \int \mathrm{d}W = \int_{①}^{②} \boldsymbol{F} \cdot \mathrm{d}\boldsymbol{r}}\,. \tag{8.3}$$

Die Arbeit hat die Dimension $[F\,l]$; sie wird in der nach dem Physiker J.P. Joule (1818–1889) benannten Einheit

$$1\,\mathrm{J} = 1\,\mathrm{Nm}$$

angegeben.

In (8.3) kann $\boldsymbol{F}(\boldsymbol{r})$ eine Kraft sein, deren Größe und Richtung vom Ort $\boldsymbol{r}$ abhängen. Die Ausdrucksweise „Arbeit = Kraft × Weg“ gilt daher nur, wenn die beiden Vektoren $\boldsymbol{F}$ und $\mathrm{d}\boldsymbol{r}$ ständig dieselbe Richtung haben $(\alpha = 0)$ und der Betrag von $\boldsymbol{F}$ konstant ist.

Als Anwendung betrachten wir die Gewichte bei einem System von zwei Körpern (Abb. 8.3), die durch ein Seil verbunden sind. Bei einer Absenkung um $\mathrm{d}s$ leistet das Gewicht G eine Arbeit $\mathrm{d}W_G = G\,\mathrm{d}s$, da hier Kraft- und Wegrichtung übereinstimmen. Beim Körper vom Gewicht Q müssen wir beachten, dass jetzt nur die Komponente $Q\sin\alpha$ in Wegrichtung in die Arbeit eingeht und diese außerdem gegen $\mathrm{d}s$ zeigt.

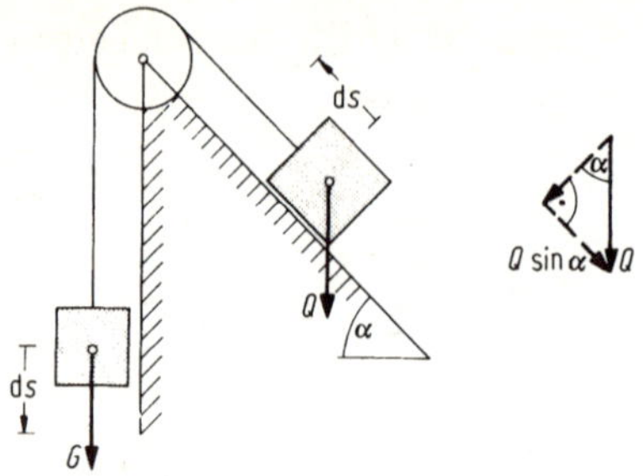

Abb. 8.3

Wir erhalten daher für die Arbeit des Gewichtes Q bei einer Verschiebung $\mathrm{d}s$ längs der schiefen Ebene nach oben $\mathrm{d}W_Q = -Q \sin\alpha \, \mathrm{d}s$.

Als weiteres Beispiel betrachten wir einen beidseitigen Hebel nach Abb. 8.4a, an dem die Kräfte F_1 und F_2 angreifen. Bei einer infinitesimalen Drehung $\mathrm{d}\varphi$ um den Lagerpunkt A leistet die Kraft F_1 die Arbeit (Abb. 8.4b)

$$\mathrm{d}W = F_1 \, \mathrm{d}s_1 = F_1 \, a \, \mathrm{d}\varphi \, .$$

Das Produkt aus Kraft F_1 und senkrechtem Abstand a ist nach (3.5) das Moment M_1 der Kraft F_1 um A, so dass die Arbeit auch durch

$$\mathrm{d}W = M_1 \, \mathrm{d}\varphi$$

ausgedrückt werden kann.

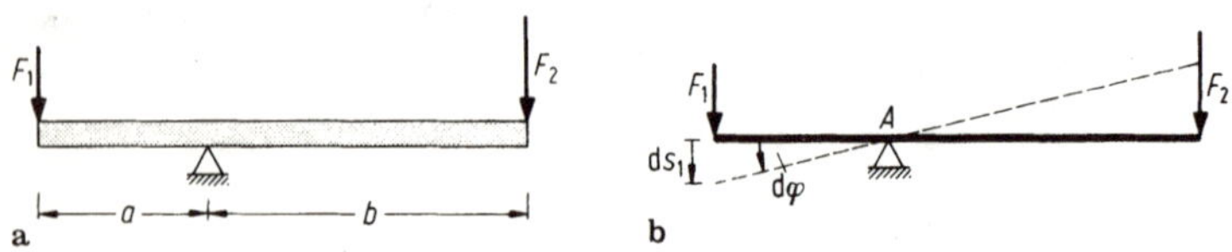

Abb. 8.4

Führt man in Verallgemeinerung einen Drehvektor $\mathrm{d}\boldsymbol{\varphi}$ ein, dessen Richtung mit der Drehachse übereinstimmt und dessen Betrag der Winkel $\mathrm{d}\varphi$ ist, so leistet ein Momentenvektor $\boldsymbol{M}$ bei einer infinitesimalen Drehung eine Arbeit

$$\mathrm{d}W = \boldsymbol{M} \cdot \mathrm{d}\boldsymbol{\varphi} \, . \tag{8.4}$$

Durch Integration erhält man analog zu (8.3) für eine endliche Drehung

$$\boxed{W = \int \mathrm{d}W = \int \boldsymbol{M} \cdot \mathrm{d}\boldsymbol{\varphi}} \, . \tag{8.5}$$

Sind $\boldsymbol{M}$ und $\mathrm{d}\boldsymbol{\varphi}$ parallel, so folgt aus (8.4) $\mathrm{d}W = M\mathrm{d}\varphi$. Ist außerdem M bei einer endlichen Drehung φ konstant, so ergibt sich aus (8.5) $W = M\varphi$.

Da ein Winkel dimensionslos ist, haben Moment und Arbeit – obwohl sie physikalisch verschiedene Größen sind – dieselbe Dimension $[F\,l]$.

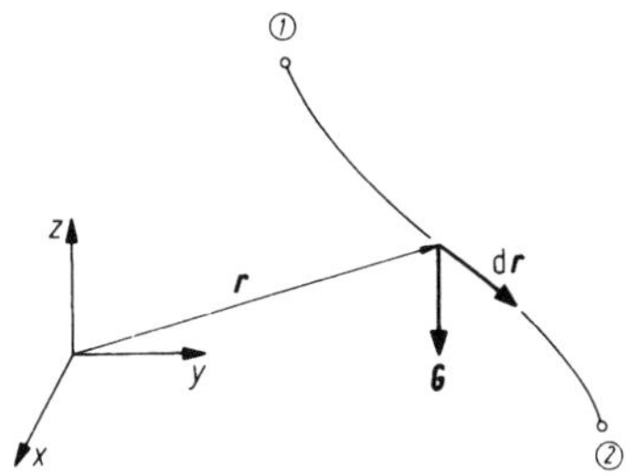

Abb. 8.5

Betrachten wir nun als Sonderfall einer Kraft das konstante Gewicht in der Umgebung der Erdoberfläche (Abb. 8.5). Zeigt z von der Erdoberfläche senkrecht nach außen, so wird der Kraftvektor

$$\boldsymbol{G} = -G\,\boldsymbol{e}_z\,.$$

Mit der Änderung des Ortsvektors

$$\mathrm{d}\boldsymbol{r} = \mathrm{d}x\,\boldsymbol{e}_x + \mathrm{d}y\,\boldsymbol{e}_y + \mathrm{d}z\,\boldsymbol{e}_z$$

und

$$\boldsymbol{e}_z \cdot \boldsymbol{e}_x = \boldsymbol{e}_z \cdot \boldsymbol{e}_y = 0\,, \quad \boldsymbol{e}_z \cdot \boldsymbol{e}_z = 1 \quad \text{(vgl. (A.21))}$$

folgt aus (8.1)

$$\mathrm{d}W = \boldsymbol{G} \cdot \mathrm{d}\boldsymbol{r} = -G\,\boldsymbol{e}_z \cdot \mathrm{d}\boldsymbol{r} = -G\,\mathrm{d}z\,.$$

Damit wird nach (8.3) die Arbeit des Gewichts längs der Bahn von ① nach ②

$$W = \int \mathrm{d}W = -\int_{z_1}^{z_2} G\,\mathrm{d}z = G\,(z_1 - z_2)\,. \tag{8.6}$$

Sie hängt nur von der Lage der Endpunkte ab. Das Gewicht leistet dieselbe Arbeit, wenn sich sein Angriffspunkt auf einer beliebigen anderen

Bahn zwischen denselben Endpunkten ① und ② bewegt: die Arbeit ist *wegunabhängig*.

Kräfte, deren Arbeit nicht von der Bahn abhängt, heißen *konservative Kräfte* oder *Potentialkräfte*. Diese Kräfte, und nur sie, lassen sich aus einem *Potential* Π ableiten, das definiert ist als

$$\boxed{\Pi = -W = -\int \boldsymbol{F} \cdot \mathrm{d}\boldsymbol{r}}\,. \tag{8.7}$$

Man nennt Π auch die potentielle Energie.

Als erstes Beispiel betrachten wir wieder die Gewichtskraft G (Abb. 8.6a). Nach (8.6) gilt hier mit $z_1 = 0$ und $z_2 = z$

$$\Pi(z) = -W = G\,z\,.$$

Bildet man die negative Ableitung des Potentials nach der Ortskoordinate z, so erhält man die Kraft:

$$-\frac{\mathrm{d}\Pi}{\mathrm{d}z} = -G\,.$$

Das Minuszeichen bei G deutet an, dass das Gewicht gegen die positive z-Richtung wirkt.

Als weiteres Beispiel betrachten wir das Potential einer Federkraft. Die Feder nach Abb. 8.6b werde aus ihrer entspannten Lage durch eine äußere Kraft F um eine Strecke x verlängert. Aus Messungen ist bekannt, dass zwischen der Kraft F und dem Federweg x der lineare Zusammenhang $F = c\,x$ besteht, sofern die Federverlängerung hinreichend klein bleibt. Dabei ist c die Federkonstante; sie hat die Dimension Kraft durch Länge und damit z.B. die Einheit $\mathrm{N\,cm^{-1}}$. Die

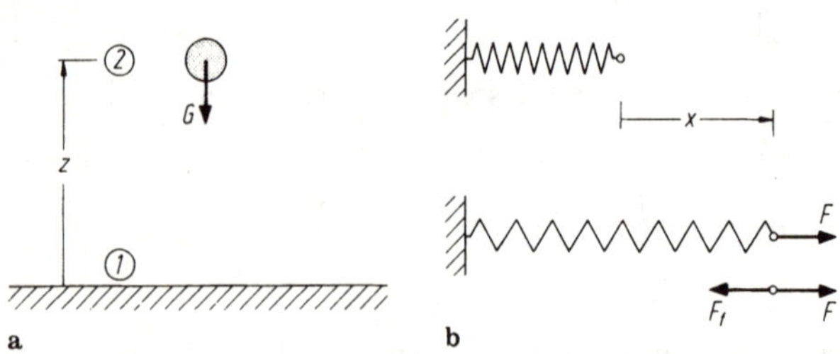

Abb. 8.6

Federkraft F_f ist als Reaktionskraft zu F *gegen* den Weg gerichtet und leistet daher bei der Auslenkung eine Arbeit

$$W_f = -\int_0^x F_f \, \mathrm{d}\bar{x} = -\int_0^x c\,\bar{x} \, \mathrm{d}\bar{x} = -\frac{1}{2}\,c\,x^2\,.$$

Damit wird nach (8.7) das Potential der Federkraft

$$\Pi_f(x) = \frac{1}{2}\,c\,x^2\,. \tag{8.8}$$

Die Federkraft F_f folgt wieder aus der negativen Ableitung von Π_f nach der Koordinate:

$$F_f = -\frac{\mathrm{d}\Pi_f}{\mathrm{d}x} = -c\,x\,.$$

8.2 Der Arbeitssatz

Bisher haben wir die Arbeit für den Fall berechnet, dass sich der Angriffspunkt einer Kraft längs eines Weges wirklich verschiebt. Man kann sich den Arbeitsbegriff aber auch in der Statik, bei der ja *keine* Verschiebungen auftreten, zunutze machen, indem man die *wirklichen* Verschiebungen durch *gedachte* Verschiebungen ersetzt. Man nennt sie *virtuelle Verrückungen* und versteht hierunter Verschiebungen (oder Drehungen), die

a) gedacht, d.h. in Wirklichkeit gar nicht vorhanden,
b) differentiell klein,
c) geometrisch möglich, d.h. mit den Bindungen des Systems verträglich

sind und so erfolgen, dass Trägheitswirkungen keine Rolle spielen ($\widehat{=}$ zeitlos).

Zur Unterscheidung von wirklichen Verschiebungen $\mathrm{d}\boldsymbol{r}$ kennzeichnen wir die virtuellen Verschiebungen $\delta\boldsymbol{r}$ mit dem der Variationsrechnung entnommenen δ-Symbol. Damit wird die von Kräften bzw. Momenten bei einer virtuellen Verrückung geleistete *virtuelle Arbeit*

nach (8.1) $\qquad \delta W = \boldsymbol{F} \cdot \delta\boldsymbol{r}$

bzw. nach (8.4) $\quad \delta W = \boldsymbol{M} \cdot \delta\boldsymbol{\varphi}.$

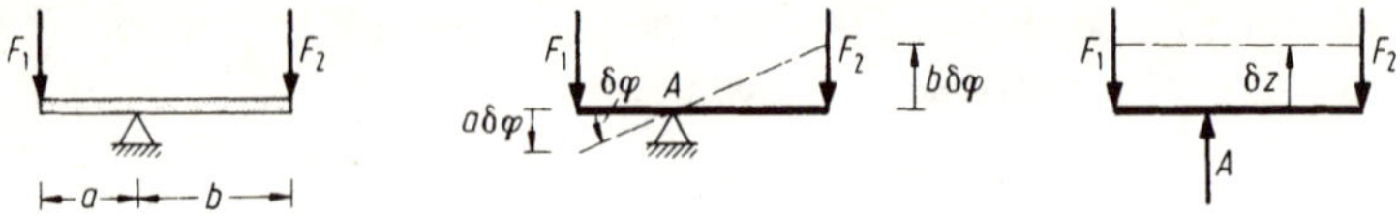

a b c

Abb. 8.7

Wir betrachten nun wieder den beidseitigen Hebel (Abb. 8.7a) und berechnen die bei einer virtuellen Verrückung geleistete Arbeit. Eine virtuelle Verrückung, d.h. eine Auslenkung, welche mit den Bindungen verträglich ist, ist nach Abb. 8.7b eine Drehung um das Lager A mit dem Winkel $\delta\varphi$. Dabei leisten die Kräfte F_i insgesamt die Arbeit

$$\delta W = F_1\, a\, \delta\varphi - F_2\, b\, \delta\varphi = (F_1\, a - F_2\, b)\, \delta\varphi\,.$$

Das Minuszeichen im zweiten Glied berücksichtigt, dass die Kraft F_2 gegen den nach oben gerichteten Weg $b\,\delta\varphi$ zeigt. In der Gleichgewichtslage verschwindet wegen des Hebelsatzes von Archimedes ($F_2\, b = F_1\, a$) der Ausdruck in der Klammer. Damit folgt für dieses Beispiel, dass im Gleichgewichtsfall die virtuelle Arbeit verschwindet: $\delta W = 0$. Wesentlich ist dabei, dass nur die *eingeprägten* Kräfte F_1 und F_2 (vgl. Abschnitt 1.4) in die virtuelle Arbeit eingehen, während die Lagerreaktion in A keinen Anteil liefert.

Das Ergebnis am Hebel lässt sich verallgemeinern. Als Axiom fordern wir, dass an einem beliebigen System auch bei beliebig vielen eingeprägten Kräften $\boldsymbol{F}_i^{(e)}$ für die Gleichgewichtslage die gesamte virtuelle Arbeit verschwindet:

$$\boxed{\delta W = \sum \boldsymbol{F}_i^{(e)} \cdot \delta \boldsymbol{r}_i = 0}\,. \tag{8.9}$$

Da dieses Gleichgewichtsaxiom eine Aussage über die Arbeit bei virtuellen Verrückungen macht, bezeichnen wir es als *Arbeitssatz* der Statik. Er lautet in Worten:

> Ein mechanisches System ist im Gleichgewicht, wenn die Arbeit der eingeprägten Kräfte bei einer virtuellen Verrückung aus der Gleichgewichtslage verschwindet.

Wenn man Drehungen als virtuelle Verrückungen einführt, treten analog zu (8.4) in (8.9) die Momente an die Stelle der Kräfte. Häufig wird die Aussage $\delta W = 0$ auch *Prinzip der virtuellen Verrückungen* oder *Prinzip der virtuellen Arbeiten* genannt. In der Mechanik deformierbarer Körper hat dieses Prinzip in erweiterter Form eine besondere Bedeutung (vgl. Band 2).

Man kann allgemein aus dem Arbeitssatz die Gleichgewichtsbedingungen und umgekehrt aus den Gleichgewichtsbedingungen, die ja selbst auch axiomatischen Charakter haben, den Arbeitssatz ableiten. Die gesamte Statik lässt sich daher entweder auf den Gleichgewichtsbedingungen oder auf dem Arbeitssatz aufbauen. Für die praktische Anwendung hat der Arbeitssatz den großen Vorteil, dass man durch geschickte Wahl der virtuellen Verrückungen die Anzahl der Unbekannten in einer Gleichung häufig reduzieren kann. Der Nachteil ist dabei, dass man unter Umständen dafür komplizierte kinematische Bedingungen aufstellen muss.

Mit dem Arbeitssatz kann man nicht nur Systeme behandeln, die eine Bewegungsmöglichkeit haben, sondern auch Systeme, die starr gelagert sind. Im zweiten Fall muss man jedoch einzelne Bindungen lösen und die Bindungskräfte im Arbeitssatz dann wie eingeprägte Kräfte berücksichtigen. So können wir beim Hebel nach Abb. 8.7c das Lager A entfernen, die Lagerkraft A wie eine eingeprägte Kraft betrachten und erhalten dann bei einer virtuellen Verschiebung δz, die jetzt auch der Angriffspunkt der Lagerkraft erfährt, aus dem Arbeitssatz

$$\delta W = A\,\delta z - F_1\,\delta z - F_2\,\delta z = (A - F_1 - F_2)\delta z = 0\,.$$

Da die virtuelle Verrückung δz selbst ungleich Null ist, muss die Klammer verschwinden. Hieraus folgt die Lagerkraft $A = F_1 + F_2$.

8.3 Gleichgewichtslagen und Kräfte bei beweglichen Systemen

Bei Systemen von starren Körpern, deren geometrische Bindungen eine Beweglichkeit zulassen, können mit dem Arbeitssatz bei gegebenen Kräften Gleichgewichtslagen oder bei einer gegebenen Gleichgewichtslage die hierzu notwendigen Kräfte berechnet werden. Dabei bieten sich zur Aufstellung der Arbeitsbilanz zwei Wege an:

a) Man skizziert das System in Ausgangs- und Nachbarlage, liest anschaulich ab, welche Größen und Richtungen die jeder Kraft zugeordneten Verrückungen haben und setzt diese mit ihren wirklichen Vorzeichen in den Arbeitssatz ein.

b) Man beschreibt die Lage des Angriffspunktes jeder Kraft in einem gewählten Koordinatensystem und findet dann die Verrückungen rein formal als infinitesimale Änderungen der Lagekoordinaten. Dabei nutzt man aus, dass das δ-Symbol wie ein Differential behandelt werden kann. Ist z.B. $\boldsymbol{r}$ eine Funktion einer Koordinate α, d.h. $\boldsymbol{r} = \boldsymbol{r}(\alpha)$, so gilt $\delta\boldsymbol{r} = (\mathrm{d}\boldsymbol{r}/\mathrm{d}\alpha)\delta\alpha$. Das richtige Vorzeichen von $\delta\boldsymbol{r}$ fällt dabei automatisch an.

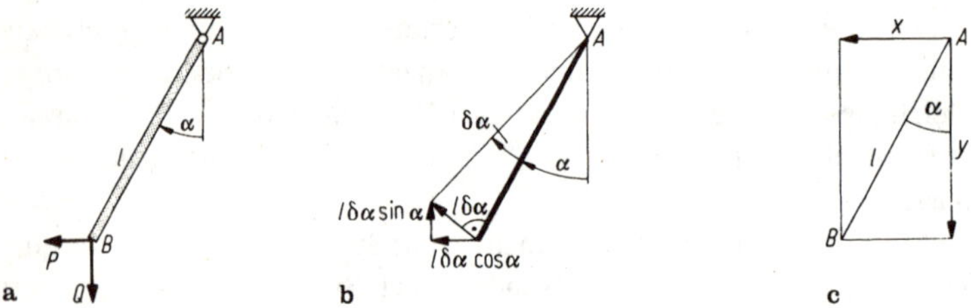

Abb. 8.8

Wir wollen beide Methoden an einem einfachen Beispiel darstellen. Nach Abb. 8.8a trägt eine gewichtslose, um A drehbar gelagerte Stange der Länge l an ihrem Ende B zwei Lasten P und Q. Gesucht ist der Winkel α, der sich in der Gleichgewichtslage einstellt.

Bei der anschaulichen Methode denken wir uns die Stange aus einer beliebigen (noch unbekannten) Lage α um $\delta\alpha$ ausgelenkt (Abb. 8.8b). Dann verschiebt sich der Kraftangriffspunkt um $l\,\delta\alpha \sin\alpha$ nach oben und um $l\,\delta\alpha\cos\alpha$ nach links. Nach dem Arbeitssatz

$$\delta W = P\,l\,\delta\alpha\cos\alpha - Q\,l\,\delta\alpha\sin\alpha = (P\cos\alpha - Q\sin\alpha)\,l\,\delta\alpha = 0$$

ergibt sich daher wegen $\delta\alpha \neq 0$ der gesuchte Winkel für die Gleichgewichtslage aus

$$P\cos\alpha - Q\sin\alpha = 0 \quad \text{zu} \quad \tan\alpha = \frac{P}{Q}\,.$$

Bei der formalen Vorgehensweise beschreiben wir die Lage des Kraftangriffspunktes B durch den vom *festen* Lager gezählten Ortsvektor $\boldsymbol{r}$ bzw. durch seine Koordinaten $x = l\sin\alpha$ und $y = l\cos\alpha$

(Abb. 8.8c). Die Verrückungen folgen durch Differentiation zu

$$\delta x = \frac{\mathrm{d}x}{\mathrm{d}\alpha}\,\delta\alpha = l\cos\alpha\,\delta\alpha\,, \qquad \delta y = \frac{\mathrm{d}y}{\mathrm{d}\alpha}\,\delta\alpha = -l\sin\alpha\,\delta\alpha\,,$$

und Einsetzen in den jetzt ebenfalls formal anzuschreibenden Arbeitssatz (beide Kräfte zeigen *in* Richtung der Koordinaten)

$$\begin{aligned}\delta W &= P\,\delta x + Q\,\delta y = P\,l\cos\alpha\,\delta\alpha - Q\,l\sin\alpha\,\delta\alpha\\ &= (P\cos\alpha - Q\sin\alpha)\,l\,\delta\alpha = 0\end{aligned}$$

führt auf das gleiche Ergebnis wie vorher.

Man erkennt den Vorteil der formalen Methode: während man sich beim ersten Lösungsweg die Vorzeichen der Verrückungen genau überlegen muss, ergibt sich bei der formalen Methode aus der Rechnung von selbst, dass für $\delta\alpha > 0$ die Verrückung $\delta y < 0$ ist. Der formale Weg ist bei komplizierter Kinematik stets vorzuziehen, da man sich dort nicht immer auf die Anschauung verlassen kann.

Hat ein System mehrere unabhängige Bewegungsmöglichkeiten (Freiheitsgrade), so muss man die Lage $\boldsymbol{r}(\alpha, \beta, \dots)$ eines Kraftangriffspunktes durch mehrere unabhängige Koordinaten $\alpha, \beta, \dots$ beschreiben. Die Verrückungen findet man dann analog zum totalen Differential einer Funktion von mehreren Veränderlichen:

$$\delta\boldsymbol{r} = \frac{\partial\boldsymbol{r}}{\partial\alpha}\,\delta\alpha + \frac{\partial\boldsymbol{r}}{\partial\beta}\,\delta\beta + \dots\,. \tag{8.10}$$

Beispiel 8.1: Eine Zugbrücke vom Gewicht G kann nach Abb. 8.9a über ein gewichtsloses Seil durch ein Gegengewicht Q angehoben werden.

Welcher Winkel φ stellt sich in der Gleichgewichtslage ein?

Lösung: Da der Winkel φ eindeutig die Lage beschreibt, hat das System einen Freiheitsgrad.

Bei einer Winkeländerung $\delta\varphi$ verschieben sich die Angriffspunkte der Kräfte G und Q. Zur Berechnung der virtuellen Arbeit von G benötigen wir nur die Änderung der Höhe von G, da das Gewicht bei einer waagerechten Verschiebung keine Arbeit leistet. Aus der vom festen Lager gezählten Koordinate folgt

$$z_G = \frac{l}{2}\cos\varphi \quad \rightarrow \quad \delta z_G = -\frac{l}{2}\sin\varphi\,\delta\varphi\,.$$

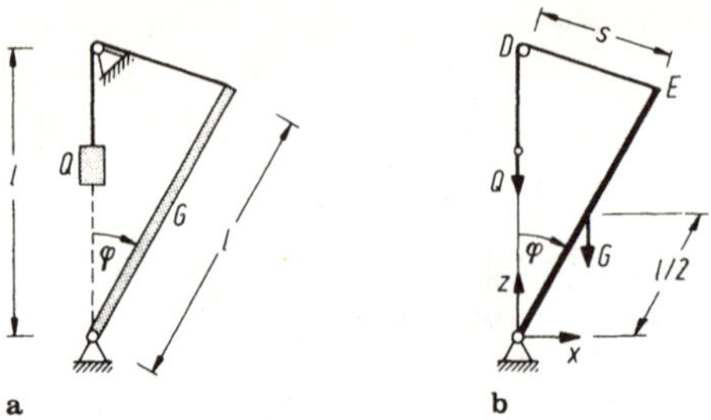

Abb. 8.9

Schwieriger ist die Berechnung der Verrückung von Q. Dazu führen wir nach Abb. 8.9b als Hilfsgröße die vom festen Punkt D gezählte Länge

$$s = 2\,l \sin\frac{\varphi}{2}$$

ein. Bei einer virtuellen Winkeländerung $\delta\varphi$ entspricht die Verrückung von Q wegen des undehnbaren Seils der Längenänderung δs von s. Es gilt daher

$$\delta z_Q = \delta s = \frac{\mathrm{d}s}{\mathrm{d}\varphi}\,\delta\varphi = l\cos\frac{\varphi}{2}\,\delta\varphi\,.$$

Unter Beachtung, dass beide Kräfte *gegen* die positive z-Richtung wirken, lautet der Arbeitssatz

$$\delta W = -G\,\delta z_G - Q\,\delta z_Q = \left(G\,\frac{l}{2}\sin\varphi - Q\,l\cos\frac{\varphi}{2}\right)\delta\varphi = 0\,.$$

Mit $\sin\varphi = 2\sin(\varphi/2)\cos(\varphi/2)$ ergibt sich wegen $\delta\varphi \neq 0$

$$\cos\frac{\varphi}{2}\left(G\sin\frac{\varphi}{2} - Q\right) = 0\,.$$

Die erste Lösung $\cos(\varphi/2) = 0$ entspricht dem technisch uninteressanten Fall $\varphi = \pi$, so dass als Lösung nur

$$\underline{\underline{\sin\frac{\varphi}{2} = \frac{Q}{G}}}$$

bleibt.

Beispiel 8.2: Welches Moment M muss an dem in Abb. 8.10 schematisch dargestellten Wagenheber angreifen, damit dem Gewicht G das Gleichgewicht gehalten wird? Die Spindel der Ganghöhe h laufe reibungslos in ihrem Gewinde.

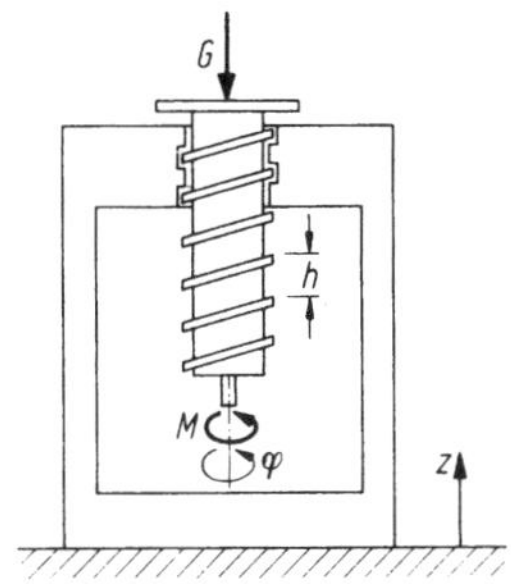

Abb. 8.10

Lösung: Nach dem Arbeitssatz herrscht Gleichgewicht, wenn die bei einer virtuellen Verrückung von Kraft G und Moment M geleistete Arbeit insgesamt verschwindet:

$$\delta W = M\delta\varphi - G\,\delta z = 0\,.$$

Dabei wurden φ in Richtung des Momentes und z senkrecht nach oben, d.h. gegen die Kraft G gezählt. Bei einer Drehung um $\Delta\varphi = 2\pi$ wird die Spindel um die Ganghöhe $\Delta z = h$ gehoben. Für eine Drehung um $\delta\varphi$ folgt daher die Verrückung $\delta z = (h/2\,\pi)\delta\varphi$. Damit ergibt sich aus dem Arbeitssatz

$$\delta W = \left(M - \frac{h}{2\pi}G\right)\delta\varphi = 0$$

das zum Anheben notwendige Moment

$$\underline{\underline{M = \frac{h}{2\,\pi}G\,.}}$$

Man erkennt am Ergebnis, dass man bei einem von außen aufgebrachten Moment $M = l\,K$ für $l \gg h$ mit einer kleinen Kraft K ein großes Gewicht G anheben kann.

Beispiel 8.3: Zwei nach Abb. 8.11a gelenkig verbundene Stangen mit den Gewichten G_1 und G_2 werden durch eine waagerechte Kraft F ausgelenkt.

Unter welchen Winkeln φ_1 und φ_2 ist das System im Gleichgewicht?

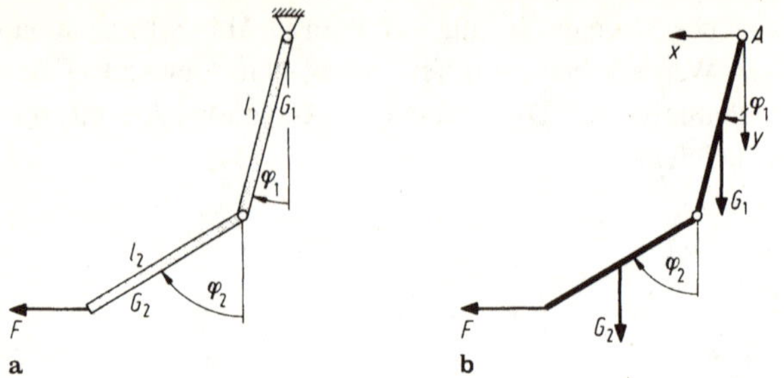

Abb. 8.11

Lösung: Die Lage des Systems ist durch die zwei Winkel φ_1 und φ_2 eindeutig festgelegt. Daher hat das System *zwei* Freiheitsgrade. Zählen wir die Koordinaten der Kraftangriffspunkte vom festen Lager A (Abb. 8.11b) aus, so gilt

$$y_1 = \frac{l_1}{2}\cos\varphi_1\,, \qquad y_2 = l_1\cos\varphi_1 + \frac{l_2}{2}\cos\varphi_2\,,$$

$$x_F = l_1\sin\varphi_1 + l_2\sin\varphi_2\,.$$

Mit (8.10) folgen die virtuellen Verrückungen

$$\delta y_1 = -\frac{l_1}{2}\sin\varphi_1\,\delta\varphi_1\,, \qquad \delta y_2 = -l_1\sin\varphi_1\,\delta\varphi_1 - \frac{l_2}{2}\sin\varphi_2\,\delta\varphi_2\,,$$

$$\delta x_F = l_1\cos\varphi_1\,\delta\varphi_1 + l_2\cos\varphi_2\,\delta\varphi_2\,,$$

und damit lautet der Arbeitssatz

$$\begin{aligned}\delta W &= G_1\,\delta y_1 + G_2\,\delta y_2 + F\,\delta x_F\\ &= G_1\left(-\frac{l_1}{2}\sin\varphi_1\,\delta\varphi_1\right) + G_2\left(-l_1\sin\varphi_1\,\delta\varphi_1 - \frac{l_2}{2}\sin\varphi_2\,\delta\varphi_2\right)\\ &\quad + F(l_1\cos\varphi_1\,\delta\varphi_1 + l_2\cos\varphi_2\,\delta\varphi_2)\\ &= \left(F\,l_1\cos\varphi_1 - G_1\,\frac{l_1}{2}\sin\varphi_1 - G_2\,l_1\sin\varphi_1\right)\delta\varphi_1\\ &\quad + \left(F\,l_2\cos\varphi_2 - G_2\,\frac{l_2}{2}\sin\varphi_2\right)\delta\varphi_2 = 0\,.\end{aligned}$$

Entsprechend den zwei Freiheitsgraden des Systems treten nun auch zwei Verrückungen $\delta\varphi_1$ und $\delta\varphi_2$ auf. Da diese aber unabhängig voneinander und beide ungleich Null sind, wird die virtuelle Arbeit δW nur dann Null, wenn beide Klammern *einzeln* verschwinden. Man findet daher

$$F\,l_1\cos\varphi_1 - G_1\,\frac{l_1}{2}\sin\varphi_1 - G_2\,l_1\sin\varphi_1 = 0$$

$$\rightarrow \quad \underline{\underline{\tan\varphi_1 = \frac{2\,F}{G_1 + 2\,G_2}}}\,,$$

$$F\,l_2\cos\varphi_2 - G_2\,\frac{l_2}{2}\sin\varphi_2 = 0 \quad \rightarrow \quad \underline{\underline{\tan\varphi_2 = \frac{2\,F}{G_2}}}\,.$$

8.4 Ermittlung von Reaktions- und Schnittkräften

Tragwerke, wie Balken, Rahmen oder Fachwerke, sind unverschieblich gelagert. Um mit Hilfe des Arbeitssatzes eine Reaktionskraft berechnen zu können, muss man die zugehörige Bindung lösen und durch die dort wirkende Kraft ersetzen. Damit wird der Angriffspunkt der Lagerkraft verschieblich, und die Lagerkraft geht wie eine eingeprägte Kraft in den Arbeitssatz ein. Ähnlich kann man durch geeignetes Schneiden sowohl von Gelenken als auch von Bauteilen selbst die im Schnitt übertragenen inneren Gelenk- oder Schnittkräfte wie eingeprägte Kräfte behandeln. Durch den Schnitt entsteht eine Bewegungsmöglichkeit des Systems, und die Schnittkraft leistet bei der zugehörigen virtuellen Verrückung einen Anteil zur virtuellen Arbeit. Nachstehende Beispiele sollen die Vorgehensweise erläutern.

Beispiel 8.4: Gesucht ist die Gelenkkraft für den Gerberbalken nach Abb. 8.12a.

Lösung: Um die Gelenkkraft G berechnen zu können, müssen wir den Balken mit einem Schnitt durch das Gelenk in zwei Teile zerlegen

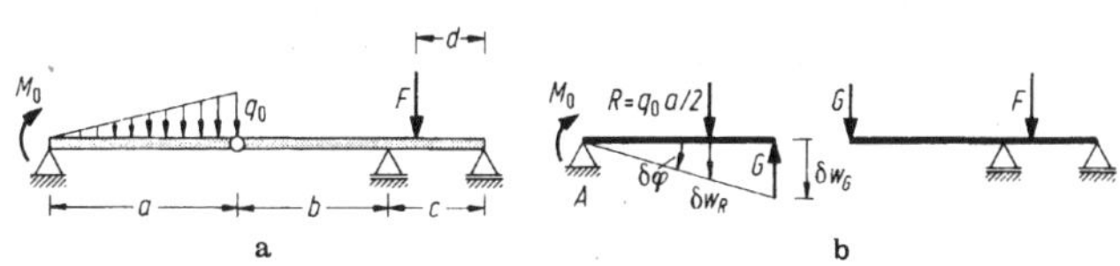

Abb. 8.12

(Horizontalkomponente der Gelenkkraft ist Null). Der linke Teil kann dann eine Drehung um das Lager A ausführen, während der rechte Teil vertikal unbeweglich bleibt (Abb. 8.12b). Wir ersetzen die Dreieckslast durch ihre Resultierende $R = q_0\, a/2$ im Abstand $2\, a/3$ von A. Mit den virtuellen Verrückungen

$$\delta w_R = \frac{2}{3}\, a\, \delta\varphi\,, \qquad \delta w_G = a\, \delta\varphi$$

errechnet sich aus dem Arbeitssatz

$$\begin{aligned}\delta W &= R\, \delta w_R + M_0\, \delta\varphi - G\, \delta w_G = \frac{q_0\, a}{2}\frac{2}{3}\, a\, \delta\varphi + M_0 \delta\varphi - G\, a\, \delta\varphi \\ &= \left(q_0\, \frac{a^2}{3} + M_0 - G\, a\right) \delta\varphi = 0\end{aligned}$$

die gesuchte Gelenkkraft wegen $\delta\varphi \neq 0$ zu

$$\underline{\underline{G = \frac{q_0\, a}{3} + \frac{M_0}{a}}}\,.$$

Aus dem Ergebnis, wie aus dem Rechengang selbst, ist zu erkennen, dass Lasten am rechten Teil keinen Einfluss auf die Gelenkkraft haben.

Beispiel 8.5: Man berechne mit Hilfe des Prinzips der virtuellen Verrückungen für den Gerberträger mit zwei Gelenken nach Abb. 8.13a die Lagerreaktionen bei A. Gegeben sind a, F und $q_0 = F/3\, a$.

Lösung: Wenn an der Einspannung die vertikale Lagerkraft ermittelt werden soll, müssen wir dort ein Querkraftgelenk anbringen. Dann wird

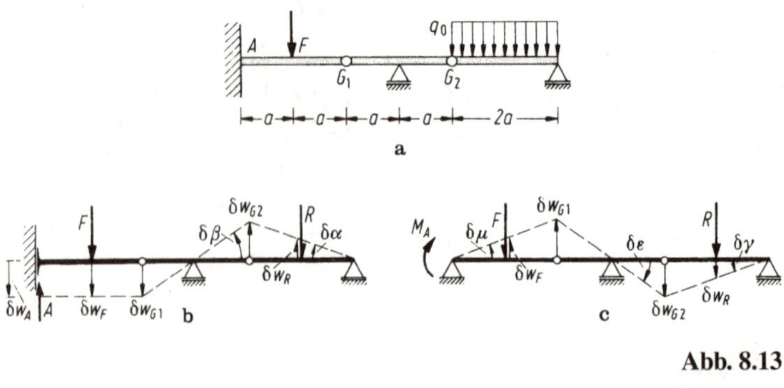

Abb. 8.13

das Lager vertikal verschieblich, und die Lagerkraft A geht in den Arbeitssatz ein. Da am Lager keine Drehung erfolgt, bleibt das Einspannmoment bei dieser Verschiebung Reaktionskraft und leistet daher keine Arbeit. Aus Abb. 8.13b kann man folgenden Zusammenhang zwischen den Verrückungen ablesen:

$$\delta w_A = \delta w_F = \delta w_{G_1} = a\,\delta\beta\,, \quad \delta w_R = a\,\delta\alpha\,.$$

Die Winkel $\delta\alpha$ und $\delta\beta$ sind nicht unabhängig voneinander. Aus der Verschiebung des Gelenkes G_2 folgt die Beziehung

$$\delta w_{G_2} = 2\,a\,\delta\alpha = a\,\delta\beta \quad \rightarrow \quad \delta\alpha = \frac{1}{2}\,\delta\beta\,.$$

Aus dem Arbeitssatz

$$\begin{aligned}\delta W &= -A\,\delta w_A + F\,\delta w_F - R\,\delta w_R = -A\,a\,\delta\beta + F\,a\,\delta\beta - \frac{2}{3}\,F\,a\,\delta\alpha\\ &= (-A + F - \frac{2}{3}\,F\,\frac{1}{2})\,a\,\delta\beta = 0\end{aligned}$$

erhalten wir wegen $\delta\beta \neq 0$ die gesuchte Lagerkraft

$$\underline{\underline{A = \frac{2}{3}\,F\,.}}$$

Um das Einspannmoment zu berechnen, ersetzt man die Einspannung durch ein gelenkiges Lager. Dann kann sich der linke Balkenteil um A drehen, und das Einspannmoment M_A geht wie eine eingeprägte Last in den Arbeitssatz ein. Da sich das Lager nicht verschiebt, bleibt die Lagerkraft jetzt Reaktionskraft und leistet daher keine Arbeit. Die drei Winkel der Verrückungsfigur (Abb. 8.13c) sind über die Verschiebungen der Gelenke gekoppelt. Man erhält

$$\begin{aligned}&\delta w_{G_1} = 2\,a\,\delta\mu = a\,\delta\varepsilon\,, \quad \delta w_{G_2} = a\,\delta\varepsilon = 2\,a\,\delta\gamma\\ &\qquad \rightarrow \quad \delta\varepsilon = 2\,\delta\mu \quad \text{und} \quad \delta\gamma = \delta\mu\,.\end{aligned}$$

Unter Beachtung der Vorzeichen (M_A dreht gegen $\delta\mu$) liefert der Arbeitssatz:

$$\begin{aligned}\delta W &= -M_A\,\delta\mu - F\,\delta w_F + R\,\delta w_R\\ &= -M_A\,\delta\mu - F\,a\,\delta\mu + \frac{F}{3\,a}\,2\,a\,a\,\delta\gamma\\ &= \left(-M_A - Fa + \frac{2}{3}\,Fa\right)\delta\mu = 0 \quad \rightarrow \quad \underline{\underline{M_A = -\frac{1}{3}\,Fa\,.}}\end{aligned}$$

Man erkennt bei beiden Rechnungen den Vorteil des Arbeitssatzes: die Gelenkkräfte und die restlichen Lagerkräfte, die bei der klassischen Rechnung (vgl. Abschnitt 5.3.3) auftreten, leisten keine Arbeit und müssen daher bei Anwendung des Arbeitssatzes nicht berücksichtigt werden.

Beispiel 8.6: Für das Fachwerk in Abb. 8.14a (Stablängen a und b) ist die Kraft im Stab 5 in Abhängigkeit vom Winkel β gesucht.

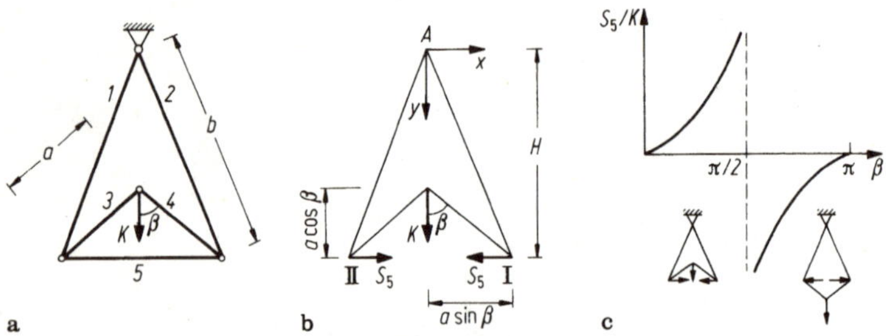

a b c

Abb. 8.14

Lösung: Wir schneiden den Stab 5 und bringen die inneren Kräfte S_5 als eingeprägte Kräfte an (Abb. 8.14b). Wir zählen die Koordinaten x, y vom festen Lagerpunkt A aus. Der Angriffspunkt der Kraft F hat die y-Koordinate

$$y_K = H - a\cos\beta = \sqrt{b^2 - a^2\sin^2\beta} - a\cos\beta\,.$$

Der Knoten I, an dem S_5 angreift, hat die x-Koordinate

$$x_{\mathrm{I}} = a\sin\beta\,.$$

Bei einer virtuellen Verrückung (= kleine Änderung des Winkels β) werden

$$\delta y_K = \frac{\mathrm{d}y_K}{\mathrm{d}\beta}\,\delta\beta = \left(\frac{-a^2\,2\sin\beta\cos\beta}{2\sqrt{b^2 - a^2\sin^2\beta}} + a\sin\beta\right)\delta\beta\,,$$

$$\delta x_{\mathrm{I}} = \frac{\mathrm{d}x_{\mathrm{I}}}{\mathrm{d}\beta}\,\delta\beta = a\cos\beta\,\delta\beta\,.$$

Da der Knoten II wegen der Symmetrie des Systems eine entgegengesetzt gerichtete, gleich große Verrückung wie der Knoten I erfährt, leisten die

Kräfte insgesamt eine Arbeit

$$\begin{aligned}\delta W &= K\delta y_K - 2\,S_5\,\delta x_{\mathrm{I}}\\ &= \left[K a \sin\beta\left(1-\frac{a\cos\beta}{\sqrt{b^2-a^2\sin^2\beta}}\right)-2\,S_5\,a\cos\beta\right]\delta\beta\,.\end{aligned}$$

Wegen $\delta W = 0$ und $\delta\beta \neq 0$ wird

$$S_5 = \frac{1}{2}K\tan\beta\left(1-\frac{a\cos\beta}{\sqrt{b^2-a^2\sin^2\beta}}\right).$$

In Abb. 8.14c ist das Verhältnis S_5/K über β qualitativ aufgetragen. Wegen $b > a$ ist S_5 für $0 \leqq \beta < \pi/2$ positiv und für $\pi/2 < \beta \leqq \pi$ negativ. Dies kann man sich auch anschaulich überlegen.

8.5 Stabilität einer Gleichgewichtslage

In Abschnitt 8.3 haben wir mit Hilfe des Arbeitssatzes $\delta W = 0$ Gleichgewichtslagen ermittelt. Nun lehrt aber die Erfahrung, dass es unterschiedliche „Arten" von Gleichgewicht gibt. Zu ihrer Charakterisierung führt man den Begriff der *Stabilität* ein, den wir in diesem Abschnitt näher erläutern wollen. Dabei beschränken wir alle folgenden Untersuchungen auf konservative Kräfte und auf Systeme mit *einem* Freiheitsgrad. Dann hängt das Potential Π nur von *einer* Lagekoordinate ab. Abbildung 8.15 soll die Problemstellung an zwei Beispielen aufzeigen, bei denen jeweils als einzige eingeprägte Kraft das Gewicht wirkt. In Abb. 8.15a ist eine Kugel vom Gewicht G in einer konkaven Fläche im tiefsten Punkt in der Gleichgewichtslage. Bei einer Störung durch eine kleine Auslenkung x nimmt das Potential um

$$\Delta\Pi = G\Delta z > 0$$

zu. Ähnlich wird bei dem am oberen Ende aufgehängten Stab bei einer Auslenkung um einen kleinen Winkel φ der Angriffspunkt der resultierenden Gewichtskraft G angehoben und damit das Potential vergrößert. In beiden Fällen bewegt sich der Körper wieder auf seine Gleichgewichtslage zu, wenn er sich selbst überlassen wird. Man nennt solche Gleichgewichtslagen *stabil*.

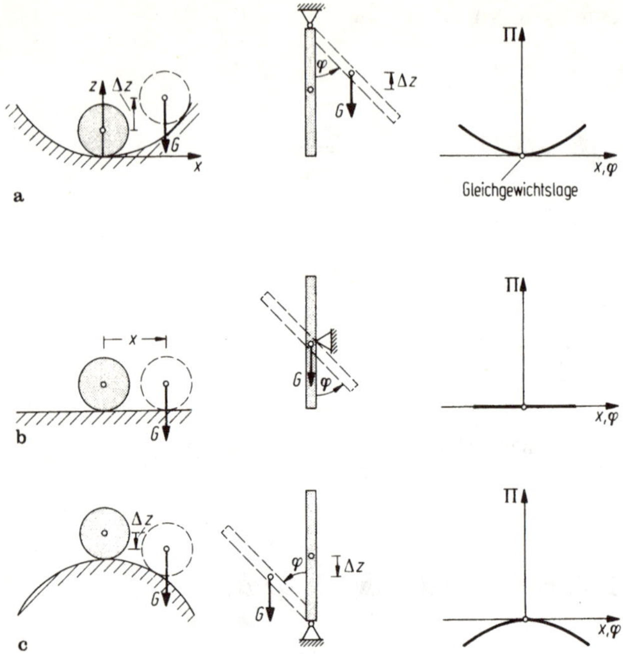

Abb. 8.15

Liegt dagegen die Kugel nach Abb. 8.15b auf einer horizontalen Ebene oder ist der Stab in seinem Schwerpunkt gelagert, so ändert das Gewicht bei einer Auslenkung x bzw. φ aus der Gleichgewichtslage seine Höhe und damit auch sein Potential nicht:

$$\Delta\Pi = G\,\Delta z = 0\,.$$

In diesem Fall sind die ausgelenkten Lagen ebenfalls Gleichgewichtslagen. Der Körper bleibt in Ruhe, wenn er sich selbst überlassen wird. Diese Gleichgewichtslagen heißen *indifferent*.

Wenn die Kugel im höchsten Punkt einer konvex gekrümmten Fläche im Gleichgewicht liegt (Abb. 8.15c) oder der Stab am unteren Ende gelenkig gelagert ist, nimmt das Potential bei einer Auslenkung ab:

$$\Delta\Pi = G\,\Delta z < 0\,.$$

Werden Kugel oder Stab in der ausgelenkten Lage sich selbst überlassen, so bewegen sie sich weiter von der Gleichgewichtslage weg. Solche Gleichgewichtslagen bezeichnet man als *instabil*.

Im rechten Teil von Abb. 8.15 ist der Verlauf des Potentials in Abhängigkeit von x (für die Kugel) bzw. φ (für den Stab) für alle drei Fälle qualitativ aufgetragen. Man erkennt zunächst aus den Diagrammen, dass das Potential in der Gleichgewichtslage jeweils ein Extremum annimmt. Dies entspricht genau der Aussage des Arbeitssatzes nach (8.9)

$$\delta \Pi = -\delta W = 0\,.$$

Hängt das Potential $\Pi = \Pi(x)$ nur von einer Koordinate x ab, so führt

$$\delta \Pi = \frac{\mathrm{d}\Pi}{\mathrm{d}x}\,\delta x = 0$$

wegen $\delta x \neq 0$ auf die Bedingung

$$\boxed{\frac{\mathrm{d}\Pi}{\mathrm{d}x} = \Pi' = 0} \tag{8.11}$$

für eine Gleichgewichtslage. Die Potentialkurve hat an der Stelle, die einer Gleichgewichtslage zugeordnet ist, eine waagerechte Tangente.

Das *Stabilitätskriterium* folgt aus dem Verlauf der Potentialkurve in der Umgebung der betrachteten Gleichgewichtslage. Im Fall a) nimmt das Potential bei einer Auslenkung x bzw. φ zu, im Fall c) ab. Unter Beachtung der zuvor eingeführten Begriffe gilt daher:

$$\Delta\Pi \begin{array}{c} > \\ = \\ < \end{array} 0 \quad \begin{array}{l} \text{stabiles} \\ \text{indifferentes Gleichgewicht} \\ \text{instabiles} \end{array} \tag{8.12}$$

Da in der Gleichgewichtslage $\delta\Pi$ verschwindet, müssen wir zur Untersuchung der Stabilität etwas „größere" Auslenkungen zulassen und haben daher die zugehörigen Potentialänderungen mit $\Delta\Pi$ bezeichnet.

Welche Art von Gleichgewicht vorliegt, folgt nach den vorausgegangenen Überlegungen aus der Art des Extremums. Für stabiles Gleichgewicht nimmt Π ein Minimum, für instabiles Gleichgewicht ein Maximum an. Wir können das Stabilitätskriterium (8.12) daher auch durch die für Maximum bzw. Minimum maßgebenden zweiten Ableitungen der Potentialfunktion $\Pi(x)$ formulieren:

$$\boxed{\begin{array}{lllll} \Pi'' > 0 & \rightarrow & \text{Minimum} & \rightarrow & \text{stabil} \\ \Pi'' < 0 & \rightarrow & \text{Maximum} & \rightarrow & \text{instabil} \end{array}} \,. \tag{8.13}$$

Für $\Pi'' = 0$ sind weitere Untersuchungen notwendig. Hierzu wollen wir das bisher nur auf der Anschauung basierende Stabilitätskriterium (8.13) nochmals mathematisch schärfer ableiten. Bezeichnet man das Potential in einer Gleichgewichtslage $x = x_0$ mit $\Pi(x_0) = \Pi_0$, so erhält man für das Potential in einer benachbarten Lage $x_0 + \delta x$ mit der Taylor-Reihe

$$\Pi(x_0 + \delta x) = \Pi_0 + \left(\frac{\mathrm{d}\Pi}{\mathrm{d}x}\right)_{x_0} \delta x + \frac{1}{2}\left(\frac{\mathrm{d}^2\Pi}{\mathrm{d}x^2}\right)_{x_0} (\delta x)^2 + \ldots$$

und damit für die Potentialänderung

$$\begin{aligned} \Delta\Pi &= \Pi(x_0 + \delta x) - \Pi_0 \\ &= \left(\frac{\mathrm{d}\Pi}{\mathrm{d}x}\right)_{x_0} \delta x + \frac{1}{2}\left(\frac{\mathrm{d}^2\Pi}{\mathrm{d}x^2}\right)_{x_0} (\delta x)^2 + \ldots\,. \end{aligned} \tag{8.14}$$

Nach (8.11) verschwindet in der Gleichgewichtslage die erste Ableitung: $\Pi'(x_0) = 0$. Damit entscheidet das Vorzeichen der zweiten Ableitung $\Pi''(x_0) = (\mathrm{d}^2\Pi/\mathrm{d}x^2)_{x_0}$, ob $\Delta\Pi$ größer oder kleiner als Null und damit das Gleichgewicht stabil oder instabil ist. Verschwinden Π'' und *alle* höheren Ableitungen, so ist nach (8.14) auch $\Delta\Pi = 0$, und damit liegt eine *indifferente* Gleichgewichtslage vor. Ist dagegen $\Pi'' = 0$, während höhere Ableitungen ungleich Null sind, so entscheiden Vorzeichen höherer Ableitungen in (8.14) über die Art des vorliegenden Gleichgewichtes.

Beispiel 8.7: Drei in ihren Mittelpunkten reibungsfrei gelagerte Zahnräder haben die durch Gewichte G_1 bis G_3 dargestellten Unwuchten. Sie werden so montiert, wie Abb. 8.16a zeigt.

Man ermittle für $G_1 = G_3 = 2\,G$, $G_2 = G$ und $x = \sqrt{3}\,r$ die möglichen Gleichgewichtslagen und untersuche deren Stabilität.

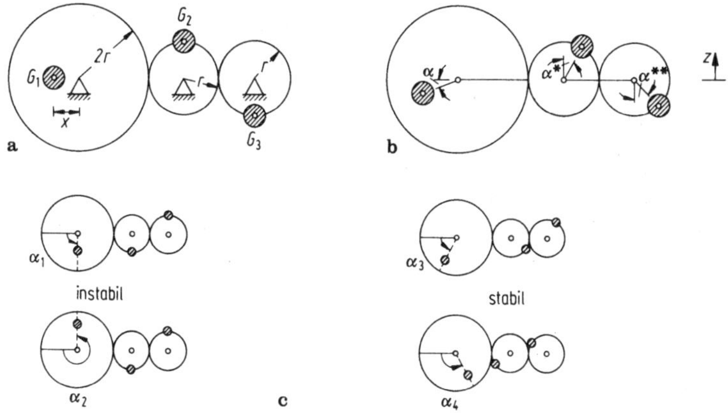

Abb. 8.16

Lösung: Zur Aufstellung des Potentials führen wir eine Koordinate z ein, die von den festen Lagerpunkten positiv nach oben zählt. Wir denken uns das große Zahnrad aus dem Montagezustand um einen beliebigen Winkel α gedreht (Abb. 8.16b). Wegen der Zahnverbindung drehen sich die beiden anderen Räder mit. Der abgerollte Bogen muss auf jedem Rand jeweils gleich sein. Mit den gegebenen Radien wird daher

$$2\,r\,\alpha = r\,\alpha^* = r\,\alpha^{**} \quad \rightarrow \quad \alpha^* = \alpha^{**} = 2\,\alpha\,.$$

Mit den Koordinaten von G_1 bis G_3

$$z_1 = -x\sin\alpha\,, \quad z_2 = r\cos\alpha^* = r\cos 2\,\alpha\,,$$
$$z_3 = -r\cos\alpha^{**} = -r\cos 2\,\alpha$$

und den gegebenen Gewichten folgt für das Gesamtpotential

$$\begin{aligned}\Pi &= G_1\,z_1 + G_2\,z_2 + G_3\,z_3\\ &= 2\,G(-x\sin\alpha) + G\,r\cos 2\,\alpha + 2\,G(-r\cos 2\,\alpha)\\ &= -G\,r(2\,\sqrt{3}\sin\alpha + \cos 2\,\alpha)\,.\end{aligned}$$

Nach (8.11) ergeben sich die Gleichgewichtslagen aus

$$\begin{aligned}\Pi' &= \frac{\mathrm{d}\Pi}{\mathrm{d}\alpha} = -G\,r(2\,\sqrt{3}\cos\alpha - 2\sin 2\,\alpha)\\ &= -2\,G\,r\cos\alpha(\sqrt{3} - 2\sin\alpha) = 0\,.\end{aligned}$$

Eine erste Lösung ergibt sich durch Nullsetzen des ersten Faktors:

$$\cos\alpha = 0\,.$$

Hierzu gehören die Gleichgewichtslagen

$$\underline{\underline{\alpha_1 = \pi/2}}\,, \quad \underline{\underline{\alpha_2 = 3\,\pi/2}}.$$

Eine zweite Lösung folgt bei Verschwinden der Klammer aus

$$\sqrt{3} - 2\sin\alpha = 0 \quad \to \quad \sin\alpha = \sqrt{3}/2\,.$$

Hierzu gehören die Gleichgewichtslagen

$$\underline{\underline{\alpha_3 = \pi/3}}, \quad \underline{\underline{\alpha_4 = 2\,\pi/3}}.$$

Auskunft über die Art des Gleichgewichts in diesen vier verschiedenen möglichen Lagen erhält man nach (8.13) aus der zweiten Ableitung des Potentials

$$\begin{aligned} \Pi'' = \frac{\mathrm{d}^2\Pi}{\mathrm{d}\alpha^2} &= -G\,r(-2\sqrt{3}\sin\alpha - 4\cos 2\,\alpha) \\ &= 2\,G\,r(\sqrt{3}\sin\alpha + 2\cos 2\,\alpha)\,. \end{aligned}$$

Wir setzen die Lösungen α_i ein und finden:

$$\Pi''(\alpha_1) = \Pi''(\pi/2) \quad = 2\,G\,r(\sqrt{3} - 2) < 0 \quad \to \quad \text{instabile Lage,}$$

$$\Pi''(\alpha_2) = \Pi''(3\,\pi/2) = 2\,G\,r(-\sqrt{3} - 2) < 0 \quad \to \quad \text{instabile Lage,}$$

$$\Pi''(\alpha_3) = \Pi''(\pi/3) \quad = 2\,G\,r\left[\sqrt{3}\frac{1}{2}\sqrt{3} + 2\left(-\frac{1}{2}\right)\right] = G\,r > 0 \quad \to \quad \text{stabile Lage,}$$

$$\Pi''(\alpha_4) = \Pi''(2\,\pi/3) = 2\,G\,r\left[\sqrt{3}\frac{1}{2}\sqrt{3} + 2\left(-\frac{1}{2}\right)\right] = G\,r > 0 \quad \to \quad \text{stabile Lage.}$$

In Abb. 8.16c sind die vier Gleichgewichtslagen dargestellt.

Beispiel 8.8: Ein gewichtsloser Stab wird nach Abb. 8.17a durch eine Vertikalkraft F belastet und seitlich durch zwei Federn (Federkonstante jeweils c) gehalten. Durch eine geeignete Führung bleiben die Federn bei einer Auslenkung des Stabes horizontal und im Abstand a vom Boden.

Man untersuche die Gleichgewichtslagen auf ihre Stabilität.

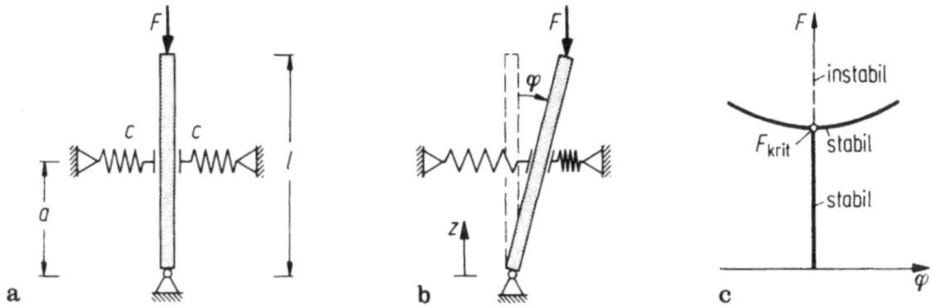

Abb. 8.17

Lösung: Wir zählen die Koordinate z vom festen Lager aus und stellen das Gesamtpotential für eine beliebige um φ ausgelenkte Lage auf. Das Potential einer Feder mit der Federkonstante c ergibt sich bei einer Federverlängerung (oder -verkürzung) um x nach (8.8) zu

$$\Pi_f = \frac{1}{2}\,c\,x^2\,.$$

Im Beispiel wird daher mit $x = a\tan\varphi$ und der Berücksichtigung der *zwei* Federn das Gesamtpotential (Abb. 8.17b)

$$\Pi(\varphi) = F\,l\cos\varphi + 2\,\frac{1}{2}\,c\,(a\tan\varphi)^2\,.$$

Die möglichen Gleichgewichtslagen finden wir mit (8.11) aus

$$\Pi' = \frac{\mathrm{d}\Pi}{\mathrm{d}\varphi} = -F\,l\sin\varphi + 2\,c\,a^2\,\frac{\tan\varphi}{\cos^2\varphi} = 0$$

$$\rightarrow \quad \sin\varphi\left(-F\,l + 2\,c\,a^2\,\frac{1}{\cos^3\varphi}\right) = 0\,.$$

Nullsetzen des ersten Faktors liefert die erste Gleichgewichtslage:

$$\sin\varphi = 0 \quad \rightarrow \quad \underline{\underline{\varphi_1 = 0}}\,.$$

Weitere Gleichgewichtslagen ergeben sich aus dem Nullsetzen der Klammer

$$-F\,l + 2\,c\,a^2 \frac{1}{\cos^3\varphi} = 0$$

zu

$$\cos^3\varphi_2 = \frac{2\,c\,a^2}{F\,l} \quad \to \quad \underline{\underline{\varphi_2 = \arccos\sqrt[3]{\frac{2\,c\,a^2}{F\,l}}}}\,. \tag{a}$$

Zur Untersuchung der Stabilität bilden wir die zweite Ableitung des Gesamtpotentials

$$\Pi'' = \frac{\mathrm{d}^2\Pi}{\mathrm{d}\varphi^2} = -F\,l\cos\varphi$$

$$+2\,c\,a^2\,\frac{\cos^2\varphi\,\frac{1}{\cos^2\varphi} + \tan\varphi\;2\cos\varphi\;\sin\varphi}{\cos^4\varphi}$$

$$= -F\,l\cos\varphi + 2\,c\,a^2\,\frac{1+2\sin^2\varphi}{\cos^4\varphi}$$

$$= -F\,l\cos\varphi + 2\,c\,a^2\,\frac{3-2\cos^2\varphi}{\cos^4\varphi}\,. \tag{b}$$

Wir setzen zunächst die erste Lösung $\varphi_1 = 0$ ein:

$$\Pi''(\varphi_1) = (-F\,l + 2\,c\,a^2) = 2\,c\,a^2\left(1 - \frac{F\,l}{2\,c\,a^2}\right)\,. \tag{c}$$

Das Vorzeichen von Π'' und damit die Stabilität dieser Gleichgewichtslage hängt vom Verhältnis der in der Klammer auftretenden Parameter ab. Aus (c) folgt daher

$$\Pi''(\varphi_1) > 0 \quad \text{für} \quad \frac{F\,l}{2\,c\,a^2} < 1 \quad \to \quad \text{stabile Lage,}$$

$$\Pi''(\varphi_1) < 0 \quad \text{für} \quad \frac{F\,l}{2\,c\,a^2} > 1 \quad \to \quad \text{instabile Lage.}$$

Der Sonderfall

$$\frac{F\,l}{2\,c\,a^2} = 1 \quad \to \quad F = 2\,\frac{c\,a^2}{l} = F_{\text{krit}} \tag{d}$$

kennzeichnet die „kritische Last“, weil an dieser Stelle bei einer Laststeigerung die für $F < F_{\text{krit}}$ stabile Lage in eine für $F > F_{\text{krit}}$ instabile Lage übergeht. Die zweite Ableitung $\Pi''(\varphi_1)$ nimmt für $F = F_{\text{krit}}$ den Wert Null an. Um die Stabilität an dieser ausgezeichneten Stelle zu untersuchen, müssten wir weitere Ableitungen von Π bilden. Da dies aufwendig wird, wollen wir hierauf verzichten.

Setzen wir den Winkel φ_2 der zweiten Gleichgewichtslage mit $2\,c\,a^2 = F\,l\cos^3\varphi_2$ in (b) ein, so folgt

$$\begin{aligned}\Pi''(\varphi_2) &= -F\,l\cos\varphi_2\left(1-\cos^2\varphi_2\,\frac{3-2\cos^2\varphi_2}{\cos^4\varphi_2}\right)\\ &= -F\,l\cos\varphi_2\left(1-\frac{3}{\cos^2\varphi_2}+2\right)\\ &= 3\,F\,l\cos\varphi_2\left(\frac{1}{\cos^2\varphi_2}-1\right).\end{aligned}$$

Für $0 < \varphi_2 < \pi/2$ ist $\cos\varphi_2 < 1$. Daraus folgt $\Pi''(\varphi_2) > 0$, d.h. die Gleichgewichtslage $\varphi = \varphi_2$ ist stabil (da $\cos\varphi$ eine gerade Funktion ist, existiert neben φ_2 gleichberechtigt eine Lösung $\varphi_2^* = -\varphi_2$). Dann ist nach (a) der Ausdruck $2\,c\,a^2/F\,l < 1$ und damit nach (d) $F > F_{\text{krit}}$. Im Sonderfall $\varphi_2 = 0$ werden $\Pi''(\varphi_2) = 0$ und $F = F_{\text{krit}}$.

In Abb. 8.17c ist das Ergebnis aufgetragen: für $F < F_{\text{krit}}$ gibt es nur eine stabile Lösung $\varphi_1 = 0$. Für $F > F_{\text{krit}}$ wird diese Lösung instabil. Gleichzeitig treten zwei neue stabile Gleichgewichtslagen $\pm\varphi_2$ auf. Damit gibt es in diesem Bereich drei verschiedene Gleichgewichtslagen.

Da für die kritische Last $F = F_{\text{krit}}$ eine Verzweigung der Lösung auftritt, nennt man diesen ausgezeichneten Wert in Last-Verformungs-Diagrammen einen „Verzweigungspunkt“. Die kritische Last und die Verzweigung einer Lösung spielen eine wichtige Rolle bei der Untersuchung des Stabilitätsverhaltens *elastischer* Körper (vgl. Band 2).

Beispiel 8.9: Gegeben ist ein homogener Körper (Dichte ϱ), der aus einem Halbzylinder (Radius r) mit aufgesetztem Quader (Höhe h) besteht (Abb. 8.18a).

Für welches h ist der Körper für beliebige Lagen im indifferenten Gleichgewicht?

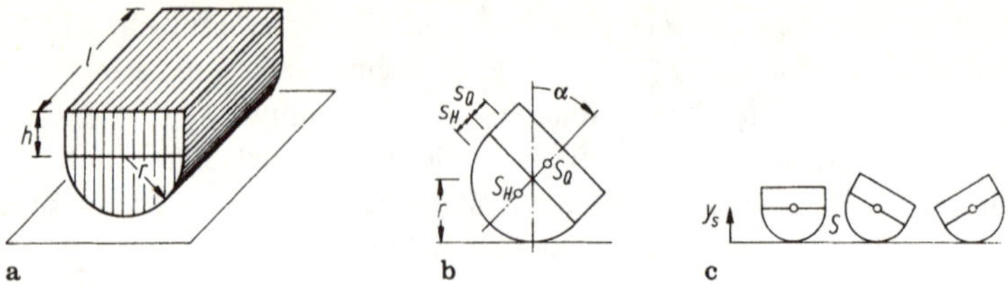

Abb. 8.18

Lösung: Der Quader hat das Gewicht $G_Q = 2\,r\,h\,l\,\varrho\,g$ und den Schwerpunktsabstand $s_Q = h/2$ von der Trennfläche der beiden Teilkörper (Abb. 8.18b). Für den Halbkreiszylinder gilt $G_H = 0{,}5\,\pi\,r^2\,l\,\varrho\,g$ und $s_H = 4\,r/3\,\pi$ (vgl. Tabelle am Ende von Kapitel 4).

Wählen wir die Grundfläche als Bezugsniveau, so folgt das Potential Π für eine beliebige Lage α zu

$$\Pi = \varrho\,g\,l\left[\frac{\pi\,r^2}{2}\left(r - \frac{4\,r}{3\,\pi}\cos\alpha\right) + 2\,r\,h\left(r + \frac{h}{2}\cos\alpha\right)\right].$$

Nach dem Arbeitssatz erhalten wir die Gleichgewichtslagen aus

$$\Pi' = \frac{d\Pi}{d\alpha} = \varrho\,g\,l\sin\alpha\left[\frac{2}{3}\,r^3 - rh^2\right] = 0\,.$$

Eine erste Gleichgewichtslage folgt aus dem Verschwinden des ersten Faktors:

$$\sin\alpha = 0 \quad \rightarrow \quad \alpha_1 = 0\,.$$

Die senkrechte Ausgangslage, bei der die Schwerpunkte S_Q und S_H übereinander liegen, ist daher eine Gleichgewichtslage. Die Ableitung Π' wird aber auch Null, wenn die Klammer verschwindet:

$$\frac{2}{3}\,r^3 - rh^2 = 0 \quad \rightarrow \quad \underline{\underline{h = \sqrt{\frac{2}{3}}\,r}}\,.$$

Nur für dieses spezielle Abmessungsverhältnis gibt es Gleichgewichtslagen im ausgelenkten Zustand, wobei α dann beliebig sein kann.

Zur Anwendung des Stabilitätskriteriums bilden wir die zweite Ableitung

$$\Pi'' = \varrho\, g\, l \cos\alpha \left[\frac{2}{3}\, r^3 - r h^2\right] .$$

Für beliebige α und $h = \sqrt{2/3}\; r$ werden Π'' und alle höheren Ableitungen gleich Null: diese Lagen sind daher indifferent. Der Körper ist dann in jeder beliebigen Lage im Gleichgewicht, wie dies in Abb. 8.18c angedeutet ist.

Man kann diese Aufgabe auch anschaulich (ohne Aufstellen eines Potentials und Differenzieren) lösen. Eine Gleichgewichtslage ist indifferent, wenn der Schwerpunkt bei einer Auslenkung seine Höhe beibehält ($\Delta\Pi \equiv 0$). In der Aufgabe bedeutet dies, dass der Gesamtschwerpunkt S in jeder Lage den konstanten Abstand r von der Grundebene haben muss. Mit (4.13) hat der gemeinsame Schwerpunkt den Abstand

$$y_s = \frac{\dfrac{\pi\, r^2}{2}\left(r - \dfrac{4\, r}{3\,\pi}\right) + 2\, r h \left(r + \dfrac{h}{2}\right)}{\dfrac{\pi\, r^2}{2} + 2\, r h} .$$

Aus der Bedingung $y_s = r$ folgt nach Auflösen der bereits vorher ermittelte Wert für h.

9 Haftung und Reibung

9.1 Grundlagen

Bisher wurde angenommen, dass alle betrachteten Körper eine *glatte* Oberfläche haben. Zwischen zwei solchen Körpern können nach Abschnitt 2.4 nur Kräfte *normal* zur Berührebene übertragen werden. Diese Idealisierung beschreibt das mechanische Verhalten dann richtig, wenn die in Wirklichkeit infolge der *Rauhigkeit* der Oberfläche auftretenden Tangentialkräfte vernachlässigt werden können. Mit den Eigenschaften der tangentialen Kräfte soll sich dieses Kapitel beschäftigen. Hierzu betrachten wir zunächst ein einfaches Beispiel.

Eine Kiste vom Gewicht G steht nach Abb. 9.1a auf einer rauhen Unterlage. Bringt man zusätzlich eine horizontale Kraft F an, so zeigt die Erfahrung, dass für kleine Werte von F die Kiste in Ruhe bleibt. Infolge der rauhen Oberfläche kann zwischen Kiste und Boden eine tangentiale Kraft übertragen werden, welche eine Bewegung der Kiste verhindert. Da die Kiste dann am Boden „haftet", nennt man diese tangentiale Kraft häufig *Haftreibungskraft* H.

Mit dem Freikörperbild (Abb. 9.1b) folgt aus den Gleichgewichtsbedingungen

$$\uparrow: \ N = G\,, \qquad \rightarrow: \ H = F\,. \tag{9.1}$$

Das Momentengleichgewicht liefert die Lage von N, die wir jedoch hier nicht benötigen.

Wenn die Kraft F einen gewissen Grenzwert überschreitet, tritt Bewegung ein. Infolge der Rauhigkeit wird auch bei der Bewegung eine tangentiale Kraft vom Boden auf die Kiste übertragen. Da die Kiste beim

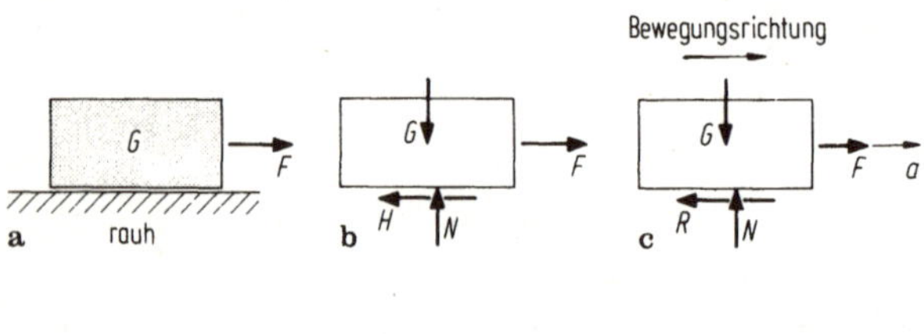

Abb. 9.1

Gleiten gegenüber dem Boden „reibt“, nennt man diese Kraft oft *Gleitreibungskraft* R. Sie sucht die Bewegung zu verhindern und wirkt daher im Beispiel entgegengesetzt zur Bewegungsrichtung. Zählt man die Beschleunigung a positiv nach rechts, so tritt jetzt an die Stelle der zweiten Gleichgewichtsbedingung (9.1) die Grundgleichung der Kinetik (vgl. Band 3)

$$\text{Masse mal Beschleunigung} = \sum \text{Kräfte}\,,$$

d.h. im Beispiel

$$m\,a = F - R\,. \tag{9.2}$$

Dabei ist die Reibungskraft R zunächst noch unbekannt.

Wenn auch Haftreibung und Gleitreibung beide ihre Ursachen in der Rauhigkeit der Oberfläche haben, so sind sie doch ihrem Wesen nach grundsätzlich verschieden. Die Haftreibungskraft H ist eine *Reaktionskraft*, die sich aus Gleichgewichtsbedingungen ohne zusätzliche physikalische Aussagen berechnen lässt. Dagegen ist die Gleitreibungskraft R eine *eingeprägte Kraft*, die von der Oberflächenbeschaffenheit der Körper abhängt. Um diesen wesentlichen Unterschied stets gegenwärtig zu behalten, wollen wir von nun an die Reibung in der Ruhelage (= Haftreibung) mit *Haftung*, die Reibung bei der Bewegung (= Gleitreibung) mit *Reibung* bezeichnen. Entsprechend nennen wir H die *Haftungskraft* und R die *Reibungskraft*.

Die Reibungserscheinungen verändern sich stark, wenn zwischen die Körper andere Stoffe gebracht werden. Jeder Auto- oder Radfahrer kennt die Unterschiede, ob er auf trockener, nasser oder gar vereister Straße fährt. Durch Schmiermittel kann man die Reibung bei sich gegeneinander bewegenden Maschinenteilen erheblich herabsetzen. Wir werden uns mit der diesen Erscheinungen zugrundeliegenden „Flüssigkeitsreibung“ nicht beschäftigen, da wir die Hydromechanik im Rahmen dieser Einführung nicht behandeln.

Alle folgenden Untersuchungen behandeln nur die sogenannte *trockene* Reibung, wie sie infolge der Rauhigkeit an der Oberfläche jedes festen Körpers auftritt.

Haftung und Reibung haben große praktische Bedeutung: nur durch Haftung ist überhaupt eine Fortbewegung auf festem Boden möglich. Auch die Antriebsräder eines Fahrzeuges haften in der momentanen Berührfläche an der Fahrbahn, und an der Berührstelle wird die zum Beschleunigen oder Abbremsen notwendige Kraft übertragen. Falls diese Haftkraft, z.B. bei Glatteis, nicht aufgebracht werden kann, rutschen die

Räder, und der gewünschte Bewegungszustand wird nicht erreicht. Jede Schraube und jeder Nagel erfüllen ihre Aufgabe nur dadurch, dass sie infolge Rauhigkeit haften. Durch künstliche Vergrößerung der Unebenheiten der Oberflächen wird beim Dübel dieser Effekt verstärkt.

Auf der anderen Seite ist die Reibung häufig unerwünscht, da sie mit Energieverlusten verbunden ist. An der Berührfläche tritt Erwärmung auf, d.h. mechanische Energie wird in thermische Energie umgewandelt. Während man die Haftung z.B. auf glatter Straße durch Streuen von Sand zu erhöhen sucht, vermindert man umgekehrt bei rotierenden Maschinenteilen die Reibung durch die schon erwähnten Schmiermittel. Man erkennt auch hieran wieder, dass man Haftung und Reibung sorgfältig getrennt betrachten muss.

9.2 Die Coulombschen Reibungsgesetze

Wir betrachten zunächst die Haftung und greifen hierzu nochmals auf das Problem in Abb. 9.1b zurück. Solange F unterhalb eines Grenzwertes F_0 bleibt, ist $H = F$. Bei der Grenzlast F_0 nimmt H seinen maximalen Wert H_0 an. Durch Experimente wurde von C.A. Coulomb (1736–1806) gezeigt, dass dieser Grenzwert in erster Näherung proportional zur Normalkraft N ist:

$$H_0 = \mu_0 N . \tag{9.3}$$

Den Proportionalitätsfaktor μ_0 nennt man *Haftungskoeffizient*. Er hängt nur von der Rauhigkeit der sich berührenden Flächen und nicht von ihrer Größe ab. Die nachstehende Tabelle gibt einige Zahlenwerte an.

	Haftungs-koeffizient μ_0	Reibungs-koeffizient μ
Stahl auf Eis	$0,03$	$0,015$
Stahl auf Stahl	$0,15 \dots 0,5$	$0,1 \dots 0,4$
Stahl auf Teflon	$0,04$	$0,04$
Leder auf Metall	$0,4$	$0,3$
Holz auf Holz	$0,5$	$0,3$
Autoreifen auf Straße	$0,7 \dots 0,9$	$0,5 \dots 0,8$
Ski auf Schnee	$0,1 \dots 0,3$	$0,04 \dots 0,2$

Dabei muss beachtet werden, dass die aus Versuchen ermittelten Zahlenwerte nur in gewissen Toleranzgrenzen angegeben werden können; so kann z.B. der Wert für „Holz auf Holz“ noch stark nach Holzart und Verarbeitung der Oberflächen schwanken.

Ein Körper haftet, solange die *Haftbedingung*

$$H \leq H_0 = \mu_0 \, N \tag{9.4a}$$

erfüllt ist. Die Richtung von H ist stets so, dass die Bewegung verhindert wird. Bei komplizierten Aufgaben kann man manchmal diese Richtung nicht sofort erkennen und muss sie deshalb beliebig annehmen. Es gilt daher allgemein

$$\boxed{|H| \leq H_0 = \mu_0 \, N} \, . \tag{9.4b}$$

Die Normalkraft N und die Haftungskraft H kann man nach Abb. 9.2a zu einer resultierenden Kraft W zusammensetzen. Ihre Richtung ist durch den Winkel φ gegeben, der sich aus

$$\tan\varphi = \frac{H}{N}$$

bestimmen lässt.

Bezeichnen wir im Grenzfall $H = H_0$ den Grenzwinkel φ_G mit ϱ_0, so wird

$$\tan\varphi_G = \tan\varrho_0 = \frac{H_0}{N} = \frac{\mu_0 \, N}{N} = \mu_0 \, .$$

Den Winkel ϱ_0 nennt man auch „Haftungswinkel“; er ist ein Maß für den Haftungskoeffizienten:

$$\boxed{\tan\varrho_0 = \mu_0} \, . \tag{9.5}$$

Trägt man beim ebenen Problem den Haftungswinkel ϱ_0 nach beiden Seiten der Normalen n auf, so entsteht ein „Haftungskeil“ (Abb. 9.2b). Solange W innerhalb des Keiles liegt, ist $H < H_0$, und der Körper bleibt damit in Ruhe.

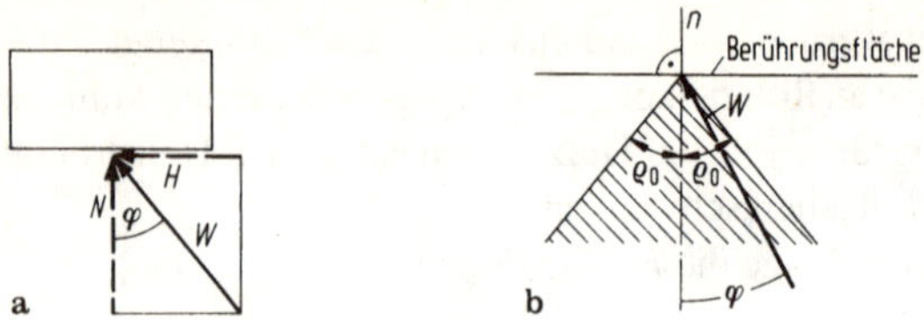

Abb. 9.2

Der Haftungswinkel ϱ_0 hat auch im Raum eine anschauliche Bedeutung. Wird ein Körper einer beliebig gerichteten Belastung unterworfen, so bleibt er in Ruhe, solange die Reaktionskraft W an der Berührfläche innerhalb des sogenannten „Haftungskegels“ wirkt. Dieser Rotationskegel um die Normale n der Berührflächen hat den Öffnungswinkel $2\varrho_0$. Liegt W innerhalb des Kegels, so ist $\varphi < \varrho_0$ und damit $|H| < H_0$ (Abb. 9.3).

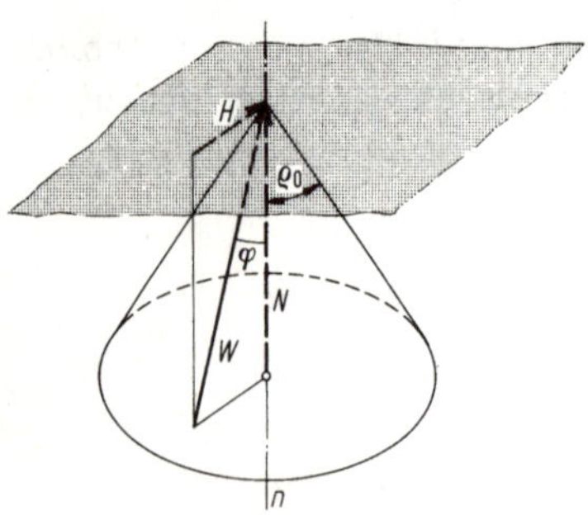

Abb. 9.3

Falls W außerhalb des Kegels fällt, ist kein Gleichgewicht mehr möglich: der Körper wird sich bewegen. Die hierbei auftretenden Reibungserscheinungen wollen wir jetzt beschreiben. Für die bei der Bewegung auftretende Reibungskraft R hat ebenfalls Coulomb durch Versuche gefunden, dass sie in guter Näherung

a) proportional zur Normalkraft N (Proportionalitätsfaktor μ) und
b) unabhängig von der Geschwindigkeit und ihr entgegengesetzt gerichtet ist.

Somit lautet das *Reibungsgesetz*

$$\boxed{R = \mu N} \, . \tag{9.6}$$

Den Faktor μ nennt man *Reibungskoeffizient*; er ist meistens etwas kleiner als μ_0 (vgl. vorstehende Tabelle).

Will man die Richtung von $\boldsymbol{R}$ formelmäßig mit erfassen, so führt man einen Einheitsvektor $\boldsymbol{v}/|\boldsymbol{v}|$ in Richtung der Geschwindigkeit $\boldsymbol{v}$ ein. Das Coulombsche Reibungsgesetz lautet dann

$$\boldsymbol{R} = -\mu\, \boldsymbol{N} \frac{\boldsymbol{v}}{|\boldsymbol{v}|}\,.$$

Wenn sich der Körper K *und* seine Unterlage U bewegen (z.B. Schüttgut rutscht auf einem Förderband), so hängt das Vorzeichen der Reibungskraft von der Relativgeschwindigkeit, d.h. von der Differenz der Geschwindigkeiten v_1 und v_2 (vgl. Band 3) ab. Abbildung 9.4 zeigt, welche Richtung die Reibungskraft auf den Körper jeweils annimmt.

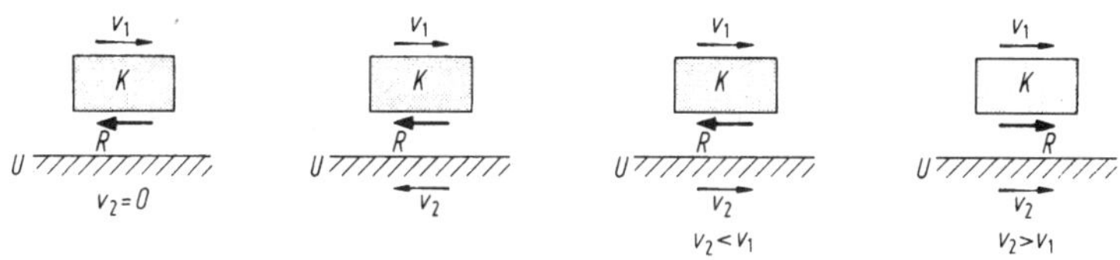

Abb. 9.4

Zusammenfassend müssen folgende drei Fälle unterschieden werden:

a) „Haftung“ $\boxed{H < \mu_0\, N}$ — Der Körper bleibt in Ruhe; die Haftungskraft H folgt aus Gleichgewichtsbedingungen.

b) „Grenzhaftung“ $\boxed{H = \mu_0\, N}$ — Der Körper bleibt gerade noch in Ruhe. Wenn man ihn anstößt, wird er sich jedoch wegen $\mu < \mu_0$ in Bewegung setzen.

c) „Reibung“ $\boxed{R = \mu N}$ — Rutscht ein Körper, so wirkt die Reibungskraft R als eingeprägte Kraft.

Beispiel 9.1: Auf einer rauhen schiefen Ebene (Neigungswinkel α, Haftungskoeffizient μ_0) nach Abb. 9.5a ruht ein Klotz vom Gewicht G, an dem zusätzlich eine Kraft F angreift.

Zwischen welchen Grenzen muss F liegen, damit der Klotz in Ruhe bleibt?

Lösung: Für große positive F würde sich der Klotz ohne Haftung nach oben bewegen. Die Haftungskraft H zeigt in diesem Fall nach unten (Abb. 9.5b). Aus den Gleichgewichtsbedingungen

$$\nearrow: \; F - G\sin\alpha - H = 0\,, \quad \nwarrow: \; N - G\cos\alpha = 0$$

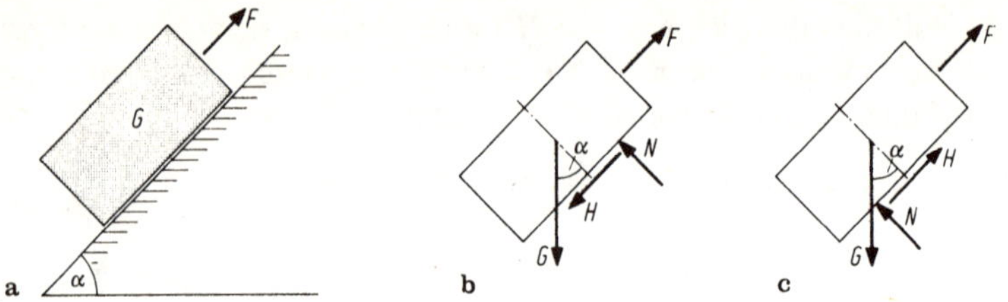

Abb. 9.5

und der Haftbedingung $H \leq \mu_0 N$ folgt

$$H = F - G\sin\alpha \leq \mu_0 G\cos\alpha \quad \rightarrow \quad F \leq G(\sin\alpha + \mu_0\cos\alpha)\,.$$

Mit dem Haftungswinkel ϱ_0 nach (9.5) lässt sich dies umschreiben zu

$$F \leq G\,(\sin\alpha + \tan\varrho_0\cos\alpha) = G\,\frac{\sin(\alpha+\varrho_0)}{\cos\varrho_0}\,. \qquad \text{(a)}$$

Wird F zu klein, so würde der Klotz ohne Haftung infolge seines Gewichtes nach unten rutschen. Die Haftungskraft, die dies verhindert, muss dann nach Abb. 9.5c nach oben zeigen. Wir erhalten in diesem Fall aus den Gleichgewichtsbedingungen

$$\nearrow: \quad F - G\sin\alpha + H = 0\,, \qquad \nwarrow: \quad N - G\cos\alpha = 0$$

und der Haftbedingung

$$H \leq \mu_0 N$$

die Ungleichung

$$G\sin\alpha - F \leq \mu_0 G\cos\alpha$$

oder

$$F \geq G\,(\sin\alpha - \mu_0\cos\alpha) = G\,\frac{\sin(\alpha-\varrho_0)}{\cos\varrho_0}\,. \qquad \text{(b)}$$

Zusammenfassung der Ergebnisse nach (a) und (b) zeigt, dass die Kraft F in dem Bereich

$$\underline{\underline{G\,\frac{\sin(\alpha-\varrho_0)}{\cos\varrho_0} \leq F \leq G\,\frac{\sin(\alpha+\varrho_0)}{\cos\varrho_0}}} \qquad \text{(c)}$$

schwanken kann. Entnehmen wir zum Beispiel für den Fall „Stahl auf Stahl“ der Tabelle der Haftungskoeffizienten den Zahlenwert $\mu_0 = 0{,}15$, so ist $\varrho_0 = \arctan 0{,}15 = 0{,}149$. Wählen wir außerdem $\alpha = 10^\circ \mathrel{\widehat{=}} 0{,}175\,\text{rad}$, so folgt aus (c)

$$G\,\frac{\sin(0{,}175 - 0{,}149)}{\cos 0{,}149} \le F \le G\,\frac{\sin(0{,}175 + 0{,}149)}{\cos 0{,}149}$$

oder

$$0,026\,G \le F \le 0,32\,G\,.$$

In diesem Zahlenbeispiel darf F die Werte zwischen rund 3% und 30% von G annehmen, ohne dass sich der Klotz bewegt. Für $\alpha < \varrho_0$ kann nach (c) die Kraft F auch negative Werte annehmen.

Für $\alpha = \varrho_0$ wird der untere Grenzwert von F gerade Null. Die Neigung der schiefen Ebene ist dann unmittelbar ein Maß für den Haftungskoeffizienten. Ein Körper bleibt unter der Wirkung seines Eigengewichtes, d.h. im Sonderfall $F = 0$, auf einer schiefen Ebene in Ruhe, solange $\alpha \le \varrho_0$ ist.

Beispiel 9.2: Auf einer Leiter in der in Abb. 9.6a dargestellten Lage steht ein Mann vom Gewicht Q.

Bis zu welcher Stelle x kann er steigen, wenn a) *nur* der Boden und b) Boden *und* Wand rauh sind? Die Haftungskoeffizienten sind jeweils μ_0.

Lösung: a) Ist die Wand glatt, so wirken nach Abb. 9.6b in B nur die Normalkraft N_B und in A die Normalkraft N_A und die Haftkraft H_A (entgegen der Bewegung, die ohne Haftung eintreten würde). Aus den Gleichgewichtsbedingungen folgen dann:

$$\rightarrow:\;\; N_B = H_A\,, \qquad \uparrow:\;\; N_A = Q\,, \qquad \stackrel{\curvearrowleft}{A}:\;\; x\,Q = h\,N_B\,.$$

Einsetzen in die Haftbedingung

$$H_A \le \mu_0\,N_A$$

liefert die Lösung

$$x\,\frac{Q}{h} \le \mu_0\,Q \quad \rightarrow \quad \underline{\underline{x \le \mu_0\,h}}\,.$$

Man kann dieses Ergebnis auch auf anderem Wege gewinnen: im Gleichgewicht müssen die drei Kräfte Q, N_B und W_A (Resultierende

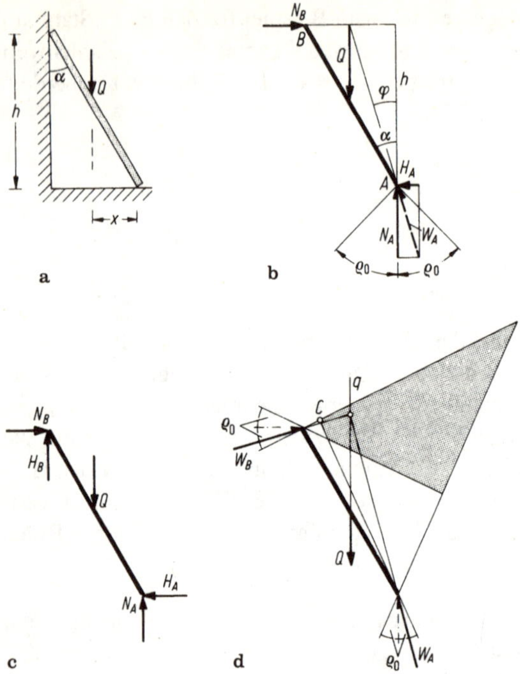

Abb. 9.6

aus N_A und H_A) durch *einen* Punkt gehen (Abb. 9.6b). Es gilt daher

$$\tan\varphi = \frac{H_A}{N_A} = \frac{x}{h} \,.$$

Da die Wirkungslinie der Reaktionskraft W_A innerhalb des Haftungskeiles liegen muss ($\varphi \leq \varrho_0$), bleibt die Leiter für

$$\frac{x}{h} = \tan\varphi \leq \tan\varrho_0 = \mu_0 \quad \rightarrow \quad x \leq \mu_0\, h$$

in Ruhe. Für $\alpha \leq \varrho_0$ ist wegen $x \leq h\tan\alpha$ die Standsicherheit der Leiter für alle x gewährleistet.

b) Wenn auch die *Wand rauh* ist, treten nach Abb. 9.6c vier unbekannte Reaktionskräfte auf, die aus den drei Gleichgewichtsbedingungen nicht eindeutig ermittelt werden können: das Problem ist *statisch unbestimmt*. Trotzdem kann man dann aus den Gleichgewichtsbedingungen

$$\rightarrow: \quad N_B = H_A\,, \qquad \uparrow: \quad N_A + H_B = Q\,,$$

$$\stackrel{\curvearrowleft}{A}: \quad x\,Q = h\,N_B + H_B\,h\tan\alpha$$

und den Haftbedingungen

$$H_B \leq \mu_0\,N_B\,, \quad H_A \leq \mu_0\,N_A$$

den zulässigen Bereich von x berechnen. Da jedoch die Auflösung wegen der Ungleichungen nicht ganz einfach ist, bevorzugen wir hier die grafische Lösung nach Abb. 9.6d. Man zeichnet an beiden Berührpunkten die Haftungskeile. Solange die Wirkungslinie q der Last innerhalb des schraffierten Gebietes liegt, in dem sich beide Haftungskeile überdecken, gibt es eine Vielzahl möglicher Reaktionskräfte, von denen *eine* Kombination eingezeichnet ist. Erst wenn q im Bild links von C liegt, tritt Rutschen ein, weil dann die erforderliche Haftungskraft vom Boden nicht mehr aufgebracht werden kann. Man kann sich leicht überlegen, dass die Rutschgefahr durch steileres Aufstellen der Leiter verringert bzw. verhindert werden kann.

Beispiel 9.3: An einer Schraube mit Flachgewinde (Haftungskoeffizient μ_0, Ganghöhe h, Radius r) nach Abb. 9.7a greifen eine vertikale Kraft F und ein Moment M_d an.

Unter welcher Bedingung herrscht Gleichgewicht, wenn Normalkräfte und Haftungskräfte gleichmäßig über das gesamte Schraubengewinde verteilt sind?

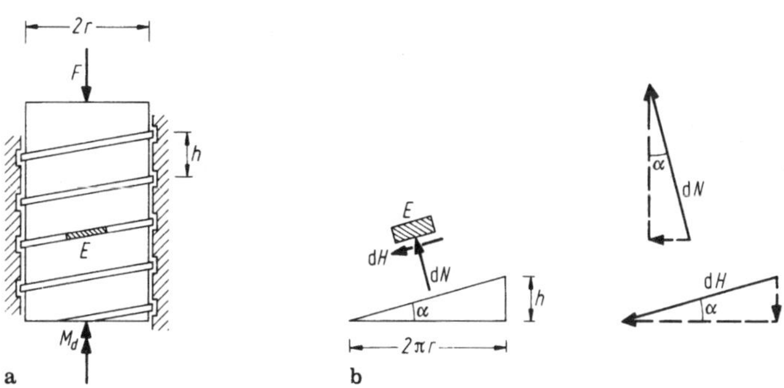

Abb. 9.7

Lösung: Die an einem Element E des Gewindeganges angreifenden Normalkräfte $\mathrm{d}N$ und Haftungskräfte $\mathrm{d}H$ zerlegen wir nach Abb. 9.7b in vertikale und horizontale Komponenten (aus der Ganghöhe h und dem abgewickelten Umfang $2\,\pi\,r$ lässt sich der Winkel α berechnen: $\tan\alpha = h/2\,\pi\,r$). Das Integral über die vertikalen Komponenten muss der Last F das Gleichgewicht halten:

$$F = \int \mathrm{d}N \cos\alpha - \int \mathrm{d}H \sin\alpha = \cos\alpha \int \mathrm{d}N - \sin\alpha \int \mathrm{d}H\,. \qquad \text{(a)}$$

Das Moment M_d muss mit dem aus den horizontalen Komponenten folgenden Moment im Gleichgewicht sein:

$$\begin{aligned} M_d &= \int r\,\mathrm{d}N \sin\alpha + \int r\,\mathrm{d}H \cos\alpha \\ &= r\sin\alpha \int \mathrm{d}N + r\cos\alpha \int \mathrm{d}H\,. \end{aligned} \qquad \text{(b)}$$

Aus (a) und (b) folgt

$$\int \mathrm{d}N = F\cos\alpha + \frac{M_d}{r}\sin\alpha\,, \quad \int \mathrm{d}H = \frac{M_d}{r}\cos\alpha - F\sin\alpha\,.$$

Einsetzen in die Haftbedingung

$$|\mathrm{d}H| \le \mu_0\,\mathrm{d}N \quad \text{bzw.} \quad \int |\mathrm{d}H| \le \mu_0 \int \mathrm{d}N$$

liefert

$$\underline{\underline{\left|\frac{M_d}{r}\cos\alpha - F\sin\alpha\right| \le \mu_0 \left(F\cos\alpha + \frac{M_d}{r}\sin\alpha\right)}}\,. \qquad \text{(c)}$$

Ist $M_d/r > F\tan\alpha$, so folgt aus dieser Ungleichung

$$\left|\frac{M_d}{r} - F\tan\alpha\right| = \frac{M_d}{r} - F\tan\alpha \le \mu_0 \left(F + \frac{M_d}{r}\tan\alpha\right)$$

oder mit (9.5) und dem Additionstheorem für die Tangensfunktion

$$\frac{M_d}{r} \le F\frac{\tan\alpha + \mu_0}{1 - \tan\alpha\,\mu_0} = F\frac{\tan\alpha + \tan\varrho_0}{1 - \tan\alpha\tan\varrho_0} = F\tan(\alpha + \varrho_0)\,.$$

Analog findet man für $M_d/r < F\tan\alpha$ aus

$$\left|\frac{M_d}{r} - F\tan\alpha\right| = F\tan\alpha - \frac{M_d}{r} \le \mu_0\left(F + \frac{M_d}{r}\tan\alpha\right)$$

die Beziehung

$$\frac{M_d}{r} \ge F\tan(\alpha - \varrho_0)\,.$$

Die Schraube ist daher im Gleichgewicht, solange die Bedingung

$$F\tan(\alpha - \varrho_0) \le \frac{M_d}{r} \le F\tan(\alpha + \varrho_0)$$

erfüllt ist. Wenn speziell $\alpha \le \varrho_0$ (d.h. $\tan\alpha \le \mu_0$) ist, so ist Gleichgewicht ohne ein äußeres Moment ($M_d = 0$) möglich. Die Haftungskräfte allein „halten" dann die Last F: die Schraube ist „selbsthemmend".

9.3 Seilhaftung und Seilreibung

Schlingt man ein Seil, an dessen einem Ende eine große Kraft angreift, um einen rauhen Pfosten, so kann man mit einer kleinen Kraft am anderen Ende ein Rutschen des Seiles verhindern. In Abb. 9.8a umschlingt das Seil den Pfosten mit einem Winkel α. Wir setzen voraus, dass die Kraft S_2 am linken Seilende größer ist als die Kraft S_1 am rechten Ende. Um

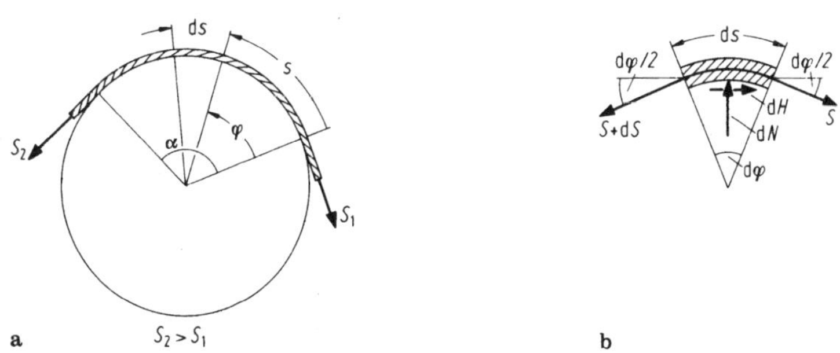

Abb. 9.8

den Zusammenhang zwischen diesen Seilkräften zu berechnen, schneiden wir nach Abb. 9.8b ein Element der Länge $\mathrm{d}s$ aus dem Seil und stellen die Gleichgewichtsbedingungen auf. Dabei berücksichtigen wir, dass sich die Seilkraft längs $\mathrm{d}s$ um den infinitesimalen Betrag $\mathrm{d}S$ ändert. Wegen $S_2 > S_1$ würde das Seil *ohne* Haftung nach links rutschen: die Haftungskraft $\mathrm{d}H$ zeigt daher nach rechts. Die Gleichgewichtsbedingungen lauten dann:

$$\rightarrow: \quad S\cos\frac{\mathrm{d}\varphi}{2} - (S+\mathrm{d}S)\cos\frac{\mathrm{d}\varphi}{2} + \mathrm{d}H = 0\,,$$

$$\uparrow: \quad \mathrm{d}N - S\sin\frac{\mathrm{d}\varphi}{2} - (S+\mathrm{d}S)\sin\frac{\mathrm{d}\varphi}{2} = 0\,.$$

Da $\mathrm{d}\varphi$ infinitesimal ist, wird $\cos(\mathrm{d}\varphi/2) \approx 1$, $\sin(\mathrm{d}\varphi/2) \approx \mathrm{d}\varphi/2$; außerdem ist $\mathrm{d}S(\mathrm{d}\varphi/2)$ „von höherer Ordnung klein“. Es bleiben daher

$$\mathrm{d}H = \mathrm{d}S\,, \quad \mathrm{d}N = S\,\mathrm{d}\varphi\,. \tag{9.7}$$

Aus diesen zwei Gleichungen kann man die drei Unbekannten H, N und S nicht ermitteln: das System ist statisch unbestimmt. Man kann deshalb nur den Fall der Grenzhaftung diskutieren, bei der Rutschen gerade noch verhindert wird. Dann ist nämlich nach (9.3)

$$\mathrm{d}H = \mathrm{d}H_0 = \mu_0\,\mathrm{d}N\,,$$

und mit (9.7) folgt

$$\mathrm{d}H = \mu_0\,S\,\mathrm{d}\varphi = \mathrm{d}S \quad \rightarrow \quad \mu_0\,\mathrm{d}\varphi = \frac{\mathrm{d}S}{S}\,.$$

Integration über den Bereich, der vom Seil umschlungen wird, liefert

$$\mu_0\int\limits_0^\alpha \mathrm{d}\varphi = \int\limits_{S_1}^{S_2}\frac{\mathrm{d}S}{S} \quad \rightarrow \quad \mu_0\,\alpha = \ln\frac{S_2}{S_1}$$

oder

$$\boxed{S_2 = S_1\,\mathrm{e}^{\mu_0\alpha}}\,. \tag{9.8}$$

Diese Formel für die Seilhaftung wird nach L. Euler (1707–1783) oder J.A. Eytelwein (1764–1848) benannt.

Wenn $S_1 > S_2$ ist, muss man nur die Kräfte umbenennen und erhält

$$S_1 = S_2\,\mathrm{e}^{\mu_0\alpha}$$

oder

$$S_2 = S_1\,\mathrm{e}^{-\mu_0\alpha}\,. \tag{9.9}$$

Für fest vorgegebenes S_1 besteht daher Gleichgewicht, solange S_2 in den Grenzen nach (9.8) und (9.9) bleibt:

$$\boxed{S_1\,\mathrm{e}^{-\mu_0\alpha} \le S_2 \le S_1\,\mathrm{e}^{\mu_0\alpha}}\,. \tag{9.10}$$

Für $S_2 < S_1\,\mathrm{e}^{-\mu_0\alpha}$ tritt Rutschen nach rechts, für $S_2 > S_1\,\mathrm{e}^{\mu_0\alpha}$ tritt Rutschen nach links auf.

Um ein Gefühl für das Verhältnis der auftretenden Kräfte zu bekommen, nehmen wir für eine Zahlenrechnung eine n-fache Umschlingung (d.h. $\alpha = 2\,\pi\,n$) und einen Haftungskoeffizienten $\mu_0 = 0,3 \approx 1/\pi$ an. Dann wird

$$\mathrm{e}^{\mu_0 2n\pi} \approx \mathrm{e}^{2n} \approx (7,5)^n \quad \text{und} \quad S_1 = \frac{S_2}{\mathrm{e}^{\mu_0\alpha}} = \frac{S_2}{(7,5)^n}\,.$$

So kann man z.B. beim Anlegen eines Schiffes durch mehrmaliges Umschlingen des Taus mit einer kleinen Kraft S_1 einer großen Abtriebskraft S_2 das „Gleichgewicht“ halten.

Die Euler-Eytelweinsche Formel kann man vom Fall der Seilhaftung auf den Fall der Seilreibung übertragen, indem man den Haftungskoeffizienten μ_0 durch den Reibungskoeffizienten μ ersetzt. Dabei kann das Seil gegenüber einer festgehaltenen Rolle rutschen oder die Rolle rotiert gegen das ruhende Seil. Das Vorzeichen von R findet man dann durch Überlegungen analog zu Abb. 9.4. Wenn man die Richtung von R ermittelt hat, weiß man auch, welche Seilkraft größer ist, und man erhält

$$\begin{aligned} &\text{für } S_2 > S_1: \quad && \boxed{S_2 = S_1\,\mathrm{e}^{\mu\alpha}} \\ &\text{für } S_2 < S_1: \quad && \boxed{S_2 = S_1\,\mathrm{e}^{-\mu\alpha}}\,. \end{aligned} \tag{9.11}$$

Beispiel 9.4: Auf die zylindrische Walze in Abb. 9.9a wirkt ein Drehmoment M_d. Um die Walze ist ein rauhes Band (Haftungskoeffizient μ_0) geschlungen, das mit einem Hebel verbunden ist.

Wie groß muss F mindestens sein, damit die Walze in Ruhe bleibt (Bandbremse)?

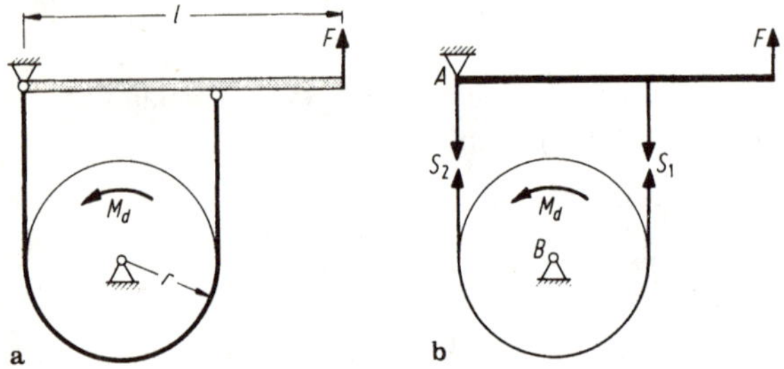

Abb. 9.9

Lösung: Wir schneiden nach Abb. 9.9b das Band und tragen die Schnittkräfte ein. Momentengleichgewicht für Hebel und für Walze liefert:

$$\stackrel{\curvearrowleft}{A}: \quad l\,F - 2\,r\,S_1 = 0 \quad \rightarrow \quad S_1 = \frac{l}{2\,r}\,F\,,$$

$$\stackrel{\curvearrowleft}{B}: \quad M_d + (S_1 - S_2)r = 0 \quad \rightarrow \quad S_1 = S_2 - \frac{M_d}{r}\,.$$

Da M_d links herum dreht, muss für Gleichgewicht $S_2 > S_1$ gelten. Mit dem Umschlingungswinkel $\alpha = \pi$ folgt dann aus (9.8) die Haftbedingung

$$S_2 = S_1\,\mathrm{e}^{\mu_0 \pi}\,.$$

Damit ergibt sich

$$S_1 = S_1\,\mathrm{e}^{\mu_0 \pi} - \frac{M_d}{r} \quad \rightarrow \quad S_1 = \frac{M_d}{r(\mathrm{e}^{\mu_0 \pi} - 1)}\,,$$

und die Mindestkraft wird

$$\underline{\underline{F}} = \frac{2\,r}{l}\,S_1 = \underline{\underline{2\,\frac{M_d}{l}\,\frac{1}{\mathrm{e}^{\mu_0 \pi} - 1}}}\,.$$

Beispiel 9.5: Auf einer rotierenden Walze liegt nach Abb. 9.10a ein Klotz vom Gewicht G, der durch ein Seil gehalten wird.

Wie groß ist die Seilkraft bei A, wenn zwischen Klotz bzw. Seil und Walze Reibung herrscht (Reibungskoeffizient μ)?

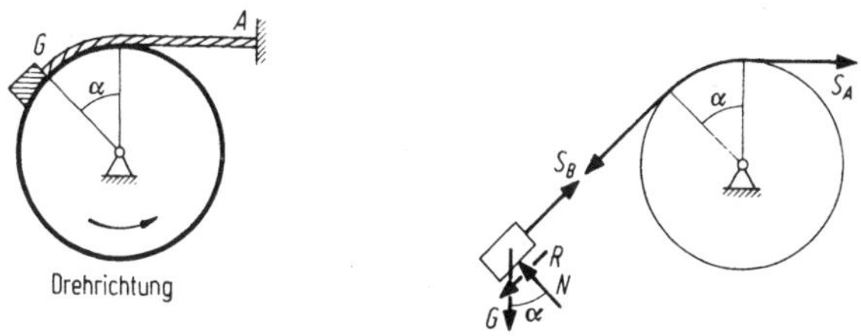

Abb. 9.10 a b

Lösung: Wir trennen die Körper. Infolge der Bewegung der Walze wirkt die Reibungskraft auf den Klotz in der gezeichneten Richtung (Abb. 9.10b), und es ist $S_A > S_B$. Gleichgewicht am Klotz liefert

$$\nearrow: \quad S_B = G \sin\alpha + R\,, \qquad \nwarrow: \quad N = G\cos\alpha\,.$$

Mit den Reibungsgesetzen (9.11) und (9.6) für das Seil und den Klotz

$$S_A = S_B\,\mathrm{e}^{\mu\alpha}\,, \qquad R = \mu N$$

finden wir durch Einsetzen

$$\begin{aligned}\underline{\underline{S_A}} &= (G\sin\alpha + R)\,\mathrm{e}^{\mu\alpha} = (G\sin\alpha + \mu N)\,\mathrm{e}^{\mu\alpha}\\ &= \underline{\underline{G(\sin\alpha + \mu\cos\alpha)\,\mathrm{e}^{\mu\alpha}}}\,.\end{aligned}$$

Anhang A: Einführung in die Vektorrechnung

Physikalische Größen, die durch ihren Betrag und ihre Richtung festgelegt sind, heißen *Vektoren.* Geometrisch wird ein Vektor durch einen Pfeil dargestellt, dessen Länge ein Maß für den Betrag ist (Abb. A.1). Als Symbole für Vektoren verwenden wir fette Buchstaben, zum Beispiel $\boldsymbol{A}$. Der *Betrag* des Vektors $\boldsymbol{A}$ wird durch $|\boldsymbol{A}|$ oder kurz durch A angegeben. Ein Vektor mit dem Betrag Eins heißt Einheitsvektor $\boldsymbol{e}$.

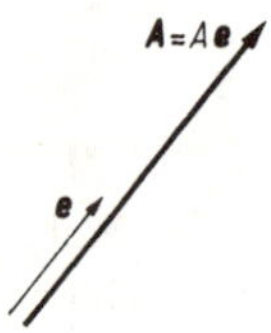

Abb. A.1

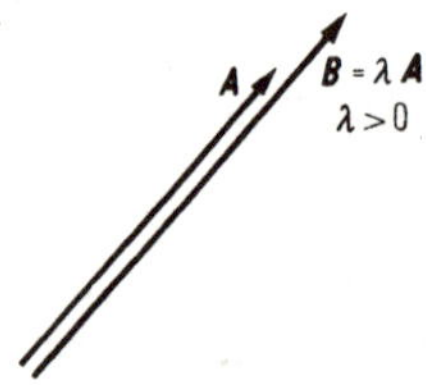

Abb. A.2

Multipliziert man einen Vektor $\boldsymbol{A}$ mit einer skalaren Größe λ, so erhält man den Vektor $\boldsymbol{B} = \lambda\,\boldsymbol{A}$ (Abb. A.2) mit $|\boldsymbol{B}| = |\lambda||\boldsymbol{A}|$. Demnach lässt sich jeder Vektor als Produkt aus seinem Betrag und einem gleichgerichteten Einheitsvektor schreiben (Abb. A.1):

$$\boldsymbol{A} = A\,\boldsymbol{e}\,. \tag{A.1}$$

Die Addition zweier Vektoren $\boldsymbol{A}$ und $\boldsymbol{B}$ ergibt den Summenvektor

$$\boldsymbol{C} = \boldsymbol{A} + \boldsymbol{B}\,. \tag{A.2}$$

Er kann zeichnerisch durch Bilden eines Parallelogramms ermittelt werden (Abb. A.3).

Dieses Parallelogramm kann auch folgendermaßen gedeutet werden: ein gegebener Vektor $\boldsymbol{C}$ wird in zwei Vektoren $\boldsymbol{A}$ und $\boldsymbol{B}$ mit den vorgegebenen Wirkungslinien a und b zerlegt. Die Vektoren $\boldsymbol{A}$ und $\boldsymbol{B}$ heißen dann *Komponenten* des Vektors $\boldsymbol{C}$ bezüglich der Richtungen a und b. In der Ebene ist die Zerlegung eines Vektors nach *zwei* verschiedenen Richtungen mit Hilfe des Parallelogramms eindeutig möglich. Entspre-

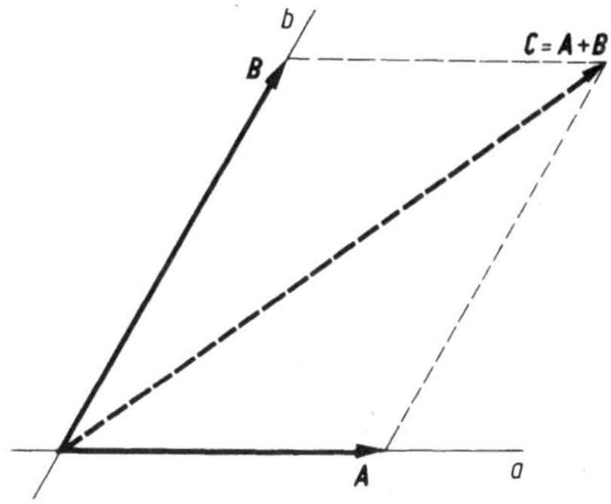

Abb. A.3

chend lässt sich im Raum die Zerlegung nach *drei* nicht in einer Ebene liegenden Richtungen eindeutig durchführen.

Des bequemeren Rechnens wegen stellen wir Vektoren häufig in einem kartesischen Koordinatensystem dar (Abb. A.4). Die jeweils aufeinander senkrecht stehenden Achsrichtungen (orthogonale Achsen) x, y und z des Koordinatensystems werden durch die Einheitsvektoren $\boldsymbol{e}_x$, $\boldsymbol{e}_y$ und $\boldsymbol{e}_z$ gekennzeichnet.

Der Vektor $\boldsymbol{A}$ kann in seine Komponenten $\boldsymbol{A}_x$, $\boldsymbol{A}_y$ und $\boldsymbol{A}_z$ bezüglich der drei Achsrichtungen zerlegt werden:

$$\boldsymbol{A} = \boldsymbol{A}_x + \boldsymbol{A}_y + \boldsymbol{A}_z \,. \tag{A.3}$$

Nach (A.1) gilt für die Komponenten

$$\boldsymbol{A}_x = A_x\,\boldsymbol{e}_x\,, \quad \boldsymbol{A}_y = A_y\,\boldsymbol{e}_y\,, \quad \boldsymbol{A}_z = A_z\,\boldsymbol{e}_z\,. \tag{A.4}$$

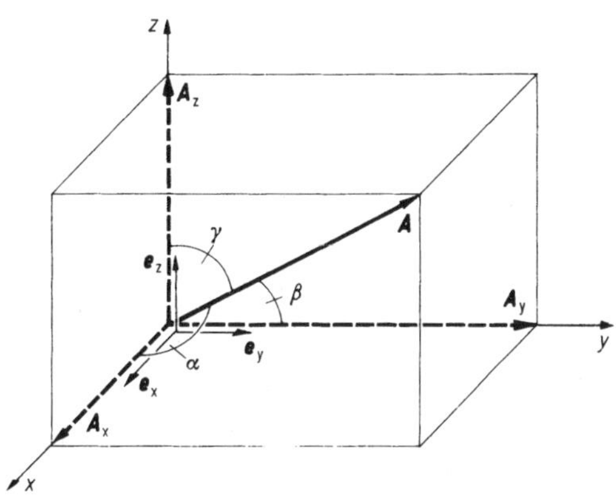

Abb. A.4

Damit wird aus (A.3)

$$\boldsymbol{A} = A_x\,\boldsymbol{e}_x + A_y\,\boldsymbol{e}_y + A_z\,\boldsymbol{e}_z\,. \tag{A.5}$$

Die Maßzahlen A_x, A_y und A_z heißen *Koordinaten* des Vektors $\boldsymbol{A}$. Sie werden oft auch Komponenten des Vektors genannt, obwohl die Komponenten ja die Vektoren $\boldsymbol{A}_j (j = x, y, z)$ sind. Ordnet man die Koordinaten in einer Spalte

$$\boldsymbol{A} = \begin{bmatrix} A_x \\ A_y \\ A_z \end{bmatrix} \tag{A.6}$$

an, so nennt man diese Darstellung von $\boldsymbol{A}$ einen Spaltenvektor. Durch die Angaben seiner drei Koordinaten ist ein Vektor eindeutig bestimmt.

Der Betrag des Vektors folgt aus dem Satz des Pythagoras zu

$$|\boldsymbol{A}| = A = \sqrt{A_x^2 + A_y^2 + A_z^2}\,. \tag{A.7}$$

Die Richtung von $\boldsymbol{A}$ wird durch die Winkel α, β und γ charakterisiert (Abb. A.4). Wir lesen ab:

$$\cos\alpha = \frac{A_x}{A}\,, \quad \cos\beta = \frac{A_y}{A}\,, \quad \cos\gamma = \frac{A_z}{A}\,. \tag{A.8}$$

Mit (A.7) ist

$$\frac{A_x^2}{A^2} + \frac{A_y^2}{A^2} + \frac{A_z^2}{A^2} = 1\,, \tag{A.9}$$

und es gilt daher

$$\cos^2\alpha + \cos^2\beta + \cos^2\gamma = 1\,. \tag{A.10}$$

Die drei Winkel α, β und γ sind also nicht unabhängig voneinander.

Die Vektorgleichung

$$\boldsymbol{A} = \boldsymbol{B} \tag{A.11}$$

ist gleichwertig mit den drei skalaren Gleichungen

$$A_x = B_x\,, \quad A_y = B_y\,, \quad A_z = B_z\,. \tag{A.12}$$

Zwei Vektoren sind somit gleich, wenn sie in den drei Koordinaten übereinstimmen.

Im folgenden werden einige Rechenregeln unter Verwendung der Komponentenschreibweise zusammengestellt.

1 Multiplikation eines Vektors mit einem Skalar

Die Multiplikation eines Vektors $\boldsymbol{A}$ mit einem Skalar λ (Abb. A.2) liefert mit (A.3) und (A.4) den Vektor

$$\begin{aligned} \boldsymbol{B} &= \lambda\, \boldsymbol{A} = \boldsymbol{A}\, \lambda = \lambda(\boldsymbol{A}_x + \boldsymbol{A}_y + \boldsymbol{A}_z) \\ &= \lambda\, A_x\, \boldsymbol{e}_x + \lambda\, A_y\, \boldsymbol{e}_y + \lambda\, A_z\, \boldsymbol{e}_z\,. \end{aligned} \tag{A.13}$$

Ein Vektor wird demnach mit einer Zahl multipliziert, indem jede Koordinate des Vektors mit dieser Zahl multipliziert wird. Für $\lambda > 0$ bleibt dabei der Richtungssinn erhalten, während er sich für $\lambda < 0$ umkehrt. Im Sonderfall $\lambda = -1$ erhält man den Vektor $\boldsymbol{B} = -\boldsymbol{A}$, der aus dem Vektor $\boldsymbol{A}$ unter Beibehaltung des Betrages durch Umkehr des Richtungssinns entsteht. Für $\lambda = 0$ erhält man den Nullvektor $\mathbf{0}$.

2 Addition und Subtraktion von Vektoren

Für die Summe zweier Vektoren $\boldsymbol{A}$ und $\boldsymbol{B}$ erhält man

$$\begin{aligned} \boldsymbol{C} = \boldsymbol{A}+\boldsymbol{B} &= (A_x\, \boldsymbol{e}_x + A_y\, \boldsymbol{e}_y + A_z\, \boldsymbol{e}_z) + (B_x\, \boldsymbol{e}_x + B_y\, \boldsymbol{e}_y + B_z\, \boldsymbol{e}_z) \\ &= (A_x + B_x)\, \boldsymbol{e}_x + (A_y + B_y)\, \boldsymbol{e}_y + (A_z + B_z)\, \boldsymbol{e}_z \\ &= C_x\, \boldsymbol{e}_x + C_y\, \boldsymbol{e}_y + C_z\, \boldsymbol{e}_z\,. \end{aligned} \tag{A.14}$$

Daraus folgt

$$C_x = A_x + B_x\,, \quad C_y = A_y + B_y\,, \quad C_z = A_z + B_z\,. \tag{A.15}$$

Zwei Vektoren werden also addiert, indem man jeweils die entsprechenden Koordinaten addiert.

Bei der Subtraktion zweier Vektoren folgt mit

$$\boldsymbol{C} = \boldsymbol{A} - \boldsymbol{B} = \boldsymbol{A} + (-\boldsymbol{B}) \tag{A.16}$$

für die Koordinaten

$$C_x = A_x - B_x\,, \quad C_y = A_y - B_y\,, \quad C_z = A_z - B_z\,. \quad \text{(A.17)}$$

3 Skalarprodukt

Das *skalare Produkt* (inneres Produkt) zweier Vektoren $\boldsymbol{A}$ und $\boldsymbol{B}$, die nach Abb. A.5a den Winkel φ einschließen, ist definiert durch

$$\boldsymbol{A} \cdot \boldsymbol{B} = A\,B\cos\varphi\,. \quad \text{(A.18)}$$

Das Ergebnis der Multiplikation ist ein Skalar (kein Vektor!). Das skalare Produkt lässt sich auf verschiedene Weise deuten (Abb. A.5b):

a) Betrag von $\boldsymbol{A}$ mal Betrag von $\boldsymbol{B}$ mal Kosinus des eingeschlossenen Winkels,
b) Betrag von $\boldsymbol{A}$ mal senkrechter Projektion von $\boldsymbol{B}$ auf $\boldsymbol{A}$,
c) Betrag von $\boldsymbol{B}$ mal senkrechter Projektion von $\boldsymbol{A}$ auf $\boldsymbol{B}$.

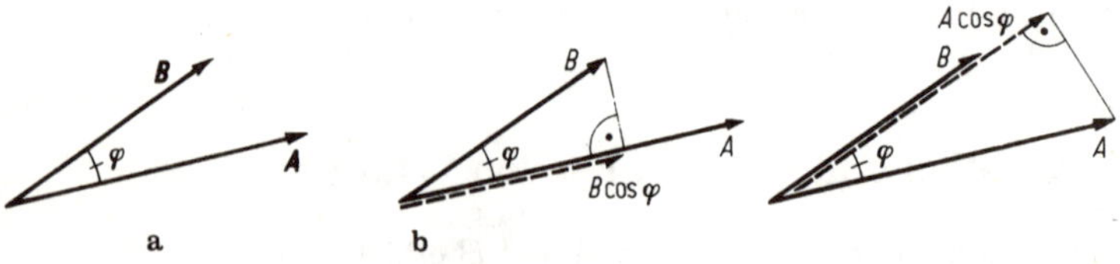

Abb. A.5

Das Skalarprodukt ist positiv, wenn die beiden Vektoren einen spitzen Winkel einschließen, während es bei einem stumpfen Winkel negativ ist. Im Sonderfall orthogonaler Vektoren ($\varphi = \pi/2$) ist das Skalarprodukt Null.

Aus der Definition (A.18) folgt

$$\boldsymbol{A} \cdot \boldsymbol{B} = \boldsymbol{B} \cdot \boldsymbol{A}\,. \quad \text{(A.19)}$$

Die Reihenfolge der Vektoren darf beim skalaren Produkt vertauscht werden (Kommutativgesetz).

In Komponentendarstellung wird das Skalarprodukt

$$\boldsymbol{A} \cdot \boldsymbol{B} = (A_x\,\boldsymbol{e}_x + A_y\,\boldsymbol{e}_y + A_z\,\boldsymbol{e}_z)\cdot(B_x\,\boldsymbol{e}_x + B_y\,\boldsymbol{e}_y + B_z\,\boldsymbol{e}_z)\,. \text{(A.20)}$$

Unter Beachtung von

$$e_x \cdot e_x = e_y \cdot e_y = e_z \cdot e_z = 1 ,$$

$$e_x \cdot e_y = e_y \cdot e_z = e_z \cdot e_x = 0 \qquad \text{(A.21)}$$

finden wir

$$\boldsymbol{A} \cdot \boldsymbol{B} = A_x B_x + A_y B_y + A_z B_z . \qquad \text{(A.22)}$$

Für den Sonderfall $\boldsymbol{B} = \boldsymbol{A}$ erhalten wir wegen $\varphi = 0$ aus (A.18)

$$\boldsymbol{A} \cdot \boldsymbol{A} = A^2 \quad \text{oder} \quad A = \sqrt{\boldsymbol{A} \cdot \boldsymbol{A}} . \qquad \text{(A.23)}$$

4 Vektorprodukt

Beim Vektorprodukt (äußeres Produkt oder Kreuzprodukt) zweier Vektoren $\boldsymbol{A}$ und $\boldsymbol{B}$ verwenden wir ein „$\times$“ als Multiplikationszeichen:

$$\boldsymbol{C} = \boldsymbol{A} \times \boldsymbol{B} . \qquad \text{(A.24)}$$

Das Produkt ist folgendermaßen definiert:

a) Der Vektor $\boldsymbol{C}$ steht auf $\boldsymbol{A}$ und auf $\boldsymbol{B}$ senkrecht (Abb. A.6).
b) Der Betrag von $\boldsymbol{C}$ ist gleich der von $\boldsymbol{A}$ und $\boldsymbol{B}$ aufgespannten Fläche:

$$|\boldsymbol{C}| = C = A\,B \sin\varphi . \qquad \text{(A.25)}$$

Dabei ist φ der von $\boldsymbol{A}$ und $\boldsymbol{B}$ eingeschlossene Winkel.

c) Die Vektoren $\boldsymbol{A}$, $\boldsymbol{B}$ und $\boldsymbol{C}$ bilden in dieser Reihenfolge ein Rechtssystem (man kann Daumen, Zeigefinger und Mittelfinger der rechten Hand in dieser Reihenfolge mit den Richtungen von $\boldsymbol{A}$, $\boldsymbol{B}$ und $\boldsymbol{C}$ zur Deckung bringen).

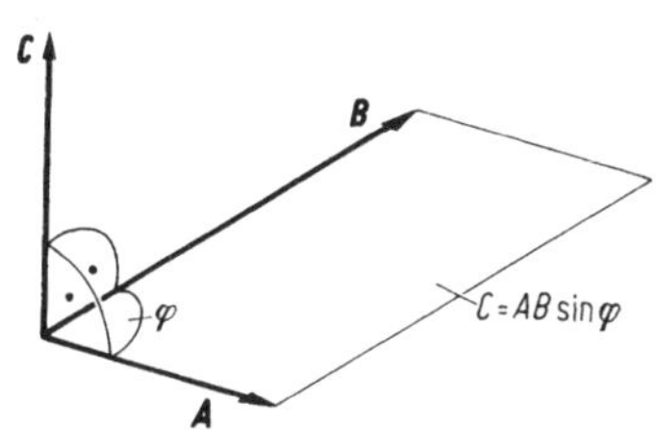

Abb. A.6

Daraus folgt

$$\boldsymbol{A} \times \boldsymbol{B} = -\boldsymbol{B} \times \boldsymbol{A}\,. \tag{A.26}$$

Das Kommutativgesetz gilt für das Vektorprodukt nicht.

Sind zwei Vektoren parallel ($\varphi = 0$), so verschwindet nach b) ihr Vektorprodukt.

Unter Beachtung von

$$\begin{aligned}
&\boldsymbol{e}_x \times \boldsymbol{e}_x = \boldsymbol{0}\,, && \boldsymbol{e}_x \times \boldsymbol{e}_y = \boldsymbol{e}_z\,, && \boldsymbol{e}_x \times \boldsymbol{e}_z = -\boldsymbol{e}_y\,,\\
&\boldsymbol{e}_y \times \boldsymbol{e}_x = -\boldsymbol{e}_z\,, && \boldsymbol{e}_y \times \boldsymbol{e}_y = \boldsymbol{0}\,, && \boldsymbol{e}_y \times \boldsymbol{e}_z = \boldsymbol{e}_x\,,\\
&\boldsymbol{e}_z \times \boldsymbol{e}_x = \boldsymbol{e}_y\,, && \boldsymbol{e}_z \times \boldsymbol{e}_y = -\boldsymbol{e}_x\,, && \boldsymbol{e}_z \times \boldsymbol{e}_z = \boldsymbol{0}
\end{aligned} \tag{A.27}$$

wird

$$\begin{aligned}
\boldsymbol{C} = \boldsymbol{A} \times \boldsymbol{B} &= (A_x\,\boldsymbol{e}_x + A_y\,\boldsymbol{e}_y + A_z\,\boldsymbol{e}_z) \times (B_x\,\boldsymbol{e}_x + B_y\,\boldsymbol{e}_y + B_z\,\boldsymbol{e}_z)\\
&= (A_yB_z - A_zB_y)\,\boldsymbol{e}_x + (A_zB_x - A_xB_z)\,\boldsymbol{e}_y\\
&\quad + (A_xB_y - A_yB_x)\,\boldsymbol{e}_z\,.
\end{aligned} \tag{A.28}$$

Damit folgen die Koordinaten des Vektors $\boldsymbol{C}$ zu

$$\begin{aligned}
C_x &= A_yB_z - A_zB_y\,,\\
C_y &= A_zB_x - A_xB_z\,,\\
C_z &= A_xB_y - A_yB_x\,.
\end{aligned} \tag{A.29}$$

Das Vektorprodukt kann auch in Form einer Determinante

$$\boldsymbol{C} = \boldsymbol{A} \times \boldsymbol{B} = \begin{vmatrix} \boldsymbol{e}_x & \boldsymbol{e}_y & \boldsymbol{e}_z \\ A_x & A_y & A_z \\ B_x & B_y & B_z \end{vmatrix} \tag{A.30}$$

geschrieben werden. In der ersten Zeile stehen dabei die Einheitsvektoren $\boldsymbol{e}_x$, $\boldsymbol{e}_y$ und $\boldsymbol{e}_z$, während die Koordinaten der Vektoren $\boldsymbol{A}$ und $\boldsymbol{B}$ die zweite und die dritte Zeile bilden.

Anhang B: Lineare Gleichungssysteme

Bei der Behandlung von Problemen aus der Mechanik und aus anderen Fachgebieten wird man häufig auf Systeme von linearen Gleichungen geführt. Beispiele aus der Statik sind die Ermittlung von Lagerreaktionen bei einem statisch bestimmt gelagerten Tragwerk oder die Berechnung der Stabkräfte in einem statisch bestimmten Fachwerk. So liefern die Gleichgewichtsbedingungen für einen Balken beim ebenen Problem drei Gleichungen für die drei unbekannten Lagerreaktionen. Bei einem räumlichen Fachwerk mit k Knoten führen sie dagegen auf $3k = s + r$ Gleichungen für die unbekannten s Stabkräfte und r Lagerreaktionen.

Wir betrachten das System

$$\begin{aligned}
a_{11}\,x_1 + a_{12}\,x_2 + \ldots + a_{1n}\,x_n &= b_1\,, \\
a_{21}\,x_1 + a_{22}\,x_2 + \ldots + a_{2n}\,x_n &= b_2\,, \\
\ldots\ldots\ldots & \\
a_{n1}\,x_1 + a_{n2}\,x_2 + \ldots + a_{nn}\,x_n &= b_n
\end{aligned} \tag{B.1}$$

von n linearen inhomogenen Gleichungen für die n Unbekannten $x_1, x_2, \ldots, x_n$ (z.B. die Lagerreaktionen und/oder die Stabkräfte). Die Koeffizienten a_{jk} sowie die „rechten Seiten“ b_k seien bekannt. Unter Verwendung der Matrizen

$$\boldsymbol{A} = \begin{pmatrix} a_{11} & a_{12} & \ldots & a_{1n} \\ a_{21} & a_{22} & \ldots & a_{2n} \\ \vdots & \vdots & & \vdots \\ a_{n1} & a_{n2} & \ldots & a_{nn} \end{pmatrix}, \quad \boldsymbol{x} = \begin{pmatrix} x_1 \\ x_2 \\ \vdots \\ x_n \end{pmatrix}, \quad \boldsymbol{b} = \begin{pmatrix} b_1 \\ b_2 \\ \vdots \\ b_n \end{pmatrix} \tag{B.2}$$

lässt sich (B.1) auch kurz in der Form

$$\boldsymbol{A}\,\boldsymbol{x} = \boldsymbol{b} \tag{B.3}$$

schreiben. Wenn die Determinante der Koeffizientenmatrix $\boldsymbol{A}$ von Null verschieden ist, d.h. wenn gilt

$$\det \boldsymbol{A} = \begin{vmatrix} a_{11} & a_{12} & \dots & a_{1n} \\ a_{21} & a_{22} & \dots & a_{2n} \\ \vdots & \vdots & & \vdots \\ a_{n1} & a_{n2} & \dots & a_{nn} \end{vmatrix} \neq 0 \,, \tag{B.4}$$

dann sind die n Gleichungen (B.1) linear unabhängig, und das System hat die eindeutige Lösung

$$\boxed{\boldsymbol{x} = \boldsymbol{A}^{-1}\,\boldsymbol{b}} \,. \tag{B.5}$$

Man nennt $\boldsymbol{A}^{-1}$ die inverse Matrix zur Koeffizientenmatrix $\boldsymbol{A}$. Sie ist durch $\boldsymbol{A}^{-1}\,\boldsymbol{A} = \mathbf{1}$ definiert, wobei

$$\mathbf{1} = \begin{pmatrix} 1 & 0 & \dots & 0 \\ 0 & 1 & \dots & 0 \\ \vdots & \vdots & & \vdots \\ 0 & 0 & \dots & 1 \end{pmatrix} \tag{B.6}$$

die Einheitsmatrix ist. Da die Bestimmung der Inversen durch Handrechnung meist aufwendig ist, gehen wir hierauf nicht ein. Sie lässt sich allerdings mit Hilfe von Programmen wie MATLAB oder MATHEMATICA immer leicht ermitteln.

Die praktische Bestimmung der Unbekannten kann mit dem *Gaußschen Algorithmus* oder mit der *Cramerschen Regel* erfolgen. Beim Gaußschen Algorithmus wird das Gleichungssystem (B.1) durch systematisches Eliminieren von Unbekannten in das äquivalente System

$$\begin{aligned} a'_{11}\,x_1 + a'_{12}\,x_2 + \dots + a'_{1n}\,x_n &= b'_1 \,, \\ a'_{22}\,x_2 + \dots + a'_{2n}\,x_n &= b'_2 \,, \\ \dots\dots\dots & \\ a'_{nn}\,x_n &= b'_n \end{aligned} \tag{B.7}$$

übergeführt. Hieraus lassen sich – beginnend mit der letzten Gleichung – die Unbekannten der Reihe nach ermitteln. Als Beispiel hierzu betrachten wir das System

$$\begin{aligned}
2\,x_1 + \;\; 5\,x_2 + \;\; 8\,x_3 + \;\; 4\,x_4 &= 3\,,\\
6\,x_1 + 16\,x_2 + 22\,x_3 + 13\,x_4 &= 9\,,\\
4\,x_1 + 14\,x_2 + 28\,x_3 + 10\,x_4 &= 4\,,\\
10\,x_1 + 23\,x_2 + 84\,x_3 + 25\,x_4 &= 22
\end{aligned}$$

von vier Gleichungen für vier Unbekannte. Nun wird die erste Gleichung (Zeile) mit -3 multipliziert und zur zweiten addiert sowie die erste Zeile mit -2 multipliziert und zur dritten addiert usw. Auf diese Weise wird die Unbekannte x_1 aus der zweiten bis vierten Gleichung eliminiert:

$$\begin{aligned}
2\,x_1 + \;\; 5\,x_2 + \;\; 8\,x_3 + 4\,x_4 &= \;\; 3\,,\\
x_2 + -2\,x_3 + \;\; x_4 &= \;\; 0\,,\\
4\,x_2 + \;\; 12\,x_3 + 2\,x_4 &= -2\,,\\
-2\,x_2 + \;\; 44\,x_3 + 5\,x_4 &= \;\; 7\,.
\end{aligned}$$

Auf gleiche Weise gehen wir anschließend bei der Elimination von x_2 und x_3 vor. Es bietet sich dabei an, den Algorithmus nach folgendem Schema durchzuführen, bei dem nur die Koeffizienten der Gleichungen angeschrieben werden:

x_1	x_2	x_3	x_4	$\boldsymbol{b}$	
2	5	8	4	3	(a)
6	16	22	13	9	
4	14	28	10	4	
10	23	84	25	22	
0	1	−2	1	0	(b)
0	4	12	2	−2	
0	−2	44	5	7	
0	0	20	−2	−2	(c)
0	0	40	7	7	
0	0	0	11	11	(d)

Mit den Koeffizienten aus (a) bis (d) ergibt sich dann das „gestaffelte System“ nach (B.7):

$$\begin{aligned} 2x_1 + 5x_2 + \ 8x_3 + \ 4x_4 &= \ 3\,, \\ x_2 - \ 2x_3 + \ \ x_4 &= \ 0\,, \\ 20x_3 - \ 2x_4 &= -2\,, \\ 11x_4 &= 11\,. \end{aligned}$$

Hieraus erhält man schrittweise – beginnend mit der letzten Zeile:

$$x_4 = 1\,, \qquad x_3 = 0\,, \qquad x_2 = -1\,, \qquad x_1 = 2\,.$$

Nach der Cramerschen Regel folgen die Unbekannten aus

$$\boxed{x_k = \frac{\det(\boldsymbol{A})_k}{\det \boldsymbol{A}}}\,, \qquad k = 1, \ldots, n\,. \tag{B.8}$$

Dabei ergibt sich die Determinante $\det(\boldsymbol{A})_k$ aus der Determinante der Matrix $\boldsymbol{A}$, indem man die k-te Spalte durch $\boldsymbol{b}$ ersetzt. Danach erhält man zum Beispiel beim Gleichungssystem

$$\begin{aligned} a_{11}\,x_1 + a_{12}\,x_2 &= b_1\,, \\ a_{21}\,x_1 + a_{22}\,x_2 &= b_2 \end{aligned}$$

die beiden Unbekannten zu

$$x_1 = \frac{\begin{vmatrix} b_1 & a_{12} \\ b_2 & a_{22} \end{vmatrix}}{\begin{vmatrix} a_{11} & a_{12} \\ a_{21} & a_{22} \end{vmatrix}} = \frac{b_1 a_{22} - a_{12} b_2}{a_{11} a_{22} - a_{12} a_{21}}\,,$$

$$x_2 = \frac{\begin{vmatrix} a_{11} & b_1 \\ a_{21} & b_2 \end{vmatrix}}{\begin{vmatrix} a_{11} & a_{12} \\ a_{21} & a_{22} \end{vmatrix}} = \frac{a_{11} b_2 - b_1 a_{21}}{a_{11} a_{22} - a_{12} a_{21}}\,.$$

Es sei angemerkt, dass sich die Cramersche Regel für zwei Gleichungen mit zwei Unbekannten und höchstens noch für drei Gleichungen mit drei Unbekannten eignet. Insbesondere bei höherer Gleichungsanzahl wird jedoch der Gaußsche Algorithmus bevorzugt. Hingewiesen sei auch darauf, dass bei längeren Rechnungen durch Abrunden größere Genauigkeitsverluste auftreten können. Wie man diese Rundungsfehler klein hält, soll hier nicht erläutert werden.

Englische Fachausdrücke

Englisch	Deutsch
active force	eingeprägte Kraft
arch	Bogen
area force	Flächenkraft
bar	Stab, Pendelstütze
beam	Balken
belt friction	Seilreibung
bending moment	Biegemoment
bound vector	gebundener Vektor
boundary condition	Randbedingung
branching point	Verzweigungspunkt
cantilever beam	einseitig eingespannter Balken
center of forces	Kräftemittelpunkt
center of gravity	Schwerpunkt
center of mass	Massenmittelpunkt
center (centroid) of an area	Flächenmittelpunkt, Flächenschwerpunkt
center (centroid) of a line	Linienschwerpunkt
center (centroid) of a volume	Volumenschwerpunkt
clamped	eingespannt
clockwise	im Uhrzeigersinn
coefficient of kinetic friction	Reibungskoeffizient
coefficient of static friction	Haftungskoeffizient
component	Komponente
compression	Druck
concentrated force	Einzelkraft
concurrent forces	zentrale Kräftegruppe
conservative force	konservative Kraft
coordinate	Koordinate
coplanar forces	ebene Kräftegruppe
counterclockwise	entgegen dem Uhrzeigersinn
couple	Kräftepaar
critical load	kritische Last
cross product	Vektorprodukt
cross section	Querschnitt
curved beam	Bogen

decomposition of a force	Zerlegung einer Kraft
degree of freedom	Freiheitsgrad
distributed force	verteilte Belastung
dot product	Skalarprodukt
energy	Energie
equilibrium	Gleichgewicht
equilibrium condition	Gleichgewichtsbedingung
equilibrium position	Gleichgewichtslage
external force	äußere Kraft
first moment of an area	Flächenmoment erster Ordnung, statisches Moment
fixed vector	gebundener Vektor
force	Kraft
frame	Rahmen
free body diagram	Freikörperbild
free vector	freier Vektor
friction	Reibung
friction law	Reibungsgesetz
gravitiy	Schwerkraft
hinge	Gelenk, gelenkiges Lager
homogeneous	homogen
inclined plane	schiefe Ebene
joint	Gelenk
kinematically determinate	kinematisch bestimmt
kinematically indeterminate	kinematisch unbestimmt
kinetic friction	Reibung
law of action and reaction	Wechselwirkungsgesetz
law of friction	Reibungsgesetz
lever arm	Hebelarm
limiting friction	Grenzhaftung
line of action	Wirkungslinie
line load	Streckenlast
load	Last
Macauley brackets	Klammer-Symbol
matching condition	Übergangsbedingung
Maxwell (-Cremona) diagram	Cremona-Plan
method of joints	Knotenpunktverfahren
method of sections	Rittersches Schnittverfahren
moment	Moment
moment of a couple	Moment eines Kräftepaars

moment of a force	Moment einer Kraft
Newton's law	Newtonsches Axiom
normal force	Normalkraft
overhanging beam	Kragträger
parallelogram of forces	Kräfteparallelogramm
pin	Knoten
plate	Platte
point mass	Massenpunkt
polygon of forces	Krafteck
position vector	Ortsvektor
potential	Potential
potential energy	potentielle Energie
pressure	Druck
principle of the lever	Hebelgesetz
principle of virtual displacements	Prinzip der virtuellen Verrückungen
principle of virtual work	Prinzip der virtuellen Arbeit
reaction force	Reaktionskraft
reference point	Bezugspunkt
resolution of a force	Zerlegung einer Kraft
restraint	Bindung
resultant	Resultierende
rigid body	starrer Körper
roller (bearing)	Rollenlager
rope	Seil
scalar product	Skalarprodukt
shear(ing) force	Querkraft
shell	Schale
sign convention	Vorzeichenkonvention
simple beam	beidseitig gelenkig gelagerter Balken
single force	Einzelkraft
sliding vector	linienflüchtiger Vektor
spring	Feder
spring constant	Federkonstante
stability	Stabilität
stable	stabil
static friction	Haftung
statical moment of an area	statisches Moment, Flächenmoment erster Ordnung
statically determinate	statisch bestimmt
statically indeterminate	statisch unbestimmt
statics	Statik
string	Seil
structure	Tragwerk

superposition	Überlagerung
support	Lager
symmetry	Symmetrie
tension	Zug
tensile force	Zugkraft
three-hinged arch	Dreigelenkbogen
torsion	Torsion
truss	Fachwerk
twisting moment	Torsionsmoment
uniform	gleichförmig
unstable	instabil
vector product	Vektorprodukt
virtual displacement	virtuelle Verrückung
virtual work	virtuelle Arbeit
volume force	Volumenkraft
weight	Gewicht
work	Arbeit

Deutsch	**Englisch**
Arbeit	work
äußere Kraft	external force
Balken	beam
beidseitig gelenkig gelagerter Balken	simple beam
Bezugspunkt	reference point
Biegemoment	bending moment
Bindung	restraint
Bogen	curved beam, arch
Cremona-Plan	Maxwell (-Cremona) diagram
Dreigelenkbogen	three-hinged arch
Druck	compression, pressure
ebene Kräftegruppen	coplanar forces
eingeprägte Kraft	active force
eingespannt	clamped
einseitig eingespannter Balken	cantilever beam
Einzelkraft	concentrated force, single force
Energie	energy
entgegen dem Uhrzeigersinn	counterclockwise
Fachwerk	truss

Feder	spring
Federkonstante	spring constant
Flächenkraft	area force
Flächenmittelpunkt	centroid (center) of an area
Flächenmoment erster Ordnung	first moment of an area, statical moment of an area
Flächenschwerpunkt	centroid (center) of an area
freier Vektor	free vector
Freiheitsgrad	degree of freedom
Freikörperbild	free body diagram
gebundener Vektor	bound vector, fixed vector
Gelenk	hinge, joint
Gewicht	weight
gleichförmig	uniform
Gleichgewicht	equilibrium
Gleichgewichtsbedingung	equilibrium condition
Gleichgewichtslage	equilibrium position
Grenzhaftung	limiting friction
Haftung	static friction
Haftungskoeffizient	coefficient of static friction
Haftungskraft	static frictional force
Hebelarm	lever arm
Hebelgesetz	principle of the lever
homogen	homogeneous
im Uhrzeigersinn	clockwise
instabil	unstable
kinematisch bestimmt	kinematically determinate
kinematisch unbestimmt	kinematically indeterminate
Klammer-Symbol	Macauley brackets
Knoten	pin
Knotenpunktverfahren	method of joints
Komponente	component
konservative Kraft	conservative force
Koordinate	coordinate
Kraft	force
Kräftemittelpunkt	center of forces
Kräftepaar	couple
Kräfteparallelogramm	parallelogram of forces
Krafteck	polygon of forces
Kragträger	overhanging beam
kritische Last	critical load
Lager	support
Last	load

linienflüchtiger Vektor	sliding vector
Linienkraft	line load
Linienschwerpunkt	centroid of a line
Massenmittelpunkt	center of mass
Massenpunkt	point mass
Moment	moment
Moment einer Kraft	moment of a force
Moment eines Kräftepaars	moment of a couple
Newtonsches Axiom	Newton's law
Normalkraft	normal force
Ortsvektor	position vector
Parallelogramm der Kräfte	parallelogram of forces
Platte	plate
Potential	potential
potentielle Energie	potential energy
Prinzip der virtuellen Arbeit	principle of virtual work
Prinzip der virtuellen Verrückungen	principle of virtual displacements
Querkraft	shear(ing) force
Querschnitt	cross section
Rahmen	frame
Randbedingung	boundary condition
Reaktionskraft	reaction force
Reibung	kinetic friction
Reibungsgesetz	law of friction, friction law
Reibungskoeffizient	coefficient of kinetic friction
Reibungskraft	frictional force, friction
Resultierende	resultant
Rittersches Schnittverfahren	method of sections
Rollenlager	roller (bearing)
Schale	shell
schiefe Ebene	inclined plane
Schwerkraft	gravity
Schwerpunkt	center of gravity
Seil	rope, string
Seilreibung	belt friction
Skalarprodukt	scalar product, dot product
Stab	bar
stabil	stable
Stabilität	stability
starrer Körper	rigid body
Statik	statics

statisches Moment	first moment of an area, statical moment of an area
statisch bestimmt	statically determinate
statisch unbestimmt	statically indeterminate
Streckenlast	line load
Superposition	superposition
Symmetrie	symmetry
Torsion	torsion
Torsionsmoment	twisting moment
Tragwerk	structure
Übergangsbedingung	matching condition
Überlagerung	superposition
Vektorprodukt	vector product, cross product
Verzweigungspunkt	branching point
virtuelle Arbeit	virtual work
virtuelle Verrückung	virtual displacement
Volumenkraft	volume force
Volumenmittelpunkt	centroid of a volume
Vorzeichenkonvention	sign convention
Wechselwirkungsgesetz	law of action and reaction
Wirkungslinie	line of action
zentrale Kräftegruppe	concurrent forces
Zerlegung einer Kraft	resolution (decomposition) of a force
Zug	tension
Zugkraft	tensile force

Sachverzeichnis

Arbeit 150 ff.
– , virtuelle 155
Arbeitssatz 155 ff.
Archimedes 34

Balken 78, 118
– , Gelenk- 95
Berührungsebene 23
Bezugspunkt 38
Biegemoment 117
Bogen 78, 118, 142
– , Dreigelenk- 93

Coulombsche Reibungsgesetze 180 ff.
Cramersche Regel 202, 204
Cremona-Plan 105

Dreigelenkbogen 93

Einspannung 81
Energie, potentielle 154
Erstarrungsprinzip 9
Euler 190
Eytelwein 190

Fachwerk 98ff., 166
Faser, gestrichelte 118, 142
Feder-konstante 154
– -potential 154
Flächenmoment 67
Flächenschwerpunkt 67
Föppl-Symbol 135 ff.
Freiheitsgrad 41, 79, 85, 159
Freikörperbild 9
Freimachen 9
Freischneiden 9

Gaußscher Algorithmus 202, 204
Gelenk 88
– -balken 95
– -kraft 90
Gerber-Träger 96, 163, 164
Gestrichelte Faser 118, 142
Gleichgewicht 21 ff., 30, 33 ff., 167 ff.
Gleichgewichts-bedingungen 21, 30, 37, 41 ff., 57 ff., 156
– -gruppe 21
Gleichgewichtslage, Stabilität einer 167 ff.
Grafoanalytische Lösung 24
Gleitreibung 179 ff.

Haftbedingung 181
Haftung 179 ff.
– , Seil- 189 ff.
Haftungs-kegel 182
– -keil 181
– -koeffizient 180
– -winkel 181
Hebelarm 38
Hebelgesetz 34, 156
Hennebergsches Stabtauschverfahren 112 ff.

Joule 151

Kinematische Bestimmtheit 82, 100
Klammer-Symbol 135
Knoten 98
Knotenpunktverfahren 102 ff.
Kraft 4 ff.
– , Angriffspunkt einer 5
– , äußere 9
– , Betrag einer 5, 6
– -eck 15
– , eingeprägte 8
– , Einzel- 8

Kraft
– , Feder- 154
– , Flächen- 8
– , Haftungs- 179
– , innere 9
– -komponenten 17
– , konservative 154
– , Linien- 8
– , Normal- 23, 117
– , Potential- 154
– , Quer- 117
– , Reaktions- 9, 163
– , Reibungs- 179
– , Richtung einer 5, 6
– , Schnitt- 163
– , Schwer- 4
– , Stab- 99 ff.
– -systeme, zentrale 14
– , Tangential- 23
– -vektor 6
– , Volumen- 8
– , Wirkungslinie der 5
– , Zwangs- 9
Kräfte-dreieck 15
– -gruppen, ebene 14
– -gruppen, räumliche 28
– -gruppen, zentrale 14
– -mittelpunkt 64
– -paar 34
– , parallele 33, 50
– -parallelogramm 14
– -plan 15, 50 ff.
– -polygon 15
– -zerlegung 17
– -zusammensetzung 14
Kritische Last 175

Lageplan 15, 50 ff.
Lager 78 ff.
– , einwertige 79
– , dreiwertige 81
– , gelenkiges 80
– , Gleit- 79
– -reaktionen 78 ff.
– , Rollen- 79
– , zweiwertige 80
Linienschwerpunkt 76

Massenmittelpunkt 66
Massenpunkt 2
Moment, Betrag 35
– des Kräftepaares 35
– einer Kraft 37
– , statisches 68
Momenten-bezugspunkt 38
– -linie 120 ff.
– -vektor 53

Newton 5, 12
– -sches Axiom 11
Normalkraft 23, 117
Nullstab 102

Ortsvektor 55, 150

Parallelführung 88, 126, 131
Parallelogramm der Kräfte 14
Pendel-stab 88
– -stütze 79
Platte 78
Pol des Kraftecks 50
Potential 154
– des Gewichts 154
– der Federkraft 154
Prinzip der virtuellen Verrückungen 157

Querkraft 117 ff.
– -gelenk 88
– -linie 120 ff.

Rahmen 78, 118, 142 ff.
Randbedingungen 126
Reaktionskraft 9
Räumliche Statik 28, 53
Reduktion 15
Reibung 179 ff.
– , Seil- 189 ff.
Reibungs-gesetz 182
– -koeffizient 180, 183
Resultierende 14
Rittersches Schnittverfahren 110 ff.

Schale 78
Scheibe 78
Schneiden 9
Schnitt-größen 117
– -kraftlinien 119
– -prinzip 10
– , Ritterscher 110
– -ufer 117
Schwerachsen 68
Schwerpunkt 63 ff.
Seil 22
– -eck 49 ff.
– -haftung 189 ff.
– -polygon 50
– -reibung 189 ff.
Skalarprodukt 198
Stab 23, 78
– , Null- 102
– -tauschverfahren 112 ff.
– -werk 98 ff.
Stabilität 167 ff.
Starrer Körper 7
Statik 2, 4
Statische Bestimmtheit 22, 81 ff., 86, 88 ff., 98ff.
Statisches Moment 67
Streckenlast 8
Superposition 113

Torsionsmoment 147
Tragwerke, ebene 78
– , mehrteilige 88
– , räumliche 85, 146
Träger, Gerber- 96
– , Krag- 123

Übergangsbedingungen 129 ff.

Vektor 6, 194 ff.
– -addition 197
– , Betrag 194
– , Einheits- 6, 194
– , freier 6
– , gebundener 6
– -komponenten 194
– -koordinaten 196
– , linienflüchtiger 7
– , Orts- 55, 150
– -produkt 199
Verzweigungspunkt 175
Virtuelle Verrückung 155
Volumenmittelpunkt 67
Vorzeichenkonvention für Schnittgrößen 117, 147
– für Stabkräfte 28, 102

Wechselwirkungsgesetz 10
Wirkungslinie 5

Zweigelenkbogen 93

Technische Mechanik

Ziel des Werkes ist es, das Verständnis der wesentlichen Grundgesetze der Mechanik zu vermitteln und die Fähigkeiten zu entwickeln, mit Hilfe der Mechanik Ingenieurprobleme zu formulieren und selbständig zu lösen. Die Bücher enthalten zahlreiche durchgerechnete Beispiele, sodaß der Leser Aufgaben und Herleitungen nachvollziehen kann. Der dargestellte Stoff orientiert sich am Umfang der an deutschsprachigen Hochschulen abgehaltenen Mechanikkurse.

W. Schnell; D. Gross, W. Hauger

2: Elastostatik

Es wurde ein möglichst einfacher Zugang zur Mechanik gewählt, um den unterschiedlichen Eingangskenntnissen der Studienanfänger gerecht zu werden und ein tragfähiges Fundament zu legen, das in den Ingenieurfächern und fortführenden Vorlesungen ein tieferes Eindringen in weitergehende Gebiete der Mechanik ermöglicht.

7. Aufl. 2002. VIII, 243 S. 140 Abb. (Springer-Lehrbuch) Brosch.
€ 19,95; sFr 32,00 ISBN 3-540-43108-X

W. Hauger; W. Schnell; D. Gross

3: Kinetik

"Nach meiner Ansicht ist das Buch eine Pflichtlektüre für jeden Studenten, der mechanische Grundlagen in seinem Grundstudium vermittelt bekommt. Es steht zum Einen dem vermittelten Stoff sehr nahe und bietet zum Anderen sinnvolle Übungsmöglichkeiten. Bei den Autoren fällt die klare und präzise Sprache auf, die dazu dient, die Komplexität des Stoffes auf ein dem Studenten verständliches Niveau zu reduzieren."

Amazon-Studenten-Rezension vom Januar 2002

7. Aufl. 2002. VIII, 265 S. 150 Abb. (Springer-Lehrbuch) Brosch.
€ 19,95; sFr 32,00 ISBN 3-540-43257-4

D. Gross, W. Hauger, W. Schnell; P. Wriggers

4: Hydromechanik, Elemente der Höheren Mechanik, Numerische Methoden

"Zwei Punkte ...liefern... einen wesentlichen Beitrag zum Erfolg des Buches. Einmal die anschauliche, ausführliche Darstellung. Des weiteren, und dies ist wohl der wichtigere Punkt, bestícht das Buch durch seine geschickte Stoffauswahl. Hier werden in der Tat neben Standardgebieten einige Bereiche angesprochen, deren kurze prägnante Darstellung nicht einfach ist. Gelingt dies aber, wie es im vorliegenden Buch der Fall ist, so liegt für den eine Einführung suchenden Leser ein sehr attraktives Buch vor. In erster Linie sind hier die Kapitel ,Viskoelastizität und Plastizität und 'Die numerischen Methoden' in der Mechanik zu nennen. ...ein bestens zu empfehlendes Buch ... *Zentralblatt MATH*

4. Aufl. 2002. XI, 451 S. 213 Abb. (Springer-Lehrbuch) Brosch.
€ 24,95; sFr 40,00 ISBN 3-540-41595-5

Springer · Kundenservice
Haberstr. 7 · 69126 Heidelberg
Tel.: (0 62 21) 345 - 0 · Fax: (0 62 21) 345 - 4229
e-mail: orders@springer.de

Springer

Druck- und Bindearbeiten: Legoprint, Italien